建筑结构非线性分析与设计系列丛书

建筑结构非线性分析设计与优化

杨志勇　肖从真　李志山　主编

中国建筑工业出版社

图书在版编目（CIP）数据

建筑结构非线性分析设计与优化/杨志勇，肖从真，李志山主编. —北京：中国建筑工业出版社，2021.11（2022.10重印）
（建筑结构非线性分析与设计系列丛书）
ISBN 978-7-112-26804-7

Ⅰ.①建… Ⅱ.①杨… ②肖… ③李… Ⅲ.①建筑结构-结构设计 Ⅳ.①TU318

中国版本图书馆CIP数据核字（2021）第211118号

本书在中国建筑科学研究院有限公司相关科研课题材料基础上，经过继续研究和丰富完善后形成，兼具基于非线性分析的建筑结构设计方法基础理论研究和相关工程实践探索。全书共分7章，主要内容包括：绪论；精细网格有限单元非线性分析方法；基于非线性分析的钢筋混凝土结构设计优化；基于非线性分析的钢结构直接分析设计；基于非线性分析的消能减震结构设计；基于非线性分析的隔震结构设计；基于非线性分析的建筑结构抗震性能设计。

本书可供结构设计工程师及高等学校土木工程专业师生参考使用。

责任编辑：辛海丽
责任校对：张惠雯

建筑结构非线性分析与设计系列丛书
建筑结构非线性分析设计与优化
杨志勇　肖从真　李志山　主编
*
中国建筑工业出版社出版、发行（北京海淀三里河路9号）
各地新华书店、建筑书店经销
霸州市顺浩图文科技发展有限公司制版
北京建筑工业印刷厂印刷
*
开本：787毫米×1092毫米　1/16　印张：12½　字数：301千字
2021年12月第一版　　2022年10月第二次印刷
定价：**50.00**元
ISBN 978-7-112-26804-7
（38533）

本书编委会

主　编：杨志勇　肖从真　李志山

参　编：刘春明　侯晓武　乔保娟　邱　海　贾　苏

　　　　王　丹　林思齐

序

计算分析技术的精确性对准确了解建筑结构的实际工作性能，从而合理进行建筑结构设计、保证其足够安全性具有重要作用。在电子计算机和有限元方法普及应用之前，建筑结构的内力与变形分析一般采用解析或半解析方法，通过手工计算进行，计算过程比较费时、费力；同时，由于存在较多理论假设和限制，一般只适用于规则体系的计算，对于较复杂的结构体系常无法应用。电子计算机的出现，以及有限元方法及相关计算软件的不断进步，大幅度提高了建筑结构的分析效率和精度，大大促进了高层建筑、大跨度建筑等各种复杂结构体系的应用和健康发展。

同时也应该注意到，即使在电算大量普及的今天，我们仍然广泛地基于线弹性假定进行建筑结构的分析与设计；因此，在对建筑结构真实受力状态进行更深入了解并改进结构设计方法方面，仍然具有广阔的发展空间。建筑结构非线性分析技术的理论研究与工程应用在国内外已经历了几十年的时间，积累了大量的基础性研究成果；因此，在当前条件下，基于非线性技术进行建筑结构的分析与设计应是这一工程领域发展的重要方向。

作者团队多年来在建筑结构非线性分析技术方面进行了持续的研究和开发，并对基于非线性分析的建筑结构设计方法进行了大胆探索和创新，取得了一系列有价值的成果。《建筑结构非线性分析设计与优化》一书是对上述研究成果的系统总结，给我的感觉是：它在建筑结构设计理论方面具有一定的开创性意义，对工程界提升设计实践也有较好的参考价值，是一部具有创新意义的著作，故乐为之序。也希望作者团队继续努力，在建筑结构非线性分析这一领域作出更多贡献。

沈世钊

2021年8月

前　　言

本书针对基于非线性分析的建筑结构设计方法进行了研究，总结了精细网格非线性有限元方法的基础理论，给出了基于非线性分析的建筑结构优化设计方法，实现了减、隔震结构和钢结构的非线性直接分析设计，改进了建筑结构基于性能设计方法，初步探索了“三水准设防、三阶段设计”的建筑结构抗震设计可行性。本书在中国建筑科学研究院有限公司相关科研课题报告基础上，经过继续研究与丰富完善后形成，具有一定的理论创新性和工程示范性，相关研究成果已在一些实际工程项目中应用。

本书第1章由杨志勇编写，侯晓武、肖从真审校；第2章2.1～2.4节由乔保娟编写，2.5节由刘春明编写，贾苏、李志山审校；第3章由侯晓武编写，刘春明、肖从真审校；第4章由贾苏编写，乔保娟审校；第5、6章由邱海编写，贾苏审校；第7章由刘春明、杨志勇编写，侯晓武、肖从真审校。此外，王丹参与了2.5节、林思齐参与了6.3节的编写工作。

目　　录

第1章　绪论 …… 1

1.1　建筑结构非线性分析方法进展 …… 1

1.2　基于非线性分析的建筑结构设计优化 …… 5

1.3　建筑结构非线性直接分析设计方法 …… 5

参考文献 …… 6

第2章　精细网格有限单元非线性分析方法 …… 7

2.1　材料本构模型 …… 7

2.2　非线性分析有限单元 …… 16

2.3　非线性分析计算方法 …… 32

2.4　CPU＋GPU 异构并行计算与 SAUSG 云计算 …… 38

2.5　地震动确定 …… 47

参考文献 …… 73

第3章　基于非线性分析的钢筋混凝土结构设计优化 …… 75

3.1　钢筋混凝土结构设计问题 …… 75

3.2　基于非线性分析的钢筋混凝土连梁设计优化 …… 77

3.3　基于非线性分析的钢筋混凝土结构抗侧力体系优化 …… 88

3.4　基于非线性分析的钢筋混凝土结构抗震性能设计 …… 91

3.5　小结 …… 98

参考文献 …… 99

第4章　基于非线性分析的钢结构直接分析设计 …… 100

4.1　钢结构的特点与设计方法 …… 100

4.2　钢结构的非线性分析方法 …… 107

4.3　钢结构的直接分析设计方法 …… 118

4.4　钢结构的直接分析设计算例研究 …… 123

4.5　小结 …… 138

参考文献 …… 138

第5章　基于非线性分析的消能减震结构设计 …… 139

5.1　消能减震结构设计方法现状 …… 139

5.2　基于非线性分析的消能减震结构等效弹性设计方法 …………………………… 143
5.3　消能减震结构直接分析设计方法 ……………………………………………… 144
5.4　消能减震结构不同设计方法算例分析 ………………………………………… 147
5.5　小结 ……………………………………………………………………………… 155
参考文献…………………………………………………………………………………… 155

第6章　基于非线性分析的隔震结构设计 ……………………………………… 156

6.1　隔震结构设计的现状 …………………………………………………………… 156
6.2　基于非线性分析的隔震结构等效线弹性设计 ………………………………… 159
6.3　隔震结构复振型分解反应谱分析 ……………………………………………… 160
6.4　隔震结构直接分析设计 ………………………………………………………… 170
6.5　隔震结构直接分析设计算例分析与比较 ……………………………………… 173
6.6　小结 ……………………………………………………………………………… 181
参考文献…………………………………………………………………………………… 182

第7章　基于非线性分析的建筑结构抗震性能设计 …………………………… 184

7.1　基于非线性分析的抗震性能设计 ……………………………………………… 184
7.2　建筑结构抗震三水准设防、三阶段设计展望 ………………………………… 188
参考文献…………………………………………………………………………………… 191

第1章 绪 论

通常，为了简便、容易操作，基于线弹性假定进行建筑结构设计。但建筑结构在地震等作用下具有不同程度的非线性特性，尤其是进行减震、隔震设计或钢筋混凝土、钢结构抗震性能设计时，忽略建筑结构的非线性特性将带来明显的设计结果偏差。

本书研究了基于非线性分析的建筑结构优化设计方法和直接分析设计方法，并进行了相关软件研发与工程实践[1]。工程案例分析结果表明，非线性分析可以更加准确地反映建筑结构真实受力状态，保障建筑结构的安全并实现设计优化。

1.1 建筑结构非线性分析方法进展

基于“小震不坏、中震可修、大震不倒”的抗震设防目标，部分重要建筑结构需进行罕遇地震作用下的非线性分析[2]。非线性分析技术历经几十年的发展，在建筑结构领域的应用越来越深入和广泛，尤其近十年来，超级计算技术的蓬勃发展带来了计算机软、硬件技术的快速进步，建筑结构非线性分析的效率和精度也获得快速提高，可以归纳为从粗糙到精细、从隐式到显式、从串行到并行以及从力学到结构的进步历程。

1.1.1 从粗糙到精细

建筑结构非线性问题的求解无法应用线性叠加方法，所以计算工作量巨大。不少学者研究并实现了一些快速非线性分析方法[3]，这些方法一般通过从时域空间到频域空间的转换来降低计算自由度，进而显著降低计算工作量；但是当建筑结构整体或局部构件非线性发展较强烈时，计算精度的损失将不可避免，甚至会出现较大的计算误差。为保证非线性分析结果的准确性，通常采用对计算资源耗费较大的直接积分方法完成建筑结构的非线性分析工作。

为实现建筑结构非线性分析计算精度与计算效率的平衡，通过个人计算机即能在几个小时内完成一条地震动的非线性动力分析，一般采用较为粗糙的非线性分析模型进行计算，例如梁、柱和支撑等杆系构件采用塑性铰模型，剪力墙采用简化非线性单元模型，楼板采用刚性楼板假定等，以便将建筑结构非线性分析的计算自由度控制在10万以内或更小。应该注意到，使用粗糙模型进行非线性分析时，难以准确反映建筑结构的细节损伤破坏情况，甚至导致对建筑结构整体指标的控制和主要结构构件受力状态的判断出现偏差。

近年来，在一些地标性的复杂建筑结构工程项目中，结构工程师尝试采用大型通用有限元分析软件，进行全结构小于1m网格的精细化非线性分析，如图1.1-1所示，取得了较好的效果。然而这种计算资源耗费巨大的非线性分析工作，往往需要多台计算机联网进

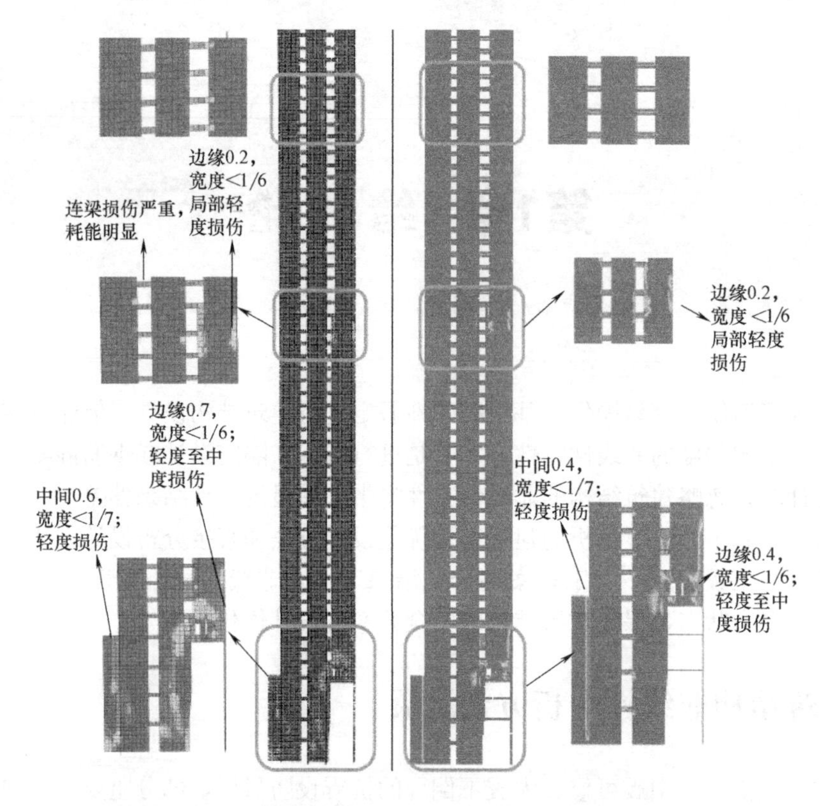

图 1.1-1　建筑结构精细网格非线性分析损伤情况示意图

行多机、多 CPU 的并行计算，计算成本较高，单地震动的计算时间一般需要几十个小时甚至几天的时间。

1.1.2　从隐式到显式

建筑结构的非线性分析通常采用隐式积分求解方法，需要每个荷载步迭代收敛后再进行下一个荷载步计算，最终实现完整地震动的非线性分析工作[4]。隐式积分求解方法的固有特点也一定程度上使得建筑结构非线性分析遭遇了发展瓶颈。

首先，建筑结构的非线性发展较为强烈时，隐式积分求解方法往往难以迭代收敛。如果这种情况发生在大部分结构构件基本处于线弹性状态、只有局部构件损伤较严重时就会让结构工程师更加苦恼。采用隐式积分求解方法的非线性分析软件一般会给出一定的计算策略试图解决该问题，但通常效果并不理想。若采用强制收敛策略，计算结果会出现不可预测的漂移，计算误差难以估计；若采用反复缩减计算步长策略，不但计算时长会显著增加且不可控，而且经常会出现耗费大量计算时间仍然无法迭代收敛的情况。

其次，隐式积分求解方法实现并行计算的编程难度较大。隐式积分求解方法由于整体计算流程的串行结构导致实现多计算机或多 CPU 并行计算较为复杂，难以利用计算机的硬件优势获得计算效率的显著提高。

为解决隐式积分求解方法难以收敛的问题，近年来一些工程项目的非线性分析工作尝试采用以差分格式为基础的显式积分求解方法，取得了较好的效果。理论上可以证明，当计算步长小于稳定步长时差分格式是稳定的，避免了隐式积分求解方法的收敛性难题。但是当采用显式积分求解方法时，为满足算法的稳定性前提，计算步长通常要小于隐式积分求解方法两三个数量级，进一步造成非线性分析计算工作量的显著增加。值得欣慰的是，显式积分求解方法从程序架构的角度比较适合实现并行化，使得利用 GPU 等低成本硬件高效率进行建筑结构非线性分析并行计算成为可能。

1.1.3 从串行到并行

建筑结构非线性分析采用显式积分求解方法时，稳定步长通常在 $1\times10^{-4}\sim1\times10^{-5}$s，采用单台个人计算机进行计算时效率较低，若采用多计算机或多 CPU 并行计算又成本高昂。随着图形处理器（Graphics Processing Unit，缩写为 GPU）的出现，使用单台个人计算机并附加一块成本低廉的显卡就可以实现高效率建筑结构非线性分析并行计算，其原理示意如图 1.1-2 所示。

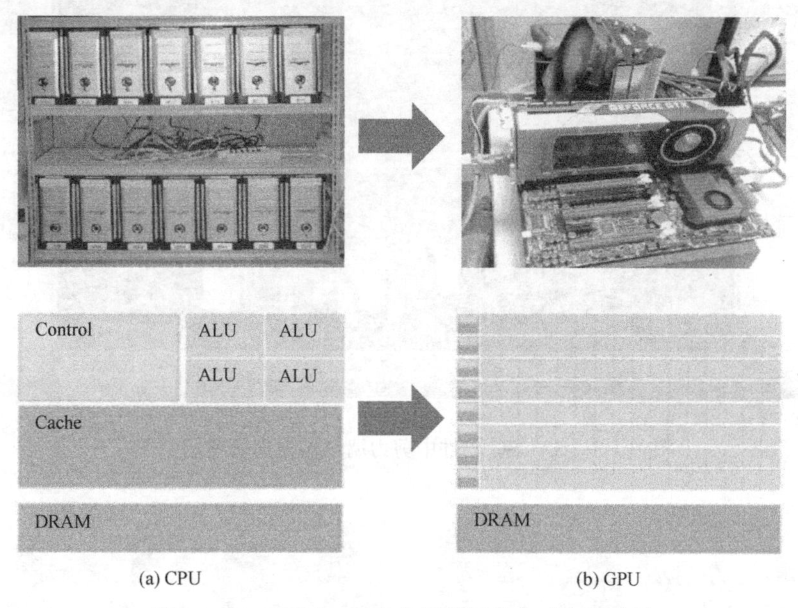

图 1.1-2 CPU 与 GPU 并行计算能力对比示意图

由于大规模图形处理对并行计算的需求，GPU 中往往存在上千个计算内核，高出 CPU 计算内核数量两三个数量级。目前基于 GPU 实现并行计算已经有了日益成熟的软件开发平台和工具，一些大型通用有限元软件的线性方程组求解也已实现了 GPU 并行计算。拥有完全国产自主知识产权的高性能非线性分析软件 SAUSG 利用后发优势，已实现了建筑结构非线性分析的整体架构 GPU 并行化[5]。

1.1.4 从力学到结构

采用通用有限元软件进行建筑结构非线性分析时，无论是前期建模、计算参数设置或计算结果提取均需要耗费结构工程师的大量精力，造成建筑结构精细网格模型非线性分析门槛较高。同时受限于结构工程师个人在力学、有限元方法、非线性基本理论等方面的知识掌握程度，经常出现个别参数设置错误引起建筑结构非线性分析结果出现较大偏差，不能清晰和准确地了解建筑结构真实损伤破坏的情况。

如图 1.1-3 所示，SAUSG 软件实现了精细网格非线性有限元模型、显式积分求解方法与 CPU+GPU 异构并行计算技术的结合，使得高精度、高效率建筑结构非线性分析成为可能，并且可以专业化地给出建筑结构性能评价结果[6]。目前，SAUSG 软件已协助设计单位完成几千项大型复杂结构的罕遇地震非线性分析工作，受到了行业专家的普遍认可和好评[7]，如图 1.1-4 所示。

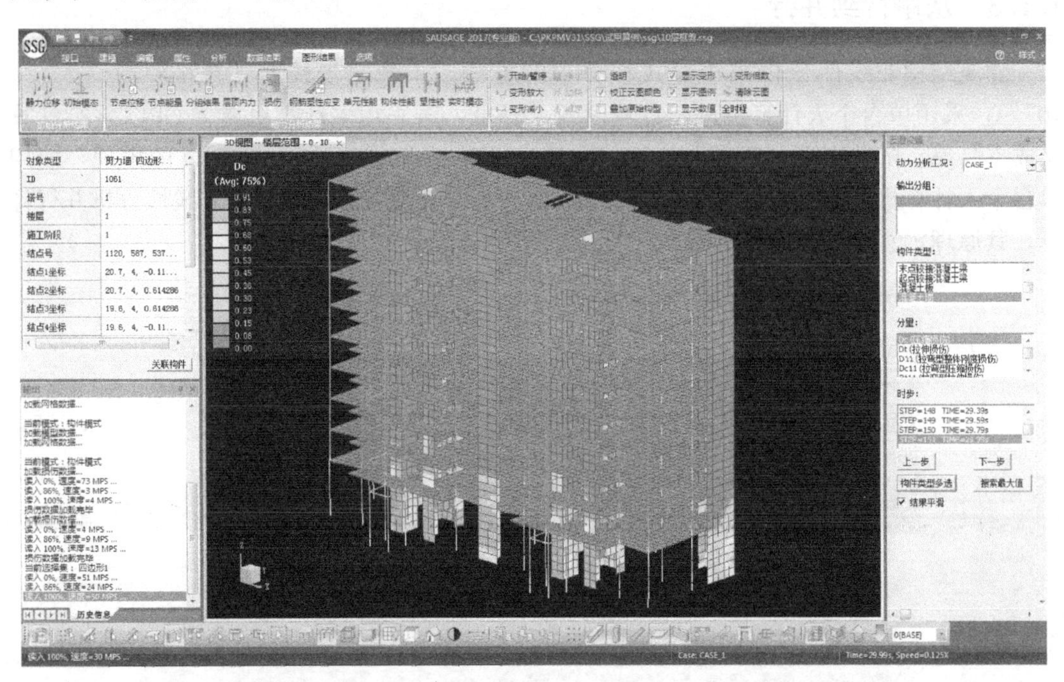

图 1.1-3　SAUSG 软件中剪力墙结构损伤表达示意图

图 1.1-4　SAUSG 软件完成的部分大型复杂工程非线性分析案例模型图

1.2 基于非线性分析的建筑结构设计优化

建筑结构的优化设计通常采用概念优化、拓扑优化、参数优化等方式，但相关优化设计方法往往以结构工程师的经验为基础，缺乏量化标准和依据，对个人能力的依赖性较大。在优化设计实践中，经常出现以节约工程造价为目的，故意曲解标准规定，甚至挑战建筑结构安全底线的情况。近年来，工程事故的频繁出现与盲目优化设计的做法存在一定的对应关系。

通过分析与设计手段的不断进步，更加准确和细致地了解建筑结构实际受力性能，才能在保证建筑结构安全的前提下实现优化设计。基于上述思路，突破目前建筑结构设计时普遍采用的线弹性假定，采用更加仿真的非线性分析方法，得到建筑结构在设防地震和罕遇地震作用下的损伤破坏情况，依据更加细致的量化分析结果可以实现建筑结构的设计优化[1]，例如：

（1）基于非线性分析的连梁刚度折减系数计算；

（2）基于非线性分析的框架-剪力墙结构二道防线内力调整；

（3）基于非线性分析的建筑结构抗震性能设计；

（4）基于非线性分析的减震结构附加阻尼比计算；

（5）基于非线性分析的隔震结构水平向减震系数计算。

1.3 建筑结构非线性直接分析设计方法

建筑结构的受力状态具有天然的非线性特性。钢筋混凝土结构具有收缩、徐变等长期非线性效应，在设防地震和罕遇地震作用下的非线性特性均不可忽略；对钢结构设计起控制作用的钢构件稳定承载力计算本质上也是非线性问题；减震、隔震结构中的阻尼器和隔震装置等具有较强烈的非线性特性。由于技术条件的限制，到目前为止建筑结构仍然普遍采用基于线弹性假定的设计方法。

基于非线性分析进行建筑结构的直接分析设计，可以仿真模拟建筑结构的受力状态，更加有效地保证建筑结构的安全，达到更进一步设计优化的目的。要实现建筑结构的直接分析设计，准确、快速和方便地实现非线性分析是必备前提，近年来非线性分析技术的快速发展和越来越广泛的工程应用，已让建筑结构直接分析设计具备了可能性。建筑结构直接分析设计与传统的建筑结构设计，在方法、经验和流程等方面存在较大区别，不可能一蹴而就地在短时间内广泛普及，但是作为建筑结构专业非常值得期待的重要发展方向之一，值得持续深入研究并进行逐步的工程实践推广。

钢筋混凝土结构进行直接分析设计，可以得到设防地震作用下比较真实的构件受力状态；可以改进或舍弃部分基于线弹性假定易造成歧义的建筑结构内力调整；可以修正传统极限承载力设计方法的前提假定；可以有效避免钢筋混凝土结构线弹性受力状态假定与极限承载力设计方法之间的长期相悖。

钢结构的直接分析设计，直接考虑结构与构件的初始缺陷或初始应力，通过采用考虑几何非线性和材料非线性的全过程分析，可以较大程度上避免传统理想分叉点钢结构稳定计算的理论缺陷，改进基于计算长度系数的传统钢结构稳定承载力计算方法，达到提高钢结构的安全性与设计优化的目的[8]。

减震、隔震装置具备较强的天然非线性特性，传统基于线弹性假定的分析方法无法准确得到减震、隔震结构真实的受力状态，粗糙的线弹性设计方法会抑制减震、隔震技术的发展，甚至可能造成设计错误，降低减震、隔震设计的可信度。通过全过程考虑减震、隔震装置的非线性特性，进行减震、隔震结构的直接分析设计具有较大的必要性。

参考文献

[1] 杨志勇，肖从真，等. 基于非线性分析的结构设计优化方法与实现 [R]. 中国建筑科学研究院应用技术研究课题报告，2017.

[2] 中华人民共和国住房和城乡建设部. 建筑抗震设计规范：GB 50011—2010 [S]. 北京：中国建筑工业出版社，2010.

[3] Wilson E L. Three-Dimensional Static and Dynamic Analysis of Structures [M]. Berkley Computers & Structures inc，1996.

[4] Clough R W，Penzien J. Dynamics of Structures [M]. Computers&Structures，Inc，1993.

[5] 王欣，李志山. SAUSAGE 软件动力弹塑性时程分析方法及其应用 [J]. 建筑结构，2012，42 (S2)：7-11.

[6] SAUSG 软件技术文档，2019.

[7] SAUSG 软件工程案例集，2019.

[8] 中华人民共和国住房和城乡建设部. 钢结构设计标准：GB 50017—2017 [S]. 北京：中国建筑工业出版社，2017.

第2章　精细网格有限单元非线性分析方法

采用有限单元方法进行建筑结构非线性分析时，涉及混凝土、钢筋和钢材等材料的单轴和多维本构模型；梁、柱、支撑、楼板和剪力墙等结构构件需采用合适的非线性有限单元和网格精度进行模拟；非线性分析可采用静力、动力等不同计算方法；地震作用的选择与确定也是建筑结构非线性分析的重要环节。本章结合 SAUSG 软件的实践，给出了上述方法的基本理论。

2.1　材料本构模型

建筑结构主要由混凝土、钢筋、型钢和钢管等材料构成，准确定义这些材料在不同受力状态下的本构模型是非线性分析的基础。可参考国内外大量的试验研究数据、仿真模拟结果和标准经验，采用材料的本构模型。

2.1.1　混凝土单轴本构模型

混凝土单轴受拉的应力-应变曲线，可按下列公式确定[1]：

$$\sigma=(1-d_{t})E_{c}\varepsilon \tag{2.1-1}$$

$$d_{t}=\begin{cases}1-\rho_{t}(1.2-0.2x^{5}) & x\leqslant 1\\ 1-\dfrac{\rho_{t}}{\alpha_{t}(x-1)^{1.7}+x} & x>1\end{cases} \tag{2.1-2}$$

$$x=\frac{\varepsilon}{\varepsilon_{t,r}} \tag{2.1-3}$$

$$\rho_{t}=\frac{f_{t,r}}{E_{c}\varepsilon_{t,r}} \tag{2.1-4}$$

式中　α_{t}——混凝土单轴受拉应力-应变曲线下降段参数值，按表 2.1-1 取用；

$f_{t,r}$——混凝土单轴抗拉强度代表值；

$\varepsilon_{t,r}$——与单轴抗拉强度代表值 $f_{t,r}$ 相应的混凝土峰值拉应变，按表 2.1-1 取用；

d_{t}——混凝土单轴受拉损伤演化参数。

混凝土单轴受拉应力-应变曲线的参数取值 **表 2.1-1**

$f_{t,r}$(N/mm^2)	1.0	1.5	2.0	2.5	3.0	3.5	4.0
$\varepsilon_{t,r}$(10^{-6})	65	81	95	107	118	128	137
α_t	0.31	0.70	1.25	1.95	2.81	3.82	5.00

混凝土单轴受压的应力-应变曲线，可按下列公式确定：

$$\sigma=(1-d_c)E_c\varepsilon \tag{2.1-5}$$

$$d_c=\begin{cases}1-\dfrac{\rho_c n}{n-1+x^n} & x\leqslant 1\\[2ex] 1-\dfrac{\rho_c}{\alpha_c(x-1)^2+x} & x>1\end{cases} \tag{2.1-6}$$

$$\rho_c=\frac{f_{c,r}}{E_c\varepsilon_{c,r}} \tag{2.1-7}$$

$$n=\frac{E_c\varepsilon_{c,r}}{E_c\varepsilon_{c,r}-f_{c,r}} \tag{2.1-8}$$

$$x=\frac{\varepsilon}{\varepsilon_{c,r}} \tag{2.1-9}$$

式中 α_c——混凝土单轴受压应力-应变曲线下降段参数值，按表 2.1-2 取用；

$f_{c,r}$——混凝土单轴抗压强度代表值；

$\varepsilon_{c,r}$——与单轴抗压强度代表值 $f_{c,r}$ 相应的混凝土峰值压应变，按表 2.1-2 取用；

d_c——混凝土单轴受压损伤演化参数。

混凝土单轴受压应力-应变曲线的参数取值 **表 2.1-2**

$f_{c,r}$(N/mm^2)	20	25	30	35	40	45	50	55	60	65	70	75	80
$\varepsilon_{c,r}$(10^{-6})	1470	1560	1640	1720	1790	1850	1920	1980	2030	2080	2130	2190	2240
α_c	0.74	1.06	1.36	1.65	1.94	2.21	2.48	2.74	3.00	3.25	3.50	3.75	3.99
$\varepsilon_{cu}/\varepsilon_{c,r}$	3.0	2.6	2.3	2.1	2.0	1.9	1.9	1.8	1.8	1.7	1.7	1.7	1.6

往复荷载作用下，受压混凝土卸载及再加载应力路径可按下列公式表示：

$$\sigma=E_r(\varepsilon-\varepsilon_z) \tag{2.1-10}$$

$$E_r=\frac{\sigma_{un}}{\varepsilon_{un}-\varepsilon_z} \tag{2.1-11}$$

$$\varepsilon_z=\varepsilon_{un}-\frac{(\varepsilon_{un}+\varepsilon_{ca})\sigma_{un}}{\sigma_{un}+E_c\varepsilon_{ca}} \tag{2.1-12}$$

$$\varepsilon_{ca}=\max\left(\frac{\varepsilon_c}{\varepsilon_c+\varepsilon_{un}},\frac{0.09\varepsilon_{un}}{\varepsilon_c}\right)\sqrt{\varepsilon_c\varepsilon_{un}} \tag{2.1-13}$$

式中 ε_z——受压混凝土卸载至零应力点时的残余应变；

E_r——混凝土卸载及再加载的变形模量；

σ_{un}、ε_{un}——混凝土从受压骨架线开始卸载时的应力和应变；

ε_{ca}——附加应变；

ε_c——混凝土受压峰值应力对应的应变。

往复荷载作用下，C30 混凝土的滞回曲线示意如图 2.1-1 所示。

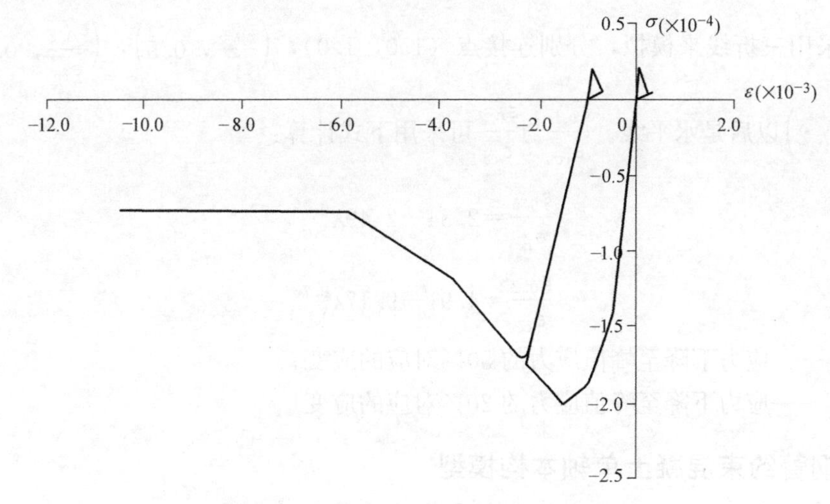

图 2.1-1　C30 混凝土的滞回曲线示意图

2.1.2　箍筋约束混凝土单轴本构模型

考虑箍筋对混凝土的约束效应时，核心区混凝土受压应力-应变曲线可按下列公式确定[2]：

$$y=\begin{cases} ax+(3-2a)x^2+(a-2)x^3 & x\leqslant 1 \\ \dfrac{x}{(1-0.87\lambda_v^{0.2})T(x-1)^2+x} & x>1 \end{cases} \tag{2.1-14}$$

$$x=\frac{\varepsilon}{\varepsilon_{cc}} \tag{2.1-15}$$

$$y=\frac{\sigma}{f_{cc}} \tag{2.1-16}$$

$$\lambda_v=\frac{df_{yh}}{f_c} \tag{2.1-17}$$

$$f_{cc}=(1+1.79\lambda_v)f_{c0} \tag{2.1-18}$$

$$\varepsilon_{cc}=(1+3.50\lambda_v)\varepsilon_{c0} \tag{2.1-19}$$

式中　f_{cc}——约束混凝土单轴抗压强度；

f_{c0}——素混凝土单轴抗压强度，可取标准值 f_{ck}；

ε_{cc}——与约束混凝土单轴抗压强度 f_{cc} 对应的峰值压应变；

ε_{c0}——与素混凝土单轴抗压强度 f_{c0} 对应的峰值压应变；

a——上升段参数，$a=2.4-0.01f_{cu}$；

T——下降段参数，$T=0.132f_{cu}^{0.785}-0.905$；

λ_v——配箍特征值；

d——体积配箍率，按箍筋的里皮计算；

f_{yh}——箍筋的屈服强度；

f_{cu}——混凝土立方体抗压强度。

对配筋混凝土，考虑箍筋对混凝土的约束效应，核心区混凝土受压应力-应变曲线下降段也可采用三折线来模拟，分别连接点（1.0，1.0），$\left(\frac{\varepsilon_{0.5}}{\varepsilon_{cc}}, 0.5\right)$，$\left(\frac{\varepsilon_{0.2}}{\varepsilon_{cc}}, 0.2\right)$即可，在$\left(\frac{\varepsilon_{0.2}}{\varepsilon_{cc}}, 0.2\right)$以后是水平线。$\frac{\varepsilon_{0.5}}{\varepsilon_{cc}}$与$\frac{\varepsilon_{0.2}}{\varepsilon_{cc}}$可采用下式计算：

$$\frac{\varepsilon_{0.5}}{\varepsilon_{cc}}=2.34+2.49\lambda_v^{0.73} \tag{2.1-20}$$

$$\frac{\varepsilon_{0.2}}{\varepsilon_{cc}}=4.91+9.17\lambda_v^{0.76} \tag{2.1-21}$$

式中　$\varepsilon_{0.5}$——应力下降至峰值应力的50%对应的应变；

$\varepsilon_{0.2}$——应力下降至峰值应力的20%对应的应变。

2.1.3　钢管约束混凝土单轴本构模型

考虑钢管对混凝土的约束效应，圆钢管混凝土核心区混凝土受压应力-应变曲线可按下列公式确定[3]：

$$y=2x-x^2 \quad (x\leqslant 1) \tag{2.1-22}$$

$$y=\begin{cases}1+q(x^{0.1\xi}-1) & (\xi\geqslant 1.12)\\ \dfrac{x}{\beta(x-1)^2+x} & (\xi<1.12)\end{cases} \quad (x>1) \tag{2.1-23}$$

$$x=\frac{\varepsilon}{\varepsilon_{cc}} \tag{2.1-24}$$

$$y=\frac{\sigma}{f_{cc}} \tag{2.1-25}$$

$$\xi=\frac{A_s f_y}{A_c f_{ck}} \tag{2.1-26}$$

$$f_{cc}=\left[1+(-0.054\xi^2+0.4\xi)\left(\frac{24}{f'_c}\right)^{0.45}\right]f'_c \tag{2.1-27}$$

$$\varepsilon_{cc}=1300+12.5f'_c+\left[1400+800\left(\frac{f'_c}{24}-1\right)\right]\xi^{0.2} \tag{2.1-28}$$

$$q=\frac{\xi^{0.745}}{2+\xi} \tag{2.1-29}$$

$$\beta=(2.36\times 10^{-5})^{[0.25+(\xi-0.5)^7]}f'^2_c\times 3.51\times 10^{-4} \tag{2.1-30}$$

式中　f'_c——混凝土圆柱体轴心抗压强度，可按表2.1-3取用；

f_{cc}——约束混凝土单轴抗压强度；

ε_{cc}——与约束混凝土单轴抗压强度f_{cc}对应的峰值压应变（$\mu\varepsilon$）；

ξ——钢管混凝土约束效应系数；

A_s——钢管的横截面面积；

A_c——核心混凝土的横截面面积；

f_y——钢材屈服强度；

f_{ck}——混凝土轴心抗压强度标准值；

q、β——应力-应变曲线形状控制参数。

混凝土圆柱体轴心抗压强度与立方体抗压强度的近似换算关系　　表 2.1-3

强度等级	C30	C40	C50	C60	C70	C80	C90
f'_c(MPa)	24	33	41	51	60	70	80

考虑钢管对混凝土的约束效应，方、矩形钢管混凝土核心区混凝土受压应力-应变曲线可按下列公式确定[3]：

$$y=2x-x^2 \quad (x\leqslant 1) \tag{2.1-31}$$

$$y=\frac{x}{\beta(x-1)^{\eta}+x} \quad (x>1) \tag{2.1-32}$$

$$x=\frac{\varepsilon}{\varepsilon_{cc}} \tag{2.1-33}$$

$$y=\frac{\sigma}{f_{cc}} \tag{2.1-34}$$

$$\xi=\frac{A_s f_y}{A_c f_{ck}} \tag{2.1-35}$$

$$f_{cc}=\left[1+(-0.0135\xi^2+0.1\xi)\left(\frac{24}{f'_c}\right)^{0.45}\right]f'_c \tag{2.1-36}$$

$$\varepsilon_{cc}=1300+12.5f'_c+\left[1330+760\left(\frac{f'_c}{24}-1\right)\right]\xi^{0.2} \tag{2.1-37}$$

$$\eta=1.6+\frac{1.5}{x} \tag{2.1-38}$$

$$\beta=\begin{cases}\dfrac{(f'_c)^{0.1}}{1.35\sqrt{1+\xi}} & (\xi\leqslant 3.0)\\[2ex] \dfrac{(f'_c)^{0.1}}{1.35\sqrt{1+\xi}\,(\xi-2)^2} & (\xi>3.0)\end{cases} \tag{2.1-39}$$

式中　f'_c——混凝土圆柱体轴心抗压强度，可按表 2.1-3 取用；

f_{cc}——约束混凝土单轴抗压强度；

ε_{cc}——与约束混凝土单轴抗压强度 f_{cc} 对应的峰值压应变（$\mu\varepsilon$）；

ξ——钢管混凝土约束效应系数；

A_s——钢管的横截面面积；

A_c——核心混凝土的横截面面积；

f_y——钢材屈服强度；

f_{ck}——混凝土轴心抗压强度标准值；

η、β——应力-应变曲线形状控制参数。

核心区混凝土受压应力-应变曲线计算公式的适用范围是：$\xi=0.2\sim5.0$，$f_y=200\sim700$MPa，$f_{cu}=30\sim120$MPa，截面含钢率 $\alpha=0.03\sim0.20$；对于方、矩形钢管混凝土，

其截面高宽比 $D/B=1\sim2$。

2.1.4 混凝土塑性损伤本构模型

在往复荷载作用下，混凝土材料可采用塑性损伤本构模型，该模型可以考虑材料在往复荷载作用下的损伤、裂缝开展、裂缝闭合及刚度恢复等行为。混凝土塑性损伤本构模型应力-应变曲线、强化变量、屈服准则和流动法则可按下列公式确定：

（1）应力-应变曲线

$$\boldsymbol{\sigma}=(1-d)\bar{\boldsymbol{\sigma}} \tag{2.1-40}$$

$$\bar{\boldsymbol{\sigma}}=\boldsymbol{D}_0^{\mathrm{el}}:(\boldsymbol{\varepsilon}-\boldsymbol{\varepsilon}^{\mathrm{pl}}) \tag{2.1-41}$$

$$d=1-(1-s_{\mathrm{t}}d_{\mathrm{c}})(1-s_{\mathrm{c}}d_{\mathrm{t}}) \tag{2.1-42}$$

$$s_{\mathrm{t}}=1-\omega_{\mathrm{t}}r(\hat{\boldsymbol{\sigma}}) \tag{2.1-43}$$

$$s_{\mathrm{c}}=1-\omega_{\mathrm{c}}[1-r(\hat{\boldsymbol{\sigma}})] \tag{2.1-44}$$

$$r(\hat{\boldsymbol{\sigma}})=\frac{\sum_{i=1}^{3}[\max(\hat{\sigma}_i,0)]}{\sum_{i=1}^{3}|\hat{\sigma}_i|} \tag{2.1-45}$$

式中 $\bar{\boldsymbol{\sigma}}$——有效应力；

$\boldsymbol{\varepsilon}^{\mathrm{pl}}$——塑性应变；

$\boldsymbol{D}_0^{\mathrm{el}}$——材料初始弹性张量；

d——损伤因子变量；

d_{t}——混凝土受拉塑性损伤因子，与等效塑性拉应变相关；

d_{c}——混凝土受压塑性损伤因子，与等效塑性压应变相关；

ω_{t}——表示混凝土应力-应变曲线从受压区过渡到受拉区弹性模量恢复程度，介于0.0～1.0之间，一般取0.0；

ω_{c}——表示混凝土应力-应变曲线从受拉区过渡到受压区弹性模量恢复程度，介于0.0～1.0之间，一般取1.0；

$\hat{\boldsymbol{\sigma}}$——有效主应力，记为$[\hat{\sigma}_1 \quad \hat{\sigma}_2 \quad \hat{\sigma}_3]^{\mathrm{T}}$（从大到小）。

塑性损伤因子定义及拉压刚度恢复示意如图 2.1-2 所示。

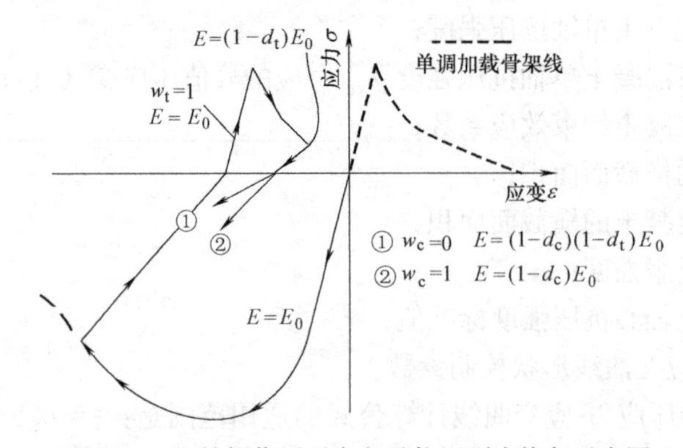

图 2.1-2 塑性损伤因子定义及拉压刚度恢复示意图

（2）可取等效塑性应变 $\tilde{\boldsymbol{\varepsilon}}^{\mathrm{pl}}$ 为强化变量

$$\dot{\tilde{\boldsymbol{\varepsilon}}}^{\mathrm{pl}}=\hat{\boldsymbol{h}}(\hat{\boldsymbol{\sigma}},\tilde{\boldsymbol{\varepsilon}}^{\mathrm{pl}})\cdot\dot{\hat{\boldsymbol{\varepsilon}}}^{\mathrm{pl}} \tag{2.1-46}$$

$$\hat{\boldsymbol{h}}(\hat{\boldsymbol{\sigma}},\tilde{\boldsymbol{\varepsilon}}^{\mathrm{pl}})=\begin{Bmatrix} r(\hat{\boldsymbol{\sigma}}) & 0 & 0 \\ 0 & 0 & -[1-r(\hat{\boldsymbol{\sigma}})] \end{Bmatrix} \tag{2.1-47}$$

式中　$\dot{\tilde{\boldsymbol{\varepsilon}}}^{\mathrm{pl}}$——等效塑性应变率，$\dot{\tilde{\boldsymbol{\varepsilon}}}^{\mathrm{pl}}=\begin{bmatrix}\dot{\tilde{\varepsilon}}_{\mathrm{t}}^{\mathrm{pl}} & \dot{\tilde{\varepsilon}}_{\mathrm{c}}^{\mathrm{pl}}\end{bmatrix}^{\mathrm{T}}$；

$\dot{\hat{\boldsymbol{\varepsilon}}}^{\mathrm{pl}}$——塑性主应变率，$\dot{\hat{\boldsymbol{\varepsilon}}}^{\mathrm{pl}}=\begin{bmatrix}\dot{\hat{\varepsilon}}_1 & \dot{\hat{\varepsilon}}_2 & \dot{\hat{\varepsilon}}_3\end{bmatrix}^{\mathrm{T}}$（从大到小）。

（3）屈服准则

$$F(\bar{\boldsymbol{\sigma}},\tilde{\boldsymbol{\varepsilon}}^{\mathrm{pl}})=\frac{1}{1-\alpha}[\bar{q}-3\alpha\bar{p}+\beta(\tilde{\boldsymbol{\varepsilon}}^{\mathrm{pl}})\cdot\max(\hat{\bar{\sigma}}_1,0)-\gamma\cdot\max(-\hat{\bar{\sigma}}_1,0)]-\bar{\sigma}_{\mathrm{c}}(\tilde{\varepsilon}_{\mathrm{c}}^{\mathrm{pl}})\leqslant 0 \tag{2.1-48}$$

$$\bar{p}=-\frac{1}{3}\bar{\boldsymbol{\sigma}}:\boldsymbol{I} \tag{2.1-49}$$

$$\bar{q}=\sqrt{\frac{3}{2}\bar{\boldsymbol{S}}:\bar{\boldsymbol{S}}} \tag{2.1-50}$$

$$\bar{\boldsymbol{S}}=\bar{p}\boldsymbol{I}+\bar{\boldsymbol{\sigma}} \tag{2.1-51}$$

$$\alpha=\frac{\dfrac{\sigma_{\mathrm{b0}}}{\sigma_{\mathrm{c0}}}-1}{\dfrac{2\sigma_{\mathrm{b0}}}{\sigma_{\mathrm{c0}}}-1} \tag{2.1-52}$$

$$\beta(\tilde{\boldsymbol{\varepsilon}}^{\mathrm{pl}})=\frac{\bar{\sigma}_{\mathrm{c}}(\tilde{\varepsilon}_{\mathrm{c}}^{\mathrm{pl}})}{\bar{\sigma}_{\mathrm{t}}(\tilde{\varepsilon}_{\mathrm{t}}^{\mathrm{pl}})}(1-\alpha)-(1+\alpha) \tag{2.1-53}$$

$$\gamma=\frac{3(1-K_{\mathrm{c}})}{2K_{\mathrm{c}}-1} \tag{2.1-54}$$

式中　$\bar{p}$——有效静水压力；

$\bar{q}$——Mises 等效有效应力；

$\bar{\boldsymbol{S}}$——有效偏应力张量；

$\boldsymbol{I}$——单位矩阵；

$\dfrac{\sigma_{\mathrm{b0}}}{\sigma_{\mathrm{c0}}}$——混凝土二维抗压强度与单轴抗压强度之比，一般介于 1.10～1.16 之间；

$\bar{\sigma}_{\mathrm{c}}(\tilde{\varepsilon}_{\mathrm{c}}^{\mathrm{pl}})$——有效内聚压应力，$\bar{\sigma}_{\mathrm{c}}(\tilde{\varepsilon}_{\mathrm{c}}^{\mathrm{pl}})$ 与 $\tilde{\varepsilon}_{\mathrm{c}}^{\mathrm{pl}}$ 的关系可由混凝土单轴受压应力-应变曲线换算而得；

$\bar{\sigma}_{\mathrm{t}}(\tilde{\varepsilon}_{\mathrm{t}}^{\mathrm{pl}})$——有效内聚拉应力，$\bar{\sigma}_{\mathrm{t}}(\tilde{\varepsilon}_{\mathrm{t}}^{\mathrm{pl}})$ 与 $\tilde{\varepsilon}_{\mathrm{t}}^{\mathrm{pl}}$ 的关系可由混凝土单轴受拉应力-应变曲线换算而得；

K_{c}——控制屈服面在偏平面上的投影形状的参数，介于 0.5～1.0 之间；取 1.0 时，屈服面在偏平面上的投影为圆形；取 0.5 时，屈服面在偏平面上的投影为三角形；对于正常配筋混凝土，建议取 0.67。

对于平面应力情况，屈服面如图 2.1-3 所示。

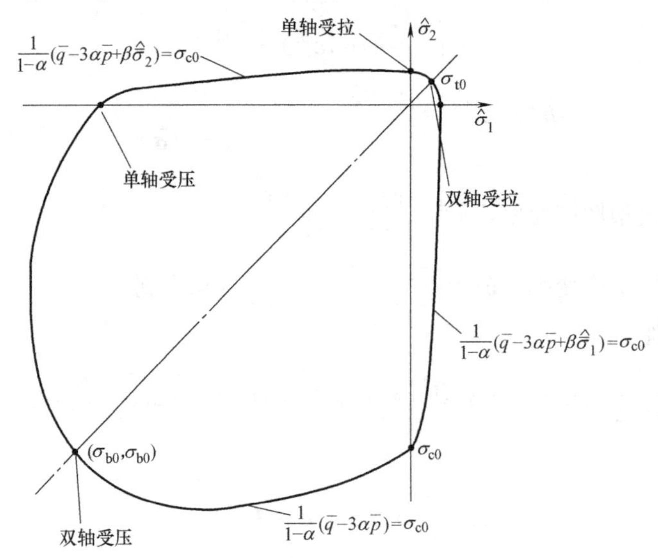

图 2.1-3　平面应力下混凝土材料的屈服面

（4）流动法则

$$\dot{\boldsymbol{\varepsilon}}^{\mathrm{pl}}=\dot{\lambda}\ \frac{\partial G(\overline{\boldsymbol{\sigma}})}{\partial\overline{\boldsymbol{\sigma}}} \tag{2.1-55}$$

$$G=\sqrt{(\kappa\sigma_{t0}\tan\psi)^2+\bar{q}^2}-\bar{p}\tan\psi \tag{2.1-56}$$

式中　$\dot{\lambda}$——非负的塑性乘数；

κ——混凝土塑性势函数的偏心率；

ψ——材料在 p-q 平面内的膨胀角；

σ_{t0}——单轴受拉强度。

2.1.5　钢筋、钢材单轴本构模型

钢筋、钢材单轴应力-应变曲线可按下列公式确定：

（1）有屈服点

$$\sigma_s=\begin{cases}E_s\varepsilon_s & \varepsilon_s\leqslant\varepsilon_y\\ f_{y,r} & \varepsilon_y<\varepsilon_s\leqslant\varepsilon_{uy}\\ f_{y,r}+k(\varepsilon_s-\varepsilon_{uy}) & \varepsilon_{uy}<\varepsilon_s\leqslant\varepsilon_u\\ 0 & \varepsilon_s>\varepsilon_u\end{cases} \tag{2.1-57}$$

（2）无屈服点

$$\sigma_s=\begin{cases}E_s\varepsilon_s & \varepsilon_s\leqslant\varepsilon_y\\ f_{y,r}+k(\varepsilon_s-\varepsilon_y) & \varepsilon_y<\varepsilon_s\leqslant\varepsilon_u\\ 0 & \varepsilon_s>\varepsilon_u\end{cases} \tag{2.1-58}$$

式中　σ_s——钢筋、钢材应力；

ε_s——钢筋、钢材应变；

E_s——钢筋、钢材弹性模量；

$f_{y,r}$——钢筋、钢材屈服强度代表值；

ε_y——与 $f_{y,r}$ 对应的钢筋、钢材屈服应变；

ε_{uy}——钢筋、钢材硬化起点应变；

ε_u——钢筋、钢材峰值应变；

k——钢筋、钢材硬化段斜率。

往复荷载作用下，钢筋、钢材单轴应力-应变滞回曲线宜按下列公式确定，也可采用简化的折线形式表达。

$$\sigma_s=E_s(\varepsilon_s-\varepsilon_a)-\left(\frac{\varepsilon_s-\varepsilon_a}{\varepsilon_b-\varepsilon_a}\right)^p[E_s(\varepsilon_b-\varepsilon_a)-\sigma_b] \tag{2.1-59}$$

$$p=\frac{(E_s-k)(\varepsilon_b-\varepsilon_a)}{E_s(\varepsilon_b-\varepsilon_a)-\sigma_b} \tag{2.1-60}$$

式中 ε_a——再加载路径起点对应的应变；

σ_b、ε_b——再加载路径终点对应的应力和应变；如再加载方向钢筋、钢材未曾屈服过，则 σ_b、ε_b 取钢筋、钢材初始屈服点的应力、应变；如再加载方向钢筋、钢材已经屈服过，则取该方向钢筋、钢材最大应变。

某往复荷载作用下，钢筋、钢材的滞回曲线如图 2.1-4 所示。

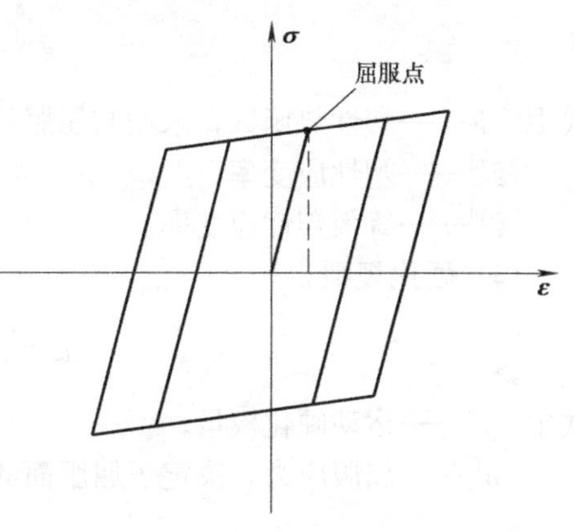

图 2.1-4 钢筋、钢材的滞回曲线示意图

2.1.6 钢板塑性本构模型

剪力墙内嵌钢板时，钢板可采用金属塑性本构模型。金属塑性本构模型应力-应变曲线、屈服准则、流动法则和硬化规则可按下列公式确定：

（1）应力-应变曲线

$$\boldsymbol{\sigma}=\boldsymbol{D}:(\boldsymbol{\varepsilon}-\boldsymbol{\varepsilon}^{pl}) \tag{2.1-61}$$

式中 $\boldsymbol{\varepsilon}^{pl}$——塑性应变；

$\boldsymbol{D}$——材料弹性张量。

（2）屈服准则

$$F=f(\boldsymbol{\sigma}-\boldsymbol{\alpha})-\sigma^0\leqslant 0 \tag{2.1-62}$$

$$f(\boldsymbol{\sigma}-\boldsymbol{\alpha})=\sqrt{\frac{3}{2}(\boldsymbol{S}-\boldsymbol{\alpha}^{dev}):(\boldsymbol{S}-\boldsymbol{\alpha}^{dev})} \tag{2.1-63}$$

$$\boldsymbol{S}=p\boldsymbol{I}+\boldsymbol{\sigma} \tag{2.1-64}$$

$$p=-\frac{1}{3}\boldsymbol{\sigma}:\boldsymbol{I} \tag{2.1-65}$$

$$\boldsymbol{\alpha}^{dev}=\boldsymbol{\alpha}-\frac{1}{3}(\boldsymbol{\alpha}:\boldsymbol{I})\boldsymbol{I} \tag{2.1-66}$$

式中 σ^0——屈服应力；

$\boldsymbol{\alpha}$——反应力；

$\boldsymbol{\alpha}^{\mathrm{dev}}$——反应力 $\boldsymbol{\alpha}$ 的偏张量；

$\boldsymbol{S}$——偏应力张量；

p——静水压力；

$\boldsymbol{I}$——单位矩阵。

钢材的屈服面满足 Mises 屈服函数，进入塑性后钢材的拉压强度发生改变，具有运动硬化特征，采用 Ziegler 运动硬化法则，加卸载无刚度退化。Ziegler 运动硬化法则示意如图 2.1-5 所示。

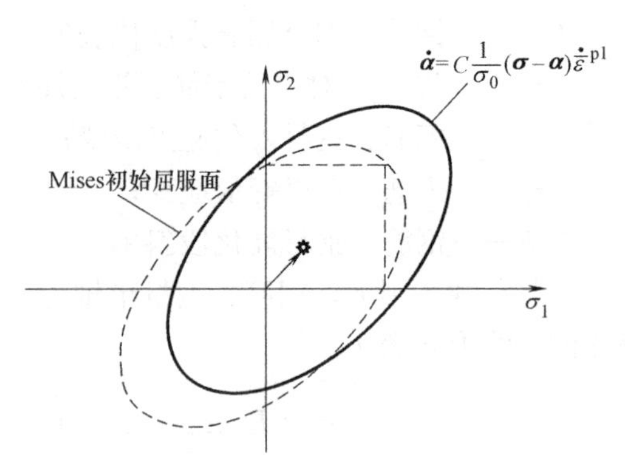

图 2.1-5 平面应力下钢材屈服面硬化

（3）流动法则

$$\dot{\boldsymbol{\varepsilon}}^{\mathrm{pl}}=\dot{\bar{\varepsilon}}^{\mathrm{pl}}\frac{\partial F}{\partial \boldsymbol{\sigma}} \tag{2.1-67}$$

$$\dot{\bar{\varepsilon}}^{\mathrm{pl}}=\sqrt{\frac{2}{3}\dot{\boldsymbol{\varepsilon}}^{\mathrm{pl}}:\dot{\boldsymbol{\varepsilon}}^{\mathrm{pl}}} \tag{2.1-68}$$

式中 F——塑性势函数，采用与屈服函数相同的函数；

$\dot{\boldsymbol{\varepsilon}}^{\mathrm{pl}}$——塑性应变率；

$\dot{\bar{\varepsilon}}^{\mathrm{pl}}$——等效塑性应变率。

（4）硬化规则

$$\dot{\boldsymbol{\alpha}}=C\frac{1}{\sigma_0}(\boldsymbol{\sigma}-\boldsymbol{\alpha})\dot{\bar{\varepsilon}}^{\mathrm{pl}} \tag{2.1-69}$$

式中 C——运动硬化模量；

σ^0——屈服应力，决定了屈服面的大小。

2.2 非线性分析有限单元

建筑结构包含梁、柱和支撑等一维构件，也包含楼板、剪力墙等二维构件，进行减震、隔震设计时还包含阻尼器、隔震装置等。进行建筑结构的非线性分析需要采用适当的有限单元进行模拟。

2.2.1 梁单元

1. 梁单元几何信息

梁单元含有两个节点 i 和 j，各有 6 个自由度，分别为 3 个平动分量和 3 个转动分量。

$$\boldsymbol{\delta}_i=[u_i \quad v_i \quad w_i \quad \theta_{xi} \quad \theta_{yi} \quad \theta_{zi}]^{\mathrm{T}} \tag{2.2-1}$$

$$\boldsymbol{\delta}_j=[u_j \quad v_j \quad w_j \quad \theta_{xj} \quad \theta_{yj} \quad \theta_{zj}]^{\mathrm{T}} \tag{2.2-2}$$

局部坐标系约定：取梁轴向为局部坐标系 x 轴，截面宽度方向为 y 轴，截面高度方向为 z 轴。

2. 考虑剪切变形修正

y 向弯曲变形刚度方程推导与 z 向弯曲变形类似。不考虑方向间的耦合作用，故以 z

向弯曲变形为例说明刚度方程推导。

经典梁弯曲的基本关系为：曲率 $\kappa=\dfrac{\mathrm{d}\theta}{\mathrm{d}x}$；弯矩 $M=-EI\kappa$；剪力 $Q=\dfrac{\mathrm{d}M}{\mathrm{d}x}$。

梁的挠度表示为两部分叠加：

$$w=w^{\mathrm{b}}+w^{\mathrm{s}} \tag{2.2-3}$$

式中　w^{b}——弯曲引起的挠度；

　　　w^{s}——由剪切引起的挠度。

保留经典梁的基本关系 $\theta=\dfrac{\mathrm{d}w^{\mathrm{b}}}{\mathrm{d}x}$，并假定剪切变形 $\gamma=\dfrac{\mathrm{d}w^{\mathrm{s}}}{\mathrm{d}x}$、剪力 $Q=\dfrac{GA}{k}\gamma$。对 w^{b} 采用经典梁的三次 Hermite 插值，对 w^{s} 采用线性插值。具体如下：

$$w^{\mathrm{b}}=N_1w_i^{\mathrm{b}}+N_2\theta_i+N_3w_j^{\mathrm{b}}+N_4\theta_j \tag{2.2-4}$$

$$w^{\mathrm{s}}=N_5\theta_i+N_3w_j^{j}+N_4\theta_j \tag{2.2-5}$$

式中　N_k——$k=1$，…，4 为三次 Hermite 插值形函数；$k=5$，6 为线性形函数。

上述插值中，每个节点含 w_i^{b}、w_i^{s}、θ_i（i，j）3 个未知位移。利用单元层次的平衡方程 $M=-EI\kappa$、$Q=\dfrac{\mathrm{d}M}{\mathrm{d}x}$ 和几何关系可消去多余未知参数，只保留节点总位移 w_i、θ_i（i，j）为未知参数。

关于轴向拉压和扭转的作用，基本关系为：轴力产生的轴向应变 $\varepsilon_x=\dfrac{\mathrm{d}u}{\mathrm{d}x}$、轴力 $N=EA\varepsilon_x$；扭转率 $\alpha=\dfrac{\mathrm{d}\theta_x}{\mathrm{d}x}$，扭矩 $T=GJ\alpha$。对 u 和 θ_x 采用线性插值，则 ε_x 与 α 为常量。

综合以上，根据虚功方程可推得单元刚度矩阵如下：

$$\boldsymbol{K}=\begin{bmatrix}
C_1 & & & & & & -C_1 & & & & & \\
 & C_2 & & & & C_8 & & -C_2 & & & & C_8 \\
 & & C_3 & & -C_7 & & & & -C_3 & & -C_7 & \\
 & & & C_4 & & & & & & -C_4 & & \\
 & & -C_7 & & C_5 & & & & C_7 & & C_9 & \\
 & C_8 & & & & C_6 & & -C_8 & & & & C_{10} \\
-C_1 & & & & & & C_1 & & & & & \\
 & -C_2 & & & & -C_8 & & C_2 & & & & -C_8 \\
 & & -C_3 & & C_7 & & & & C_3 & & C_7 & \\
 & & & -C_4 & & & & & & C_4 & & \\
 & & -C_7 & & C_9 & & & & C_7 & & C_5 & \\
 & C_8 & & & & C_{10} & & -C_8 & & & & C_6
\end{bmatrix} \tag{2.2-6}$$

其中：

$C_1=\frac{EA}{l}$，$C_2=\frac{12EI_z}{(1+b_y)l^3}$，$C_3=\frac{12EI_y}{(1+b_z)l^3}$，$C_4=\frac{GJ}{l}$，$C_5=\frac{(4+b_z)EI_y}{(1+b_z)l}$，$C_6=\frac{(4+b_y)EI_z}{(1+b_y)l}$，$C_7=\frac{6EI_y}{(1+b_z)l^2}$，$C_8=\frac{6EI_z}{(1+b_y)l^2}$，$C_9=\frac{(2-b_z)EI_y}{(1+b_z)l}$，$C_{10}=\frac{(2-b_y)EI_z}{(1+b_y)l}$

式中　$b_y=\frac{12EI_z}{GA_yl^2}$，$b_z=\frac{12EI_y}{GA_zl^2}$；

A_y——y 向有效剪切面积；

A_z——z 向有效剪切面积；

l——单元长度。

3. 铁梓柯梁单元刚度矩阵

设 $\overline{u}$、$\overline{v}$、$\overline{w}$ 为梁轴线沿 x、y、z 方向的位移，$\overline{\theta}_x$、$\overline{\theta}_y$、$\overline{\theta}_z$ 为梁轴线绕 x、y、z 的小转动。则有梁轴线上任意点的广义位移：

$$\overline{\boldsymbol{\delta}}=[\overline{u}\quad \overline{v}\quad \overline{w}\quad \overline{\theta}_x\quad \overline{\theta}_y\quad \overline{\theta}_z]^{\mathrm{T}} \tag{2.2-7}$$

根据平截面假定，梁内任意一点的位移为：

$$\begin{cases}u(x,y,z)=\overline{u}-y\overline{\theta}_z+z\overline{\theta}_y\\ v(x,y,z)=\overline{v}-z\overline{\theta}_x\\ w(x,y,z)=\overline{w}+y\overline{\theta}_x\end{cases} \tag{2.2-8}$$

根据弹性体几何关系，梁内任意一点的应变为：

$$\begin{cases}\varepsilon_{xx}=\dfrac{\partial u}{\partial x}=\overline{u}'+z\overline{\theta}'_y-y\overline{\theta}'_z\\ \gamma_{xy}=\dfrac{\partial v}{\partial x}+\dfrac{\partial u}{\partial y}=\overline{v}'-z\overline{\theta}'_x-\overline{\theta}_z\\ \gamma_{xz}=\dfrac{\partial w}{\partial x}+\dfrac{\partial u}{\partial z}=\overline{w}'+y\overline{\theta}'_x+\overline{\theta}_y\end{cases} \tag{2.2-9}$$

式中　$(\quad)'=\mathrm{d}(\quad)/\mathrm{d}x$。

引入截面扭率 $\alpha=\overline{\theta}'_x$，且假定扭转作用不与其他作用发生耦合，扭转应变在截面上均匀分布，则有截面上任意点的应变可表示为：

$$\boldsymbol{\varepsilon}=\begin{Bmatrix}\varepsilon_x\\ \alpha\\ \gamma_{xy}\\ \gamma_{xz}\end{Bmatrix}=\begin{Bmatrix}\overline{u}'+z\overline{\theta}'_y-y\overline{\theta}'\\ \rho\overline{\theta}'_x\\ \overline{v}'-\overline{\theta}_z\\ \overline{w}'+\overline{\theta}_y\end{Bmatrix} \tag{2.2-10}$$

式中　ρ——与截面形式有关的扭转修正系数。

根据梁理论的假定，对应于上述应变的材料矩阵为：

$$\boldsymbol{D}=\begin{bmatrix}E&0&0&0\\0&G&0&0\\0&0&G&0\\0&0&0&G\end{bmatrix} \tag{2.2-11}$$

构造梁的有限单元模型，对梁轴线的广义位移作两节点线性插值：

$$\bar{\boldsymbol{\delta}}=[\bar{u}\quad \bar{v}\quad \bar{w}\quad \bar{\theta}_x\quad \bar{\theta}_y\quad \bar{\theta}_z]^{\mathrm{T}}=\boldsymbol{N}\boldsymbol{\delta}_{\mathrm{e}} \tag{2.2-12}$$

式中　$\boldsymbol{\delta}_{\mathrm{e}}$——节点位移向量。插值矩阵的形式如下：

$$\boldsymbol{N}=[\boldsymbol{N}_i\quad \boldsymbol{N}_j]$$

$$\boldsymbol{N}_i=\begin{bmatrix} L_i & & & & & \\ & L_i & & & & \\ & & L_i & & & \\ & & & L_i & & \\ & & & & L_i & \\ & & & & & L_i \end{bmatrix}\quad (i,j) \tag{2.2-13}$$

其中：

$$L_i=1-\frac{x}{l},\ L_j=\frac{x}{l} \tag{2.2-14}$$

式中　x——梁轴线上某点到节点 i 的距离；

l——单元长度。假设横向剪切应力在截面上均匀分布，则可根据应力-应变层次上的虚功原理导出对应于节点位移向量 $\boldsymbol{\delta}_{\mathrm{e}}$ 的单元刚度矩阵如下：

$$K_{\mathrm{e}}=\int_{\mathrm{e}}B^{\mathrm{T}}DB\mathrm{d}\Omega \tag{2.2-15}$$

$$=\begin{bmatrix}
C_1 & & & & & & -C_1 & & & & & \\
 & C_2 & & & & C_8 & & -C_2 & & & & C_8 \\
 & & C_3 & & -C_7 & & & & -C_3 & & -C_7 & \\
 & & & C_4 & & & & & & -C_4 & & \\
 & & -C_7 & & C_5 & & & & C_7 & & C_9 & \\
 & C_8 & & & & C_6 & & -C_8 & & & & C_{10} \\
-C_1 & & & & & & C_1 & & & & & \\
 & -C_2 & & & & -C_8 & & C_2 & & & & -C_8 \\
 & & -C_3 & & C_7 & & & & C_3 & & C_7 & \\
 & & & -C_4 & & & & & & C_4 & & \\
 & & -C_7 & & C_9 & & & & C_7 & & C_5 & \\
 & C_8 & & & & C_{10} & & -C_8 & & & & C_6
\end{bmatrix}$$

其中：

$$C_1=\frac{EA}{l},\ C_2=\frac{GA_y}{l},\ C_3=\frac{GA_z}{l},\ C_4=\frac{GJ}{l},\ C_5=\frac{EI_y}{l}+\frac{GA_zl}{4},\ C_6=\frac{EI_z}{l}+\frac{GA_yl}{4},$$

$$C_7=\frac{GA_z}{2l},\ C_8=\frac{GA_y}{2l},\ C_9=-\frac{EI_y}{l}+\frac{GA_zl}{4},\ C_{10}=-\frac{EI_z}{l}+\frac{GA_yl}{4}$$

4. 铰接梁单元刚度矩阵

铰接只影响弯曲变形，不影响轴向拉压与扭转，为便于清晰地说明问题，取出两端刚

接梁单元刚度矩阵 y 向弯曲变形部分，即：

$$\boldsymbol{K}=\begin{bmatrix} C_2 & C_8 & -C_2 & C_8 \\ C_8 & C_6 & -C_8 & C_{10} \\ -C_2 & -C_8 & C_2 & -C_8 \\ C_8 & C_{10} & -C_8 & C_6 \end{bmatrix} \tag{2.2-16}$$

记铰接自由度为 $\boldsymbol{\delta}_{\mathrm{r}}$，其他自由度为 $\boldsymbol{\delta}_{\mathrm{s}}$，并将刚度矩阵记成分块形式，即有：

$$\begin{bmatrix} \boldsymbol{K}_{\mathrm{ss}} & \boldsymbol{K}_{\mathrm{rs}} \\ \boldsymbol{K}_{\mathrm{sr}} & \boldsymbol{K}_{\mathrm{rr}} \end{bmatrix}\begin{Bmatrix} \boldsymbol{\delta}_{\mathrm{s}} \\ \boldsymbol{\delta}_{\mathrm{r}} \end{Bmatrix}=\begin{Bmatrix} \boldsymbol{F}_{\mathrm{s}} \\ 0 \end{Bmatrix} \tag{2.2-17}$$

分块运算可得：

$$(\boldsymbol{K}_{\mathrm{ss}}-\boldsymbol{K}_{\mathrm{sr}}\boldsymbol{K}_{\mathrm{rr}}^{-1}\boldsymbol{K}_{\mathrm{rs}})\boldsymbol{\delta}_{\mathrm{s}}=\boldsymbol{F}_{\mathrm{s}} \tag{2.2-18}$$

由上可推得铰接单元刚度矩阵：

$$\boldsymbol{K}=\begin{bmatrix} \dfrac{-C_8C_8}{C_6}+C_2 & C_8-\dfrac{C_8C_{10}}{C_6} & \dfrac{C_8C_8}{C_6}-C_2 & 0 \\ C_8-\dfrac{C_8C_{10}}{C_6} & -\dfrac{C_{10}C_{10}}{C_6}+C_6 & \dfrac{C_8C_{10}}{C_6}-C_8 & 0 \\ \dfrac{C_8C_8}{C_6}-C_2 & \dfrac{C_8C_{10}}{C_6}-C_8 & \dfrac{-C_8C_8}{C_6}+C_2 & 0 \\ 0 & 0 & 0 & 0 \end{bmatrix} \tag{2.2-19}$$

注意：该铰接单元刚度矩阵对前述两种梁单元均适用。

2.2.2 杆单元

杆单元与梁单元的几何类似，含有两个节点 i 和 j，各有 3 个自由度，即三个平动分量 u、v、w。局部坐标系约定，取梁轴向为局部坐标系 x 轴，截面宽度方向为 y 轴，截面高度方向为 z 轴。杆单元仅 x 轴承受轴力，其刚度矩阵为：

$$\boldsymbol{K}_{\mathrm{e}}=\begin{bmatrix} \dfrac{EA}{l} & 0 & 0 & -\dfrac{EA}{l} & 0 & 0 \\ 0 & 0 & 0 & 0 & 0 & 0 \\ 0 & 0 & 0 & 0 & 0 & 0 \\ \dfrac{EA}{l} & 0 & 0 & \dfrac{EA}{l} & 0 & 0 \\ 0 & 0 & 0 & 0 & 0 & 0 \\ 0 & 0 & 0 & 0 & 0 & 0 \end{bmatrix} \tag{2.2-20}$$

2.2.3 壳单元

壳单元用于模拟楼板、剪力墙等平面构件，统一采用基于“膜+板（中厚板）”的平板壳元模型。在选择单元模型时，解决了剪切闭锁和膜闭锁问题，并对单点积分的沙漏模态进行了有效物理控制。

三角形壳单元共有 3 个节点，四边形壳单元共有 4 个节点。各节点均有 6 个自由度，

即 u、v、w、θ_x、θ_y、θ_z。其中 u、v、θ_z 为平面内自由度，w、θ_x、θ_y 为平面外自由度。对于常用的壳单元的刚度矩阵，可由平面内刚度（膜部分）与平面外刚度（板部分）按自由度对应关系，直接组装而成。

局部坐标系约定，取 x 轴与 y 轴位于壳单元平面内，z 轴位于壳单元平面法向。

1. 三角形壳单元膜部分[6]

记三角形壳单元的 3 个节点为 i、j、m，其坐标分别为（x_i，y_i）、（x_j，y_j）、（x_m，y_m）。单元的节点位移向量为：

$$\boldsymbol{\delta}_{\mathrm{e}}=\{u_i \quad v_i \quad \theta_{zi} \quad u_j \quad v_j \quad \theta_{zj} \quad u_m \quad v_m \quad \theta_{zm}\}^{\mathrm{T}} \tag{2.2-21}$$

构造形函数：

$$\boldsymbol{N}=[\boldsymbol{N}_i \quad \boldsymbol{N}_j \quad \boldsymbol{N}_m] \tag{2.2-22}$$

其中：

$$\boldsymbol{N}_i=\begin{bmatrix} L_i & 0 & N_{\mathrm{u}\theta_z i} \\ 0 & L_i & N_{\mathrm{v}\theta_z i} \end{bmatrix} \quad (i,j,m) \tag{2.2-23}$$

令：

$$A=\frac{1}{2}\begin{vmatrix} 1 & x_i & y_i \\ 1 & x_j & y_j \\ 1 & x_m & y_m \end{vmatrix} \tag{2.2-24}$$

$$a_i=x_j y_m-x_m y_j$$

$$b_i=y_j-y_m$$

$$c_i=-x_j+x_m$$

$$L_i=\frac{1}{2A}(a_i+b_i x+c_i y) \quad (i,j,m) \tag{2.2-25}$$

$$N_{\mathrm{u}\theta_z i}=\frac{1}{2}L_i(b_m L_j-b_j L_m)$$

$$N_{\mathrm{v}\theta_z i}=\frac{1}{2}L_i(c_m L_j-c_j L_m)$$

由几何关系，即有：

$$\boldsymbol{\varepsilon}=\begin{Bmatrix} \varepsilon_x \\ \varepsilon_y \\ \gamma_{xy} \end{Bmatrix}=\begin{Bmatrix} \dfrac{\partial u}{\partial x} \\ \dfrac{\partial v}{\partial y} \\ \dfrac{\partial u}{\partial y}+\dfrac{\partial v}{\partial x} \end{Bmatrix}=\boldsymbol{B}\boldsymbol{\delta}_{\mathrm{e}} \tag{2.2-26}$$

据弹性力学，应力-应变有如下关系：

$$\begin{Bmatrix} \sigma_x \\ \sigma_y \\ \tau_{xy} \end{Bmatrix}=\frac{E}{1-\mu^2}\begin{bmatrix} 1 & \mu & 0 \\ \mu & 1 & 0 \\ 0 & 0 & (1-\mu)/2 \end{bmatrix}\begin{Bmatrix} \varepsilon_x \\ \varepsilon_y \\ \gamma_{xy} \end{Bmatrix}=\boldsymbol{D}\boldsymbol{\varepsilon} \tag{2.2-27}$$

根据虚功原理，可以得到单元刚度矩阵：

$$\boldsymbol{K}_{\mathrm{e}}=\int_{\Omega}\boldsymbol{B}^{\mathrm{T}}\boldsymbol{D}\boldsymbol{B}\,\mathrm{d}\Omega \tag{2.2-28}$$

2. 三角形壳膜部分的沙漏修正

单元的常应变模态有 3 个，可表示为：

$$\mathbf{V}_{\mathrm{s}}=\begin{bmatrix} x_i & 0 & 0 & x_j & 0 & 0 & x_m & 0 & 0 \\ 0 & y_i & 0 & 0 & y_i & 0 & 0 & y_m & 0 \\ y_i & x_i & 0 & y_j & x_j & 0 & y_m & x_m & 0 \end{bmatrix}^{\mathrm{T}} \tag{2.2-29}$$

注意：一个模态实指一个位移向量，单元共计 9 个自由度，向量维数即为 9×1。

单元的刚体位移模态共有 3 个，可表示为：

$$\mathbf{V}_{\mathrm{r}}=\begin{bmatrix} 1 & 0 & 0 & 1 & 0 & 0 & 1 & 0 & 0 \\ 0 & 1 & 0 & 0 & 1 & 0 & 0 & 1 & 0 \\ 0 & 0 & 1 & 0 & 0 & 1 & 0 & 0 & 1 \end{bmatrix}^{\mathrm{T}} \tag{2.2-30}$$

常应变模态与刚体位移模态共计 6 个，而单刚的阶数为 9 个，将产生沙漏。记常应变模态与刚体位移模态组成的向量组为 $\mathbf{V}_{\mathrm{e}}$，沙漏模态组成的向量组为 $\mathbf{V}_{\mathrm{h}}$。$\mathbf{V}_{\mathrm{h}}$ 与 $\mathbf{V}_{\mathrm{e}}$ 线性无关，且满足：$\boldsymbol{K}_{\mathrm{e}}\mathbf{V}_{\mathrm{h}}=0$。$\mathbf{V}_{\mathrm{h}}$ 可表示为：

$$\mathbf{V}_{\mathrm{h}}=\begin{bmatrix} \frac{y_j+y_m-2y_i}{6} & \frac{2x_i-x_j-x_m}{6} & 1 & 0 & 0 & 0 & 0 & 0 & 0 \\ 0 & 0 & 0 & \frac{y_m+y_i-2y_j}{6} & \frac{2x_j-x_m-x_i}{6} & 1 & 0 & 0 & 0 \\ 0 & 0 & 0 & 0 & 0 & 0 & \frac{y_i+y_j-2y_m}{6} & \frac{2x_m-x_i-x_j}{6} & 1 \end{bmatrix} \tag{2.2-31}$$

将向量 $\mathbf{V}_{\mathrm{e}}$ 进行 Gram-Schmidt 正交化，可得 $\tilde{\mathbf{V}}_{\mathrm{e}}$。将 $\mathbf{V}_{\mathrm{h}}$ 中各向量单独与 $\tilde{\mathbf{V}}_{\mathrm{e}}$ 进行 Gram-Schmidt 正交化，即有：

$$\tilde{\boldsymbol{\delta}}_{\mathrm{h}j}=\boldsymbol{\delta}_{\mathrm{h}j}-\sum_{i=1}^{6}\tilde{\boldsymbol{\delta}}_{\mathrm{e}i}^{\mathrm{T}}\cdot\boldsymbol{\delta}_{\mathrm{h}j}\tilde{\boldsymbol{\delta}}_{\mathrm{e}i} \tag{2.2-32}$$

式中　$\tilde{\boldsymbol{\delta}}_{\mathrm{e}i}$——$\tilde{V}_{\mathrm{e}}$ 中第 i 阶向量；

　　　$\boldsymbol{\delta}_{\mathrm{h}j}$——$\mathbf{V}_{\mathrm{h}}$ 中第 j 阶向量。

经运算可知，$\tilde{\boldsymbol{\delta}}_{\mathrm{e}i}^{\mathrm{T}}\cdot\tilde{\boldsymbol{\delta}}_{\mathrm{h}j}=0$ 且 $\boldsymbol{\delta}_{\mathrm{h}j}^{\mathrm{T}}\cdot\tilde{\boldsymbol{\delta}}_{\mathrm{h}j}\neq0$。即 $\tilde{\boldsymbol{\delta}}_{\mathrm{h}j}$ 与向量组 $\mathbf{V}_{\mathrm{e}}$ 正交，而与向量组 $\mathbf{V}_{\mathrm{h}}$ 不正交。

在外荷载 $\boldsymbol{F}_{\mathrm{e}}$ 作用下，对于单点积分单元，仅能准确反应单元按常应变模态与刚体位移模态变形，记 $\boldsymbol{\delta}_{\mathrm{e}}$ 由 $\mathbf{V}_{\mathrm{e}}$ 中的各向量线性组合而成，即有：

$$\boldsymbol{K}_{\mathrm{e}}\boldsymbol{\delta}_{\mathrm{e}}=\boldsymbol{F}_{\mathrm{e}} \tag{2.2-33}$$

构造沙漏修正刚度矩阵，取 $\boldsymbol{K}_{\mathrm{h}}=\sum_{j=1}^{3}a_j\cdot\tilde{\boldsymbol{\delta}}_{\mathrm{h}j}^{\mathrm{T}}\cdot\tilde{\boldsymbol{\delta}}_{\mathrm{h}j}$，$a_j$ 为非零常数。取修正后的刚度矩阵为 $\boldsymbol{K}_{\mathrm{r}}=\boldsymbol{K}_{\mathrm{e}}+\boldsymbol{K}_{\mathrm{h}}$，即有：

$$\begin{aligned}\boldsymbol{K}_{\mathrm{r}}\boldsymbol{\delta}_{\mathrm{e}}&=\boldsymbol{F}_{\mathrm{e}}\\ \boldsymbol{K}_{\mathrm{r}}\boldsymbol{\delta}_{\mathrm{h}}&\neq0\end{aligned} \tag{2.2-34}$$

由上可见，在外荷载 $\boldsymbol{F}_{\mathrm{e}}$ 作用下，$\boldsymbol{K}_{\mathrm{r}}$ 可有效抑制单元按沙漏模态变形，同时不影响单元的常应变模态与刚体位移模态。

3. 三角形壳单元之板部分（三点积分）[7]

记三角形壳单元的 3 个节点为 i、j、m，其坐标分别为 (x_i, y_i)、(x_j, y_j)、(x_m, y_m)。单元的节点位移向量为：

$$\boldsymbol{\delta}_{\mathrm{e}}=\{w_i \quad \theta_{xi} \quad \theta_{yi} \quad w_j \quad \theta_{xj} \quad \theta_{yj} \quad w_m \quad \theta_{xm} \quad \theta_{ym}\}^{\mathrm{T}} \tag{2.2-35}$$

单元内任意一点转角 θ_x 与 θ_y 可表示如下：

$$\begin{aligned}\theta_x=&\theta_{xi}L_i+\theta_{xj}L_j+\theta_{xm}L_m+\frac{3c_i}{l_i}(1-2\delta_i)\Gamma_iL_jL_m+\frac{3c_j}{l_j}\\&(1-2\delta_j)\Gamma_jL_mL_i+\frac{3c_m}{l_m}(1-2\delta_m)\Gamma_mL_iL_j \quad (i,j,m)\end{aligned} \tag{2.2-36}$$

$$\begin{aligned}\theta_y=&\theta_{yi}L_i+\theta_{yj}L_j+\theta_{ym}L_m+\frac{3b_i}{l_i}(1-2\delta_i)\Gamma_iL_jL_m+\frac{3b_j}{l_j}\\&(1-2\delta_j)\Gamma_jL_mL_i+\frac{3b_m}{l_m}(1-2\delta_m)\Gamma_mL_iL_j \quad (i,j,m)\end{aligned} \tag{2.2-37}$$

其中：

$$\delta_i=\frac{\left(\dfrac{h}{l_i}\right)^2}{2\left(\dfrac{h}{l_i}\right)^2+\dfrac{5}{6}(1-\mu)} \tag{2.2-38}$$

$$\Gamma_i=\frac{1}{l_i}[2(-w_j+w_m)-c_i(\theta_{xj}+\theta_{xm})+b_i(\theta_{yj}+\theta_{ym})]$$

$$\begin{aligned}b_i&=y_j-y_m\\c_i&=x_m-y_j\end{aligned} \tag{2.2-39}$$

由几何关系：

$$\boldsymbol{\kappa}=\{\kappa_x \quad \kappa_y \quad 2\kappa_{xy}\}^{\mathrm{T}}=\left\{-\frac{\partial\theta_x}{\partial x} \quad -\frac{\partial\theta_y}{\partial y} \quad -\frac{\partial\theta_x}{\partial y}-\frac{\partial\theta_y}{\partial x}\right\}^{\mathrm{T}}=\boldsymbol{B}_{\mathrm{b}}\boldsymbol{\delta}_{\mathrm{e}} \tag{2.2-40}$$

借鉴梁单元剪切应变定义，可假设各边的剪切应变为：

$$\gamma_{\mathrm{s}jm}=\delta_i\Gamma_i, \gamma_{\mathrm{s}mi}=\delta_j\Gamma_j, \gamma_{\mathrm{s}jj}=\delta_m\Gamma_m \tag{2.2-41}$$

由几何矢量关系，各节点剪切应变可表示为：

$$\begin{Bmatrix}\gamma_{xi}\\\gamma_{xj}\\\gamma_{xm}\end{Bmatrix}=\frac{1}{2A}\begin{bmatrix}0 & -b_m & b_j\\b_m & 0 & b_i\\-b_j & b_i & 0\end{bmatrix}\begin{Bmatrix}l_i\delta_i\Gamma_i\\l_j\delta_j\Gamma_j\\l_m\delta_m\Gamma_m\end{Bmatrix} \tag{2.2-42}$$

$$\begin{Bmatrix}\gamma_{yi}\\\gamma_{yj}\\\gamma_{ym}\end{Bmatrix}=\frac{1}{2A}\begin{bmatrix}0 & -c_m & c_j\\c_m & 0 & c_i\\-c_j & c_i & 0\end{bmatrix}\begin{Bmatrix}l_i\delta_i\Gamma_i\\l_j\delta_j\Gamma_j\\l_m\delta_m\Gamma_m\end{Bmatrix} \tag{2.2-43}$$

单元内任意一点转角 γ_x 与 γ_y 可表示如下：

$$\gamma_x=\gamma_{xi}L_i+\gamma_{xj}L_j+\gamma_{xm}L_m$$

$$\gamma_y = \gamma_{yi} L_i + \gamma_{yj} L_j + \gamma_{ym} L_m \tag{2.2-44}$$

于是：

$$\boldsymbol{\gamma} = \begin{Bmatrix} \gamma_x \\ \gamma_y \end{Bmatrix} = \boldsymbol{B}_s \boldsymbol{\delta}_e \tag{2.2-45}$$

广义应力-应变关系是：

$$\boldsymbol{M} = \begin{Bmatrix} M_x \\ M_y \\ M_{xy} \end{Bmatrix} = \boldsymbol{D}_b \boldsymbol{\kappa} \tag{2.2-46}$$

$$\boldsymbol{D}_b = \frac{Eh^3}{12(1-\mu^2)} \begin{bmatrix} 1 & \mu & 0 \\ \mu & 1 & 0 \\ 0 & 0 & (1-\mu/2) \end{bmatrix} \tag{2.2-47}$$

$$\boldsymbol{F}_s = \begin{Bmatrix} F_{sx} \\ F_{sy} \end{Bmatrix} = \boldsymbol{D}_s \boldsymbol{\gamma} \tag{2.2-48}$$

根据虚功原理，可以得到单元刚度矩阵：

$$\boldsymbol{K}_e = \int_\Omega \boldsymbol{B}_b^T \boldsymbol{D}_b \boldsymbol{B}_b \mathrm{d}\Omega + \int_\Omega \boldsymbol{B}_s^T \boldsymbol{D}_s \boldsymbol{B}_s \mathrm{d}\Omega \tag{2.2-49}$$

4. 四边形壳单元膜部分[8]

记四边形壳单元的 4 个节点坐标为 $(x_i,\ y_i)$，$i=1,\ \cdots,\ 4$。膜单元的节点位移向量为：

$$d = \{u_1, u_2, u_3, u_4, v_1, v_2, v_3, v_4\}^T \tag{2.2-50}$$

位移模式：

$$\begin{aligned} u_x &= a_{0x} + a_{1x}x + a_{2x}y + a_{3x}\psi \\ u_y &= a_{0y} + a_{1y}x + a_{2y}y + a_{3y}\psi \\ \psi &= \varepsilon\eta \end{aligned} \tag{2.2-51}$$

据此构造单元位移场：

$$u(\varepsilon, \eta) - \sum_{I=1}^{4} d_I N_I \tag{2.2-52}$$

$$N_I = \frac{1}{4}(1+\varepsilon_I \varepsilon)(1+\eta_I \eta) \tag{2.2-53}$$

式中 ε、η——等参元坐标。

刚体位移模式和沙漏位移模式：

$$t^t = [1,1,1,1]、h = [1,-1,1,-1] \tag{2.2-54}$$

应变矩阵：

$$\boldsymbol{B} = \begin{bmatrix} b_x^t & 0 \\ 0 & b_y^t \\ b_y^t & b_x^t \end{bmatrix} \tag{2.2-55}$$

令 A 为四边形单元的面积，

$$b_x^t = \frac{1}{2A}[y_2 - y_4, y_3 - y_1, y_4 - y_2, y_1 - y_3] \tag{2.2-56}$$

$$b_y^{\mathrm{t}}=\frac{1}{2A}[x_2-x_4,x_3-x_1,x_4-x_2,x_1-x_3] \tag{2.2-57}$$

材料矩阵：

$$\boldsymbol{D}=\begin{bmatrix}\bar{\lambda}+2\mu & \bar{\lambda} & 0\\ \bar{\lambda} & \bar{\lambda}+2\mu & 0\\ 0 & 0 & \mu\end{bmatrix} \tag{2.2-58}$$

平面应力条件下：

$$\bar{\lambda}=\frac{Ev}{(1-v^2)},\ \mu=\frac{E}{2(1+v)} \tag{2.2-59}$$

膜单元的刚度矩阵 $\boldsymbol{K}$，由常应变部分单点积分得到的刚度矩阵 $\boldsymbol{K}_1$ 和沙漏刚度矩阵 $\boldsymbol{K}_{\mathrm{stab}}$ 组成：

$$\boldsymbol{K}=\boldsymbol{K}_1+\boldsymbol{K}_{\mathrm{stab}} \tag{2.2-60}$$

$$\boldsymbol{K}_1=\boldsymbol{B}^{\mathrm{T}}\boldsymbol{D}\boldsymbol{B} \tag{2.2-61}$$

$$\boldsymbol{K}_{\mathrm{stab}}=\begin{bmatrix}C_1H_{xx}\gamma\gamma^{\mathrm{t}} & C_2H_{xy}\gamma\gamma^{\mathrm{t}}\\ C_2H_{xy}\gamma\gamma^{\mathrm{t}} & C_1H_{yy}\gamma\gamma^{\mathrm{t}}\end{bmatrix} \tag{2.2-62}$$

其中：

$$H_{xx}=\int_{\Omega}\psi_x^2\mathrm{d}\Omega,\ H_{yy}=\int_{\Omega}\psi_y^2\mathrm{d}\Omega,\ H_{xy}=\int_{\Omega}\psi_x\psi_y\mathrm{d}\Omega \tag{2.2-63}$$

$$\gamma^{\mathrm{t}}=\frac{1}{4}[h^{\mathrm{t}}-(h^{\mathrm{t}}r_i)b_i^{\mathrm{t}}],\ i=x,y \tag{2.2-64}$$

$$r_x=(x_1,x_2,x_3,x_4),\ r_y=(y_1,y_2,y_3,y_4) \tag{2.2-65}$$

$$C_1=E\left(\frac{H_{xx}H_{yy}}{H_{xx}H_{yy}-v^2H_{xy}^2}\right) \tag{2.2-66}$$

$$C_2=vC_1 \tag{2.2-67}$$

该单元可有效解决体积自锁、“寄生”剪切、对不规则网格敏感性等问题，对于粗糙网格也具有较高的精度；并且采用了缩减积分，具有很高的计算效率。

5. 四边形壳单元板部分

采用考虑横向剪切变形的 Mindlin 板。节点位移：

$$\boldsymbol{\delta}^{\mathrm{e}}=[w\quad \theta_x\quad \theta_y]^{\mathrm{T}} \tag{2.2-68}$$

板内任意一点的应变向量：

$$\varepsilon=\begin{Bmatrix}\varepsilon_x\\ \varepsilon_y\\ \gamma_{xy}\\ \gamma_{yz}\\ \gamma_{xz}\end{Bmatrix}=\begin{Bmatrix}z\dfrac{\partial\theta_y}{\partial x}\\ -z\dfrac{\partial\theta_x}{\partial y}\\ z\left(\dfrac{\partial\theta_y}{\partial y}-\dfrac{\partial\theta_x}{\partial x}\right)\\ \dfrac{\partial w}{\partial y}-\theta_x\\ \dfrac{\partial w}{\partial x}+\theta_y\end{Bmatrix} \tag{2.2-69}$$

引入插值函数，应变向量 ε 可通过几何矩阵 B 和单元结点位移 $\boldsymbol{\delta}^{\mathrm{e}}$ 得到：

$$\varepsilon=\begin{bmatrix} zB_{\mathrm{b}} \\ B_{\mathrm{s}} \end{bmatrix}\boldsymbol{\delta}^{\mathrm{e}} \tag{2.2-70}$$

其中：

$$\boldsymbol{B}_{\mathrm{b}}=[\boldsymbol{B}_{\mathrm{b1}} \quad \boldsymbol{B}_{\mathrm{b2}} \quad \boldsymbol{B}_{\mathrm{b3}} \quad \boldsymbol{B}_{\mathrm{b4}}] \tag{2.2-71}$$

$$\boldsymbol{B}_{\mathrm{s}}=[\boldsymbol{B}_{\mathrm{s1}} \quad \boldsymbol{B}_{\mathrm{s2}} \quad \boldsymbol{B}_{\mathrm{s3}} \quad \boldsymbol{B}_{\mathrm{s4}}] \tag{2.2-72}$$

$$\boldsymbol{B}_{\mathrm{b}i}=\begin{bmatrix} 0 & 0 & \dfrac{\partial N_i}{\partial x} \\ 0 & -\dfrac{\partial N_i}{\partial y} & 0 \\ 0 & -\dfrac{\partial N_i}{\partial x} & \dfrac{\partial N_i}{\partial y} \end{bmatrix} \tag{2.2-73}$$

$$\boldsymbol{B}_{\mathrm{s}i}=\begin{bmatrix} \dfrac{\partial N_i}{\partial y} & -N_i & 0 \\ \dfrac{\partial N_i}{\partial x} & 0 & N_i \end{bmatrix} \tag{2.2-74}$$

材料矩阵 $\boldsymbol{D}=\begin{bmatrix} D_{\mathrm{b}} & \\ & D_{\mathrm{s}} \end{bmatrix}$，$D_{\mathrm{b}}$ 为弯曲应变对应的材料矩阵；D_{s} 为横向剪切应变对应的材料矩阵。与铁木辛柯梁单元相同，假定横向剪切作用始终为弹性。

应力向量：

$$\boldsymbol{\sigma}=\begin{bmatrix} D_{\mathrm{b}} & \\ & D_{\mathrm{s}} \end{bmatrix}\begin{bmatrix} zB_{\mathrm{b}} \\ B_{\mathrm{s}} \end{bmatrix}\boldsymbol{\delta}^{\mathrm{e}} \tag{2.2-75}$$

单元刚度矩阵：

$$K^{\mathrm{e}}=\int_{-h/2}^{h/2}\int_{\Omega}\int[zB_{\mathrm{b}}^{\mathrm{T}} \quad B_{\mathrm{s}}^{\mathrm{T}}]\begin{bmatrix} D_{\mathrm{b}} & \\ & D_{\mathrm{s}} \end{bmatrix}\begin{bmatrix} zB_{\mathrm{b}} \\ B_{\mathrm{s}} \end{bmatrix}\boldsymbol{\delta}^{\mathrm{e}}\mathrm{d}x\mathrm{d}y\mathrm{d}z \tag{2.2-76}$$

插值函数 N_i 为双线性函数。为提高计算效率和并保证计算精度，采用选择性缩减积分方案：弯曲刚度 K_{c} 和剪切刚度 K_{s} 采用单点积分；弯曲刚度的双线性部分做全积分以作为板的物理沙漏刚度 K_{stab}，即：

$$K=K_{\mathrm{c}}+K_{\mathrm{s}}+K_{\mathrm{stab}} \tag{2.2-77}$$

其中：

$$K^{\mathrm{e}}=K_{\mathrm{c}}+K_{\mathrm{s}} \tag{2.2-78}$$

2.2.4 线性弹簧

弹簧可以将两个节点按照指定的刚度连接起来，可以考虑三个平动方向的刚度和三个旋转方向的刚度，这六个方向的刚度互不关联。

$$
\begin{Bmatrix} F_1 \\ F_2 \\ F_3 \\ M_1 \\ M_2 \\ M_3 \end{Bmatrix} = \begin{bmatrix} K_1 & 0 & 0 & 0 & 0 & 0 \\ & K_2 & 0 & 0 & 0 & 0 \\ & & K_3 & 0 & 0 & 0 \\ & & & K_4 & 0 & 0 \\ & sym & & & K_5 & 0 \\ & & & & & K_6 \end{bmatrix} \begin{Bmatrix} u_1 \\ u_2 \\ u_3 \\ R_1 \\ R_2 \\ R_3 \end{Bmatrix} \tag{2.2-79}
$$

式中　F_1、K_1、u_1——弹簧轴向（沿 1 轴）的内力、刚度和变形；

F_2、K_2、u_2——弹簧剪切方向（沿 2 轴）的内力、刚度和变形；

F_3、K_3、u_3——弹簧剪切方向（沿 3 轴）的内力、刚度和变形；

M_1、K_4、R_1——弹簧扭转方向（绕 1 轴）的扭矩、刚度和转角；

M_2、K_5、R_2——弹簧弯曲方向（绕 2 轴）的弯矩、刚度和转角；

M_3、K_6、R_3——弹簧弯曲方向（绕 3 轴）的弯矩、刚度和转角。

2.2.5　拉索

拉索单元仅有一个轴向的自由度。当单元受拉时，单元刚度才起作用。拉索单元两端拉力 F 和相对变形 d 关系如下：

$$
F=\begin{cases} kd & d>0 \\ 0 & d\leqslant 0 \end{cases} \tag{2.2-80}
$$

式中　k——弹性刚度。

2.2.6　钩

钩单元仅有一个轴向的自由度。当单元受拉使相对变形大于初始间隙时，钩单元刚度才起作用。钩单元两端拉力 F 和相对变形 d 关系如下：

$$
F=\begin{cases} k(d-d_0) & d>d_0 \\ 0 & d\leqslant d_0 \end{cases} \tag{2.2-81}
$$

式中　k——弹性刚度；

d_0——初始间隙。

2.2.7　间隙

间隙单元仅有一个轴向的自由度。当单元受压使相对变形大于初始间隙时，间隙单元刚度才起作用。间隙单元两端压力 F 和相对变形 d 关系如下：

$$
F=\begin{cases} k(d+d_0) & d<-d_0 \\ 0 & d\geqslant -d_0 \end{cases} \tag{2.2-82}
$$

式中　k——弹性刚度；

d_0——初始间隙。

2.2.8　速度型阻尼器

速度相关型阻尼器可采用 Maxwell 模型（麦克斯韦模型）或 Kelvin 模型（开尔文模

型），应具备如下基本特征：

（1）阻尼器 Maxwell 模型中阻尼单元与“弹簧单元”串联，当模拟黏滞阻尼器时可将弹簧单元刚度设成无穷大，则模型中只有阻尼单元发挥作用；

（2）阻尼器 Kelvin 模型中阻尼单元与“弹簧单元”并联，模型中的输出力是二者之和；

（3）阻尼器 Maxwell 模型与 Kelvin 模型滞回曲线如图 2.2-1 所示。

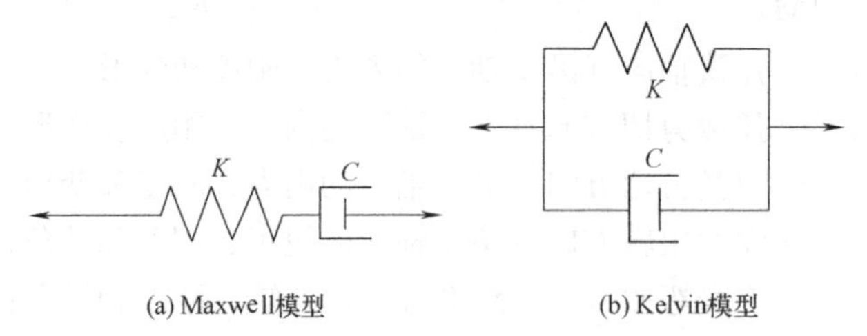

图 2.2-1　滞回曲线示意图

速度相关型阻尼器黏滞模型或黏弹性模型，按下列公式确定：

（1）黏滞阻尼器耗能

$$W_c = \pi C_d \omega_1 \Delta u_{dmax}^2 \tag{2.2-83}$$

（2）黏弹性阻尼器耗能

$$W_c = \pi G^n \Delta u_{dmax}^2 \tag{2.2-84}$$

$$C_d = \frac{G''A}{\omega_1 h} \tag{2.2-85}$$

$$K_{eff} = \frac{\sqrt{(G'^2 + G''^2)}A}{h} \tag{2.2-86}$$

式中　ω_1——试验加载圆频率（rad/s）；

C_d——阻尼器阻尼系数［kN/(m·s)］；

G'——黏弹性材料剪切模量（kN/m）；

G''——黏弹性材料储存模量（kN/m）；

A——黏弹性材料层横截面面积（m^2）；

h——黏弹性材料层厚度（m）。

（3）黏滞阻尼器和黏弹性阻尼器

滞回曲线如图 2.2-2 所示。

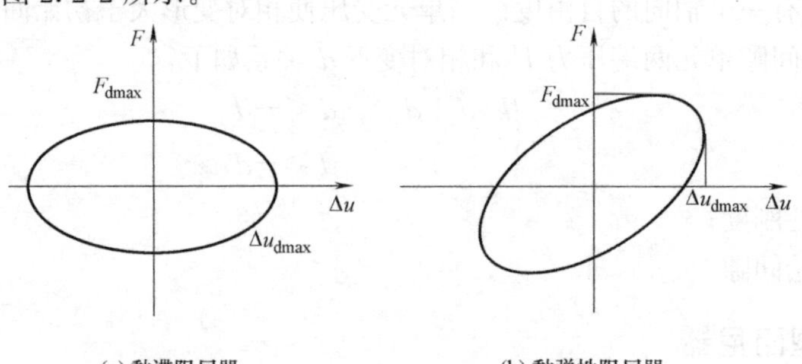

图 2.2-2　滞回曲线示意图

2.2.9　位移型阻尼器

摩擦阻尼器和铅阻尼器可采用理想弹塑性模型，按下列公式确定：

（1）阻尼器的弹性刚度

$$K_d = F_{dy}/\Delta u_{dy} \tag{2.2-87}$$

（2）阻尼器一周耗能

$$W_c = 4F_{dy}(\Delta u_{dmax} - \Delta u_{dy})(\text{当 } \Delta u_{dmax} \geqslant \Delta u_{dy} \text{ 时}) \tag{2.2-88}$$

式中　F_{dy}——阻尼器屈服（起滑）荷载（kN）；

K_d——阻尼器弹性刚度（kN/m）；

Δu_{dmax}——沿消能方向阻尼器最大可能的位移（m）；

Δu_{dy}——沿消能方向阻尼器屈服（起滑）位移（m）；

W_c——阻尼器在 Δu_{dmax} 位移上循环一周耗散的能量（N·m）。

（3）阻尼器理想弹塑性模型

滞回曲线如图 2.2-3 所示。

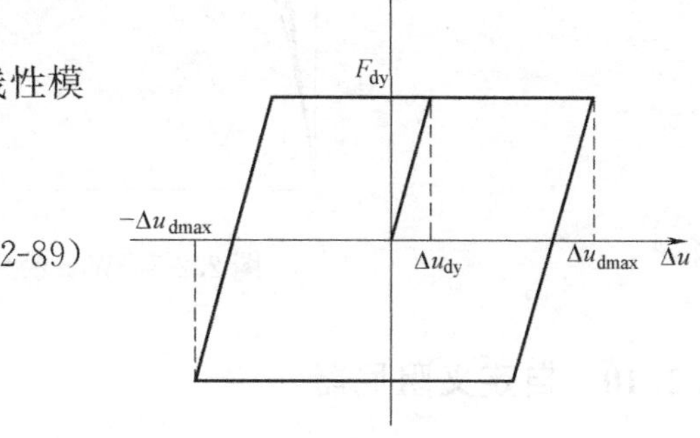

图 2.2-3　理想弹塑性模型滞回曲线示意图

金属阻尼器和屈曲约束支撑可采用双线性模型，按下列公式确定：

（1）阻尼器的弹性刚度

$$K_d = F_{dy}/\Delta u_{dy} \tag{2.2-89}$$

（2）阻尼器有效刚度

$$K_{eff} = \frac{F_{dmax}}{\Delta u_{dmax}} \quad (\text{当 } \Delta u_{dmax} \geqslant \Delta u_{dy} \text{ 时}) \tag{2.2-90}$$

（3）阻尼器一周耗能

$$W_c = 4(F_{dy}\Delta u_{dmax} - F_{dmax}\Delta u_{dy})(\text{当 } \Delta u_{dmax} \geqslant \Delta u_{dy} \text{ 时}) \tag{2.2-91}$$

式中　F_{dy}——阻尼器屈服（起滑）荷载（kN）；

F_{dmax}——阻尼器最大荷载（kN）；

K_d——阻尼器弹性刚度（kN/m）；

K_{eff}——阻尼器有效刚度（N·m）；

Δu_{dmax}——沿消能方向阻尼器最大可能的位移（m）；

Δu_{dy}——沿消能方向阻尼器屈服（起滑）位移（m）；

W_c——阻尼器在 Δu_{dmax} 位移上循环一周耗散的能量（N·m）。

（4）阻尼器双线性模型

滞回曲线如图 2.2-4 所示。

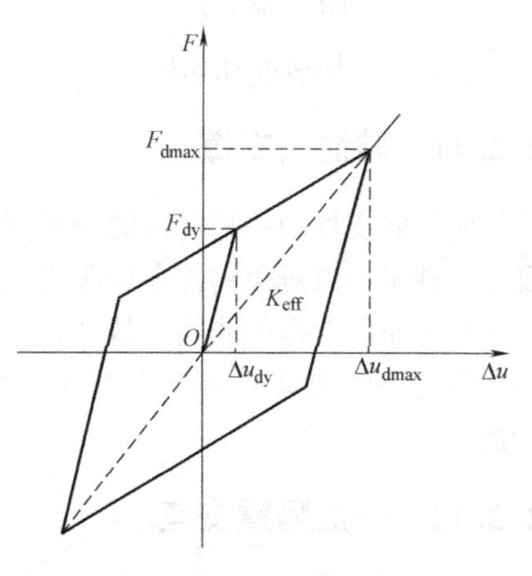

图 2.2-4　双线性模型滞回曲线示意图

金属阻尼器和屈曲约束支撑可采用 Wen 模型（文模型），按下列公式确定：

（1）阻尼器 Wen 模型关系式：

$$F(\Delta u, z)=\lambda_2 K_d \Delta u_d+(1-\lambda_2) K_d z \quad (2.2\text{-}92)$$

$$\dot{z}=A\Delta\dot{u}_d-\chi|\dot{\Delta}_d|z|z|^{n-1}-\beta\Delta\dot{u}_d|z|^n \quad (2.2\text{-}93)$$

式中　λ_2——屈服后刚度比；

χ、β、A、n——滞回曲线形状控制参数。

（2）阻尼器 Wen 模型中的弹性刚度、有效刚度与双线性模型计算公式相同，能量可采用积分进行计算。

（3）阻尼器 Wen 模型滞回曲线如图 2.2-5 所示。

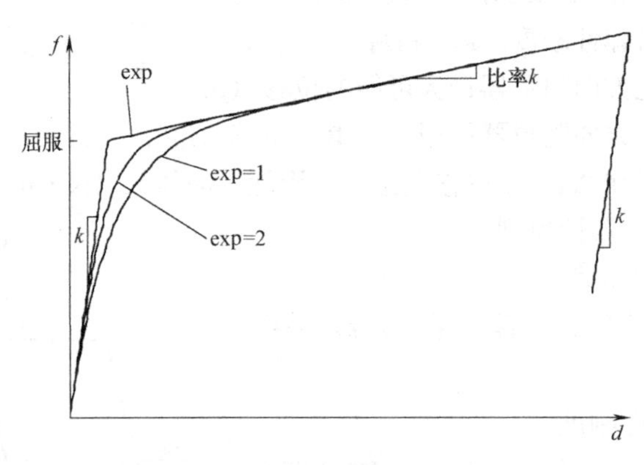

图 2.2-5　Wen 模型滞回曲线示意图

2.2.10　自定义阻尼器

自定义阻尼器可以通过定义多个阻尼力及其对应的速度数据来定义阻尼力-速度关系，而不必像速度型阻尼器那样将其限定为指数关系。

模拟磁流变阻尼器时，还可以考虑附加质量引起的附加惯性力。

此时阻尼力：

$$F=m\ddot{d}+c\dot{d} \quad (2.2\text{-}94)$$

式中　m——附加质量；

c——阻尼系数；

$\ddot{d}$、$\dot{d}$——加速度和速度。

2.2.11　防屈曲支撑

防屈曲支撑为一种特殊的金属屈服型阻尼器，通过在金属内核与外围套筒之间灌注混凝土或砂浆，以避免构件在屈服之前首先发生屈曲。

对防屈曲支撑的非线性特性，可以通过双线性进行模拟，具体可参见隔震支座部分。与隔震支座中定义剪切方向的非线性特性不同，防屈曲支撑一般定义其轴向的非线性特性。

2.2.12　一般隔震支座

隔震支座一般设置在建筑物底部或上下部结构之间，通过延长结构的自振周期以减小上部结构的水平地震作用。

隔震支座原理与位移型阻尼器基本相同。

模拟铅芯橡胶隔震支座时，一般应定义两个剪切方向的非线性参数，其余方向可按弹性考虑。

2.2.13　摩擦摆支座

摩擦摆单元轴向只抗压不抗拉，轴压力为 P。

FP 模型内部滞回变量增量 Δz 为：

$$\Delta z=\begin{bmatrix}A-(\beta+\gamma a_2)z_2^2 & -(\beta+\gamma a_3)z_2z_3\\ -(\beta+\gamma a_2)z_2z_3 & A-(\beta+\gamma a_3)z_3^2\end{bmatrix}\begin{bmatrix}\dfrac{k_2\Delta u_{e,2}}{P\mu_2}\\ \dfrac{k_3\Delta u_{e,3}}{P\mu_3}\end{bmatrix}$$

$$v_{e,2(3)}=\frac{\Delta u_{e,2(3)}}{\Delta t}\quad a_{2(3)}=\begin{cases}1, v_{e,2(3)}z_{2(3)}>0\\ -1, v_{e,2(3)}z_{2(3)}\leqslant 0\end{cases}\tag{2.2-95}$$

式中　$\Delta u_{e,2}$、$\Delta u_{e,3}$——摩擦摆单元局部坐标系中 y 向和 z 向剪切变形增量；

$v_{e,2}$、$v_{e,3}$——摩擦摆单元局部坐标系中 y 向和 z 向剪切变形速率；

μ_2、μ_3——摩擦摆单元局部坐标系中 y 向和 z 向摩擦系数；

k_2、k_3——摩擦摆单元局部坐标系中 y 向和 z 向静刚度；

z_2、z_3——单元内部滞回变量全量；

A、β、γ——模型参数。

摩擦摆单元局部坐标系中剪切力为：

$$f_{e,2(3)}=-P\mu_{2(3)}z_{2(3)}-P\frac{u_{e,2(3)}}{R_{2(3)}}\tag{2.2-96}$$

摩擦摆单元转动刚度为 0。

2.2.14　有限单元积分方案

建筑结构非线性分析计算有限单元内力时，需沿单元体积进行积分。不同单元可采用不同的积分方案。

梁单元沿单元长度方向可取多个高斯积分点，并在各高斯积分点处沿截面将混凝土、型钢和钢筋等各子截面划分为多个纤维。单元内力计算时，分别对各子截面所产生的内力进行积分，并对钢筋正应力所产生的内力进行积分，截面内力叠加后沿长度方向积分。

梁单元子截面一般包含矩形、圆形、方管、圆管、工字形及十字形，纤维划分方案如图 2.2-6 所示。

杆单元应变均匀分布，无须沿截面划分纤维，沿长度方向积分即可。

剪力墙所划分的壳单元，沿单元平面取多个高斯积分点，并沿厚度方向划分为多层，分别进行积分；如剪力墙只关注平面内受力状态，则可不沿厚度方向分层积分。

楼板所划分的壳单元，沿单元平面取多个高斯积分点，并沿厚度方向划分为多层，分别进行积分；如楼板不考虑面外弯矩引起的损伤破坏，则其面内膜内力部分可考虑弹塑性本构模型，面外板内力部分可保持弹性。

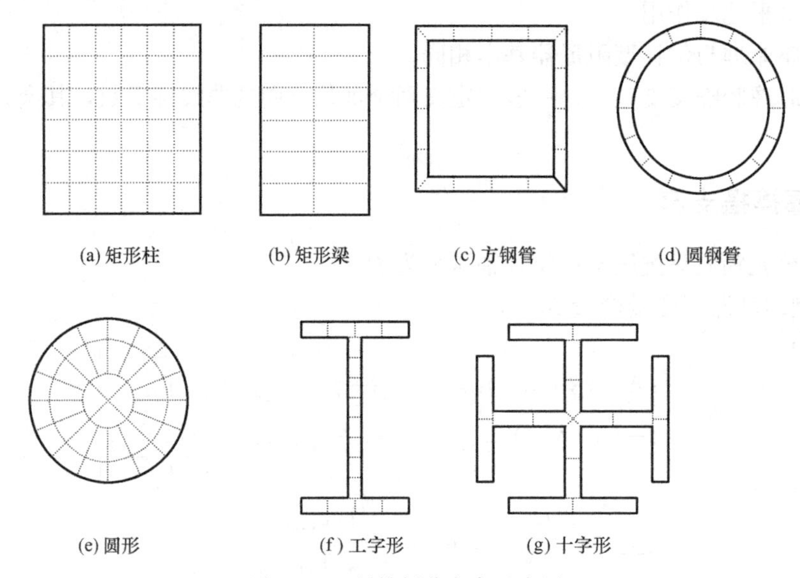

(a) 矩形柱　(b) 矩形梁　(c) 方钢管　(d) 圆钢管

(e) 圆形　(f) 工字形　(g) 十字形

图 2.2-6　纤维划分方案示意图

2.3　非线性分析计算方法

建筑结构的非线性分析，涉及模态分析、施工阶段竖向加载分析、静力分析、显式动力分析和隐式动力分析等计算方法。

2.3.1　模态分析

采用有限元分析结构动力学问题时，动力平衡方程可表示为：

$$\boldsymbol{M}\ddot{\boldsymbol{\delta}}+\boldsymbol{C}\dot{\boldsymbol{\delta}}+\boldsymbol{K}\boldsymbol{\delta}=\boldsymbol{F} \tag{2.3-1}$$

式中　$\boldsymbol{M}$、$\boldsymbol{C}$、$\boldsymbol{K}$——质量矩阵、阻尼矩阵和刚度矩阵；

$\boldsymbol{F}$——外荷载向量；

$\ddot{\boldsymbol{\delta}}$、$\dot{\boldsymbol{\delta}}$、$\boldsymbol{\delta}$——节点加速度、速度和位移向量。

结构自由振动时，$\boldsymbol{C}=0$ 并且 $\boldsymbol{F}=0$，即有：

$$\boldsymbol{M}\ddot{\boldsymbol{\delta}}+\boldsymbol{K}\boldsymbol{\delta}=0 \tag{2.3-2}$$

假设 $\boldsymbol{\delta}$ 可表示为：

$$\boldsymbol{\delta}=\boldsymbol{\Phi}\sin(\omega t+\varphi) \tag{2.3-3}$$

式中　$\boldsymbol{\Phi}$——幅值向量，即工程意义上的振型；

ω——圆频率。

$$(\boldsymbol{K}-\omega^2\boldsymbol{M})\boldsymbol{\Phi}=0 \tag{2.3-4}$$

为满足 $\boldsymbol{\Phi}$ 有非零解，需要满足：

$$|\boldsymbol{K}-\omega^2\boldsymbol{M}|=0 \tag{2.3-5}$$

上式在数学中称为广义特征值问题。在求得方程特征值和特征向量后，就可以得到结构的各阶频率与振型。

2.3.2　施工阶段竖向加载分析

按照施工阶段顺序，分别形成各阶段总刚度矩阵 $\boldsymbol{K}_i$ 与各阶段外力 $\boldsymbol{F}_{\mathrm{ext},i}$，并求解各施工阶段加载的位移 $\boldsymbol{\delta}_i$。

由施工阶段 $i-1$ 增至施工阶段 i 时，新增加的单元所包括的外力，记为 $\boldsymbol{F}_{\mathrm{ext},i}$，即有：

$$\boldsymbol{F}_{\mathrm{ext}}=\sum_{i=1}^{n}\boldsymbol{F}_{\mathrm{ext},i}=\sum_{i=1}^{n}\boldsymbol{K}_i\boldsymbol{\delta}_i \tag{2.3-6}$$

式中　n——施工阶段的数目；

i——施工阶段序号。

由有限元理论：

$$\boldsymbol{K}_i\boldsymbol{\delta}_i=\sum_{j=1}^{m}\boldsymbol{K}_{\mathrm{e},j}\boldsymbol{\delta}_{\mathrm{e}i,j} \tag{2.3-7}$$

式中　m——单元数目；

j——单元序号，单元序号按施工阶段顺序排列；

$\boldsymbol{K}_{\mathrm{e},j}$——第 j 个单元的刚度矩阵，与施工阶段无关；

$\boldsymbol{\delta}_{\mathrm{e}i,j}$——第 i 个施工阶段中第 j 个单元的单元位移；

$\sum$——表示组装而非求和。

若施工阶段 i 不包含某单元 j，则取 $\boldsymbol{\delta}_{\mathrm{e}i,j}=0$，于是：

$$\begin{aligned}\boldsymbol{F}_{\mathrm{ext}}=\sum_{i=1}^{n}\boldsymbol{K}_i\boldsymbol{\delta}_i=\sum_{i=1}^{n}\left(\sum_{j=1}^{m}\boldsymbol{K}_{\mathrm{e},j}\boldsymbol{\delta}_{\mathrm{e}i,j}\right)&=\sum_{i=1}^{n}\left(\boldsymbol{K}_{\mathrm{e},j}\sum_{j=1}^{m}\boldsymbol{\delta}_{\mathrm{e}i,j}\right)\\&=\sum_{j=1}^{m}\left(\boldsymbol{K}_{\mathrm{e},j}\boldsymbol{\delta}_{\mathrm{e}j}\right)\end{aligned} \tag{2.3-8}$$

式中　$\boldsymbol{\delta}_{\mathrm{e}j}=\sum_{i=1}^{n}\boldsymbol{\delta}_{\mathrm{e}i,j}$，各阶段单元累积位移。

分阶段加载完成后，单元内力可表示为：

$$\boldsymbol{F}_{\mathrm{e},j,\mathrm{imp}}=\boldsymbol{K}_{\mathrm{e},j}\boldsymbol{\delta}_{\mathrm{e}j}=\int_{\Omega}\boldsymbol{B}^{\mathrm{T}}\boldsymbol{D}_{\mathrm{ela}}\boldsymbol{B}\cdot\boldsymbol{\delta}_{\mathrm{e}j}\,\mathrm{d}\Omega \tag{2.3-9}$$

显然，

$$\boldsymbol{F}_{\mathrm{ext}}=\sum_{j=1}^{m}\boldsymbol{F}_{\mathrm{e},j,\mathrm{imp}} \tag{2.3-10}$$

在显式动力分析中的初始时刻，引入各阶段单元累积位移 $\boldsymbol{\delta}_{\mathrm{e}j}$，其单元内力为：

$$\boldsymbol{F}_{\mathrm{e},j,\mathrm{exp}}=\int_{\Omega}\boldsymbol{B}^{\mathrm{T}}\boldsymbol{D}_{\mathrm{pla}}\boldsymbol{B}\cdot\boldsymbol{\delta}_{\mathrm{e}j}\,\mathrm{d}\Omega \tag{2.3-11}$$

由于 $\boldsymbol{D}_{\mathrm{pla}}\neq\boldsymbol{D}_{\mathrm{ela}}$，显然，$\boldsymbol{F}_{\mathrm{e},j,\mathrm{exp}}\neq\boldsymbol{F}_{\mathrm{e},j,\mathrm{imp}}$

为保证初始时刻结构处于静力平衡状态，假设初始时刻结构的外力可表示为：

$$\boldsymbol{F}_{\mathrm{ext},0}=\sum_{j=1}^{m}\boldsymbol{F}_{\mathrm{e},j,\mathrm{exp}} \tag{2.3-12}$$

显然，$\boldsymbol{F}_{\mathrm{ext},0}\neq\boldsymbol{F}_{\mathrm{ext}}$，记 $\boldsymbol{F}_{\mathrm{res}}=\boldsymbol{F}_{\mathrm{ext}}-\boldsymbol{F}_{\mathrm{ext},0}$

采用显式动力分析平衡残差，设找平加载时间为 T_{level}，在 $0\sim T_{\mathrm{level}}$ 时间范围内，取外力为：

$$F_{ext,t}=F_{ext,0}+\frac{t}{T_{level}}F_{res} \tag{2.3-13}$$

显然，在初始时刻结构满足静力平衡条件，在时刻 T_{level}，结构所施加的外力等于 F_{ext}。待找平加载完成后，再进行动力加载。

2.3.3 显式动力分析

动力平衡方程可以表示为：

$$M\ddot{\delta}_t+C\dot{\delta}_t+K\delta_t=F_t \tag{2.3-14}$$

加速度与速度可以用位移表示：

$$\ddot{\delta}_t=\frac{\delta_{t-\Delta t}-2\delta_t+\delta_{t+\Delta t}}{\Delta t^2}$$

$$\dot{\delta}_t=\frac{-\delta_{t-\Delta t}+\delta_{t+\Delta t}}{2\Delta t} \tag{2.3-15}$$

代入动力平衡方程，可得：

$$\left(\frac{1}{\Delta t^2}M+\frac{1}{2\Delta t}C\right)\delta_{t+\Delta t}=F_t-K\delta_t+\frac{2}{\Delta t^2}M\delta_t-\left(\frac{1}{\Delta t^2}M-\frac{1}{2\Delta t}C\right)\delta_{t-\Delta t} \tag{2.3-16}$$

式中 $\delta_{t+\Delta t}$——待求下一时刻的位移向量；

δ_t——当前时刻已知位移向量；

$\delta_{t-\Delta t}$——上一时刻已知位移向量；

F_t——结构所承受的节点外力向量；

M——集中质量矩阵；

C——阻尼矩阵。

记 $F_{int}=K\delta_t$，可以采用如下方式：

$$\begin{aligned}F_{int}&=K\delta_t=(\sum_{i=1}^{n}K_{ei})\delta_t=\sum_{i=1}^{n}(K_{ei})\delta_i=\sum_{i=1}^{n}(K_{ei}\delta_i)\\&=\sum_{i=1}^{n}\left(\int_\Omega B^TDB\mathrm{d}\Omega\right)\cdot\delta_i=\sum_{i=1}^{n}\left(\int_\Omega B^TDB\cdot\delta_i\mathrm{d}\Omega\right)\end{aligned} \tag{2.3-17}$$

式中 Σ——表示按节点对单元刚度矩阵与内力向量进行组装，采用单元内力向量的组装代替单元刚度矩阵的组装可以减小计算工作量。

在 $t=0$ 时，计算 $\delta_{t=\Delta t}$ 之前，需要预先得到 $\delta_{t=-\Delta t}$，而 $\delta_{t=-\Delta t}$ 可表示为：

$$\delta_{t=-\Delta t}=\delta_{t=0}-\Delta t\dot{\delta}_{t=0}+\frac{\Delta t^2}{2}\ddot{\delta}_{t=0} \tag{2.3-18}$$

在 $t=0$ 时，可假设结构处于静力平衡状态，即有：

$$\delta_{t=0}=K^{-1}F_{t=0},\ \dot{\delta}_{t=0}=0,\ \ddot{\delta}_{t=0}=0 \tag{2.3-19}$$

采用 Rayleigh 阻尼时，$C=\alpha M+\beta K$，若忽略 β 阻尼，则 C 与 M 均为对角矩阵，方程的左端项仅为对角阵，于是迭代求解计算量将减小。

若采用振型阻尼，出于近似计算，假设 $\dot{\delta}_t=\dfrac{-\delta_{t-\Delta t}+\delta_t}{\Delta t}$，则有：

$$\frac{1}{\Delta t^{2}}\boldsymbol{M}\boldsymbol{\delta}_{t+\Delta t}=\boldsymbol{F}_{t}-\boldsymbol{K}\boldsymbol{\delta}_{t}-\boldsymbol{C}\dot{\boldsymbol{\delta}}_{t}+\frac{2}{\Delta t^{2}}\boldsymbol{M}\boldsymbol{\delta}_{t}-\frac{1}{\Delta t^{2}}\boldsymbol{M}\boldsymbol{\delta}_{t-\Delta t} \tag{2.3-20}$$

显然，上述方程的左端项也是对角阵。

构建广义质量矩阵、广义阻尼矩阵、广义阻尼矩阵：

$$\overline{\boldsymbol{M}}=\boldsymbol{\Phi}^{\mathrm{T}}\boldsymbol{M}\boldsymbol{\Phi}=\begin{bmatrix} M_1 & 0 & 0 & 0 \\ 0 & M_2 & 0 & 0 \\ 0 & 0 & \ddots & 0 \\ 0 & 0 & 0 & M_n \end{bmatrix} \tag{2.3-21}$$

$$\overline{\boldsymbol{K}}=\boldsymbol{\Phi}^{\mathrm{T}}\boldsymbol{K}\boldsymbol{\Phi} \tag{2.3-22}$$

$$\overline{\boldsymbol{C}}=\boldsymbol{\Phi}^{\mathrm{T}}\boldsymbol{C}\boldsymbol{\Phi}=2\begin{bmatrix} \xi_1\omega_1 M_1 & 0 & 0 & 0 \\ 0 & \xi_2\omega_2 M_2 & 0 & 0 \\ 0 & 0 & \ddots & 0 \\ 0 & 0 & 0 & \xi_n\omega_n M_n \end{bmatrix} \tag{2.3-23}$$

由上式可推得：

$$\boldsymbol{C}=\boldsymbol{\Phi}^{\mathrm{T}-1}\overline{\boldsymbol{C}}\boldsymbol{\Phi}^{-1} \tag{2.3-24}$$

考虑到振型矩阵 $\boldsymbol{\Phi}$ 求逆计算量很大，可以利用质量矩阵关于振型矩阵的正交性特点，以简化计算。构建广义质量矩阵 $\overline{\boldsymbol{M}}$ 的逆矩阵：

$$\boldsymbol{I}=\overline{\boldsymbol{M}}^{-1}\overline{\boldsymbol{M}}=\overline{\boldsymbol{M}}^{-1}\boldsymbol{\Phi}^{\mathrm{T}}\boldsymbol{M}\boldsymbol{\Phi}=\boldsymbol{\Phi}^{-1}\boldsymbol{\Phi} \tag{2.3-25}$$

由上可推得振型矩阵 $\boldsymbol{\Phi}$ 的逆，即有：

$$\boldsymbol{\Phi}^{-1}=\overline{\boldsymbol{M}}^{-1}\boldsymbol{\Phi}^{\mathrm{T}}\boldsymbol{M} \tag{2.3-26}$$

于是阻尼矩阵可以表示为：

$$\boldsymbol{C}=\boldsymbol{\Phi}^{\mathrm{T}-1}\overline{\boldsymbol{C}}\boldsymbol{\Phi}^{-1}=\boldsymbol{M}\boldsymbol{\Phi}\overline{\boldsymbol{M}}^{-1}\cdot\overline{\boldsymbol{C}}\cdot\overline{\boldsymbol{M}}^{-1}\boldsymbol{\Phi}^{\mathrm{T}}\boldsymbol{M} \tag{2.3-27}$$

$\overline{\boldsymbol{M}}^{-1}$ 与 $\overline{\boldsymbol{C}}$ 均为对角矩阵，记 $\boldsymbol{\zeta}=\overline{\boldsymbol{M}}^{-1}\cdot\overline{\boldsymbol{C}}\cdot\overline{\boldsymbol{M}}^{-1}$，即有：

$$\boldsymbol{\zeta}=\begin{bmatrix} \dfrac{2\xi_1\omega_1}{M_1} & 0 & 0 & 0 \\ 0 & \dfrac{2\xi_1\omega_1}{M_1} & 0 & 0 \\ 0 & 0 & \ddots & 0 \\ 0 & 0 & 0 & \dfrac{2\xi_n\omega_n}{M_n} \end{bmatrix} \tag{2.3-28}$$

阻尼矩阵可以表示为：

$$\boldsymbol{C}=\boldsymbol{M}\boldsymbol{\Phi}\boldsymbol{\zeta}\boldsymbol{\Phi}^{\mathrm{T}}\boldsymbol{M} \tag{2.3-29}$$

分别列出各阶振型在阻尼矩阵的独立作用，即有：

$$\boldsymbol{\psi}=\boldsymbol{M}\boldsymbol{\Phi} \tag{2.3-30}$$

则有：

$$\boldsymbol{\Psi}_i=\begin{Bmatrix} m_1\Phi_{i1} \\ m_2\Phi_{i2} \\ \vdots \\ m_n\Phi_{in} \end{Bmatrix} \tag{2.3-31}$$

于是：

$$\boldsymbol{C}=\sum_{i=1}^{n}\boldsymbol{C}_i=\sum_{i=1}^{n}\boldsymbol{\psi}_i\zeta_i\boldsymbol{\psi}_i^{\mathrm{T}} \tag{2.3-32}$$

根据高层结构的变形特点，将结构振型进行降维处理，构造适用于高层结构的简化振型阻尼。相对于完整的振型阻尼模型而言，简化振型阻尼可以保证阻尼力的计算精度，并大幅降低计算量。

显式动力分析中，设初始时刻的位移为零。当前时刻 t 相对于初始时刻的位移 $\boldsymbol{\delta}_{tn}$，等于各子步的位移之和，即有：

$$\boldsymbol{\delta}_{tn}=\Delta\boldsymbol{\delta}_{t1}+\Delta\boldsymbol{\delta}_{t2}+\cdots\Delta\boldsymbol{\delta}_{tn}=\sum_{i=1}^{n}\Delta\boldsymbol{\delta}_{ti} \tag{2.3-33}$$

式中 $\boldsymbol{\delta}_{tn}$——当前时刻相对于初始时刻的位移；

$\Delta\boldsymbol{\delta}_{ti}$——某个子步的位移增量。

每完成一个子步计算，将得到节点位移 $\boldsymbol{\delta}_{tn}$ 与节点的初始坐标相加，得到更新的坐标。于是每个子步计算时各点的坐标值不等，单元的几何矩阵 $\boldsymbol{B}$ 也不等。

考虑大位移效应时，当前时刻相对于初始时刻的应变，等于各个子步的应变增量之和，各个子步的应变增量由位移增量计算而得，即有：

$$\boldsymbol{\varepsilon}_{tn}=\Delta\boldsymbol{\varepsilon}_{t1}+\Delta\boldsymbol{\varepsilon}_{t2}+\cdots\Delta\boldsymbol{\varepsilon}_{tn}=\boldsymbol{B}_{t1}\Delta\boldsymbol{\delta}_{t1}+\boldsymbol{B}_{t2}\Delta\boldsymbol{\delta}_{t2}+\cdots\boldsymbol{B}_{tn}\Delta\boldsymbol{\delta}_{tn} \tag{2.3-34}$$

式中 $\Delta\boldsymbol{\varepsilon}_{ti}$——某个子步的应变增量；

$\boldsymbol{B}_{ti}$——某个子步坐标系下的几何矩阵。

由当前时刻应变，再计算应力，最后计算单元内力，即有：

$$\boldsymbol{F}_{en}=\int_{\Omega}\boldsymbol{B}_{tn}^{\mathrm{T}}\boldsymbol{D}_{\mathrm{pla}}\boldsymbol{\varepsilon}_{tn}\mathrm{d}\Omega \tag{2.3-35}$$

2.3.4 隐式动力分析

隐式动力分析可采用 Newmark-β 法，其基本假定如下：

$$\alpha_3=\frac{1}{2\gamma}-1 \tag{2.3-36}$$

$$\alpha_4=\frac{\beta}{\gamma}-1 \tag{2.3-37}$$

式中 β、γ——按积分的精度和稳定性要求进行调整的参数。当 $\beta=0.5$，$\gamma=0.25$ 时，为常平均加速度法，即假定从 t 到 $t+\Delta t$ 时刻的速度不变，取为常数 $\frac{1}{2}(\ddot{u}_t+\ddot{u}_{t+\Delta t})$。

用 $u_{t+\Delta t}$ 及 u_t、$\dot{u}_t$、$\ddot{u}_t$ 表示 $\dot{u}_{t+\Delta t}$、$\ddot{u}_{t+\Delta t}$，即有：

$$\ddot{u}_{t+\Delta t}=\frac{1}{\gamma\Delta t^2}(u_{t+\Delta t}-u_t)-\frac{1}{\gamma\Delta t}\dot{u}_t-\left(\frac{1}{2\gamma}-1\right)\ddot{u}_t \tag{2.3-38}$$

$$\dot{u}_{t+\Delta t}=\frac{\beta}{\gamma\Delta t}(u_{t+\Delta t}-u_t)+\left(1-\frac{\beta}{\gamma}\right)\dot{u}_t+\left(1-\frac{\beta}{2\gamma}\right)\Delta t\,\ddot{u}_t \tag{2.3-39}$$

考虑 $t+\Delta t$ 时刻的振动微分方程为：

$$M\ddot{u}_{t+\Delta t}+C\dot{u}_{t+\Delta t}+Ku_{t+\Delta t}=F_{t+\Delta t} \tag{2.3-40}$$

将速度和加速度公式代入上式，可以得到关于 $u_{t+\Delta t}$ 的方程：

$$\overline{K}u_{t+\Delta t}=\overline{F}_{t+\Delta t} \tag{2.3-41}$$

式中

$$\overline{K}=K+\frac{1}{\gamma\Delta t^2}M+\frac{\beta}{\gamma\Delta t}C \tag{2.3-42}$$

$$\begin{aligned}\overline{F}=F_{t+\Delta t}+M\left(\frac{1}{\gamma\Delta t^2}u_t+\frac{1}{\gamma\Delta t}\dot{u}_t+\left(\frac{1}{2\gamma}-1\right)\ddot{u}_t\right)+\\ C\left(\frac{\beta}{\gamma\Delta t}u_t+\left(\frac{\beta}{\gamma}-1\right)\dot{u}_t+\left(\frac{\beta}{2\gamma}-1\right)\Delta t\,\ddot{u}_t\right)\end{aligned} \tag{2.3-43}$$

求解上式可得 $u_{t+\Delta t}$，继而可解出 $\dot{u}_{t+\Delta t}$ 和 $\ddot{u}_{t+\Delta t}$。

对于非线性体系，动力学方程式如下所示：

$$m\ddot{u}+c\dot{u}+f_s(u,\dot{u})=-m\ddot{u}_g(t) \tag{2.3-44}$$

对上式进行积分，得到如下公式：

$$\int_0^u m\ddot{u}(t)\mathrm{d}u+\int_0^u c\dot{u}(t)\mathrm{d}u+\int_0^u f_s(u,\dot{u})\mathrm{d}u=-\int_0^u m\ddot{u}_g(t)\mathrm{d}u \tag{2.3-45}$$

动能：

$$E_K=\int_0^u m\ddot{u}(t)\mathrm{d}u=\int_0^u m\dot{u}(t)\mathrm{d}\dot{u}=\frac{1}{2}m\dot{u}^2 \tag{2.3-46}$$

阻尼耗能：

$$E_D=\int_0^u c\dot{u}(t)\mathrm{d}u \tag{2.3-47}$$

式中 $\int_0^u f_s(u,\ \dot{u})\mathrm{d}u$ 包含速度型阻尼器耗能 E_{VD}、位移型阻尼器耗能 E_{DD} 以及应变能 E_s，应变能 E_s 包括弹性应变能和塑性应变能。

外力做功：

$$E_I=\int_0^u m\ddot{u}_g(t)\mathrm{d}u \tag{2.3-48}$$

总能量的计算误差：

$$E_T=E_I-E_K-E_D-E_S-E_{DD}-E_{VD} \tag{2.3-49}$$

2.3.5　模态动力分析

线性模态动力分析的动力平衡方程可以表示为：

$$M\ddot{\delta}+C\dot{\delta}+K\delta=F \tag{2.3-50}$$

振型叠加法是通过振型的正交特性将上述方程分解为各振型的动力方程，求出各振型的响应后进行线性组合，得到总响应：

$$\delta=\Phi q=\sum_{i=1}^{n}\varphi_i q_i(t) \tag{2.3-51}$$

将上式代入动力平衡方程，可得：

$$M\Phi\ddot{q}+C\Phi\dot{q}+K\Phi q=F \tag{2.3-52}$$

矩阵左乘 Φ^T 可得：

$$\Phi^{T}M\Phi\ddot{q}+\Phi^{T}C\Phi\dot{q}+\Phi^{T}K\Phi q=\Phi^{T}F \tag{2.3-53}$$

根据振型矩阵的正交性，$\overline{M}=\Phi^{T}M\Phi$，$\overline{C}=\Phi^{T}C\Phi$，$\overline{K}=\Phi^{T}K\Phi$，$Q=\Phi^{T}F$ 可对动力方程式进行解耦，得到单自由度体系的动力平衡方程：

$$\overline{M}\ddot{q}+\overline{C}\dot{q}+\overline{K}q=Q \tag{2.3-54}$$

$$\ddot{q}_{i}+2\xi_{i}\omega_{i}\dot{q}_{i}+\omega_{i}^{2}q_{i}=\frac{1}{m_{i}}Q_{i} \tag{2.3-55}$$

式中　ξ_{i}——第 i 振型的阻尼比；

ω_{i}——第 i 振型的角频率。

解耦后动力方程可采用中心差分方法或 Newmark 方法求解。

当结构中含有非线性连接单元，材料进入非线性，或考虑几何非线性时，结构刚度矩阵是位移的非线性函数，结构非线性恢复力记为 F_{NL}，动力平衡方程可以表示为：

$$M\ddot{\delta}+C\dot{\delta}+F_{NL}=F \tag{2.3-56}$$

为了利用振型正交性进行解耦，将非线性恢复力 F_{NL} 移到方程右端，采用上一时步恢复力，视为外力，方程两边补充 $K\delta$ 项，可得：

$$M\ddot{\delta}+C\dot{\delta}+K\delta=F-F_{NL}+K\delta \tag{2.3-57}$$

结构总响应可以表示为各振型的响应的线性组合：

$$\delta=\Phi q=\sum_{i=1}^{n}\varphi_{i}q_{i}(t) \tag{2.3-58}$$

将上式代入动力平衡方程，可得：

$$M\Phi\ddot{q}+C\Phi\dot{q}+K\Phi q=F-F_{NL}+K\Phi q \tag{2.3-59}$$

矩阵左乘 Φ^{T}，可得：

$$\Phi^{T}M\Phi\ddot{q}+\Phi^{T}C\Phi\dot{q}+\Phi^{T}K\Phi q=\Phi^{T}(F-F_{NL})+\Phi^{T}K\Phi q \tag{2.3-60}$$

根据振型矩阵的正交性，$\overline{M}=\Phi^{T}M\Phi$，$\overline{C}=\Phi^{T}C\Phi$，$\overline{K}=\Phi^{T}K\Phi$，$Q=\Phi^{T}F$，$Q_{NL}=\Phi^{T}F_{NL}$ 可对动力方程式进行解耦，得到单自由度体系的动力平衡方程：

$$\overline{M}\ddot{q}+\overline{C}\dot{q}+\overline{K}q=Q-Q_{NL}+\overline{K}q \tag{2.3-61}$$

解耦后的单自由度动力方程可采用中心差分方法或 Newmark 方法求解。采用中心差分方法进行求解时，计算公式无需做较大修改，仅需对恢复力项进行相应的改动。采用 Newmark 方法进行求解时，则采用增量平衡方程，每时步需进行非线性平衡迭代。非线性模态动力分析计算速度较快，对于弱非线性和局部非线性（如减、隔震结构）情况具有较高的精度，对于强非线性情况，与直接积分方法结果可能存在一定误差。

2.4　CPU+GPU 异构并行计算与 SAUSG 云计算

建筑结构非线性分析的计算工作量较大，采用并行计算技术可显著提高计算效率，尤其是近年来随着计算机硬件技术的发展，基于 CPU+GPU 的异构并行计算技术取得了良好的效果。

2.4.1　CPU+GPU异构并行计算技术简介

并行计算是提高大规模数据分析速度的重要途径，传统的并行计算以多核CPU并行或多机并行为主，如MPI（Message Passing Interface）等，其实质是若干个串行任务的并行执行，通用有限元软件ABAQUS和ANSYS等也提供多核CPU的并行计算功能。然而这种并行方式对软硬件配置有较高要求，需采用大中型服务器或多机集群计算，面对普遍而频繁的高层建筑结构非线性分析任务，这种并行计算方式的实施是复杂的，成本是高昂的。

CPU包含几个专为串行处理而优化的核心，擅长复杂指令调度，如循环、分支、逻辑判断以及执行等；GPU（Graphics Processing Unit，图形处理器）由数千个更小、更节能的计算核心组成，这些核心专为提供强劲的并行性能而设计，它擅长的是图形类或非图形类高度并行数值计算。采用CPU+GPU异构技术，可以将串行计算部分在CPU上实现，并行计算部分在GPU上进行，未来计算架构将更多地向GPU+CPU共同运行的混合型系统发展，曾位列全球TOP500榜首的中国首台千万亿次超级计算机系统“天河一号”就是采用了CPU+GPU并行计算架构。

NVIDIA公司最先发展了基于GPU的高性能计算技术，于2007年推出了CUDA编程平台，仅在NVIDIA显卡上运行。Khronos组织于2010年推出了新一代高性能异构计算编程平台OpenCL，成为第一个异构系统通用并行编程统一并免费的标准，得到了AMD、NVIDIA、Intel、Apple等公司的支持。基于OpenCL技术的软件不仅可以运行在NVIDIA、AMD等厂商的显卡上，还可以运行在多核CPU上。

SAUSG是国内较早实现CPU+GPU异构并行计算技术的软件，基于CUDA和OpenCL编程平台，开发了CPU+GPU异构并行非线性分析计算核心，可以实现NVIDIA显卡、AMD显卡和多核CPU并行计算，实现了建筑结构非线性分析计算速度和计算规模两方面的大幅度突破。

2.4.2　SAUSG软件CPU+GPU异构并行计算技术实现

SAUSG软件采用CPU+GPU并行计算架构，逻辑分支判断与计算调度在CPU上运行，大规模高密度数值计算在GPU上运行。当基于OpenCL的并行计算核心运行于多核CPU，软件将CPU虚拟成显卡类似的统一OpenCL计算设备；当基于OpenCL的并行计算核心运行于NVIDIA显卡或AMD显卡，其并行方案与基于CUDA类似。

为充分利用GPU并行计算性能，SAUSG软件构造了具有针对性的数据结构和计算方法。计算分析前，首先将几何数据、材料本构参数等拷贝进入显存，所有计算均在GPU内进行，最大限度地减少GPU与CPU间的数据拷贝，节省计算时间。

SAUSG隐式分析包含模态分析、最大频率分析及静力加载分析，主要在以下两个方面实现了细粒度并行计算：

（1）单元刚度矩阵计算。隐式计算中，对计算单元刚度矩阵实施单元级别的并行计算，根据节点与单元关联关系，并行组集按行压缩存储的上三角稀疏总刚度矩阵；

（2）代数方程组的求解。静力计算中采用基于GPU并行的PCG（预处理共轭梯度法）迭代求解器；特征值求解采用自主研发的基于GPU并行的多波前稀疏矩阵直接求解器。

SAUSG 显式动力分析采用中心差分方法迭代求解，流程如图 2.4-1 所示，主要在以下几个方面实现了细粒度并行计算：

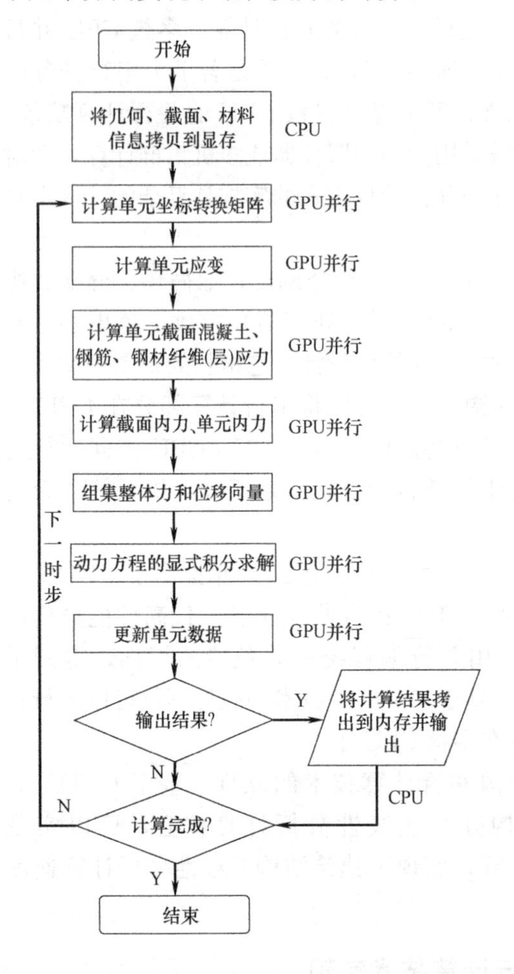

图 2.4-1 SAUSG 软件显式动力分析计算流程

(1) 由单元坐标及方向角计算单元坐标转换矩阵，实现单元级别的并行计算。

(2) 由节点位移计算单元应变，实现单元级别的并行计算。

(3) 计算单元截面混凝土、钢筋、钢材纤维（层）应力，实现单元级别的并行计算。具体实现过程为由单元应变和纤维（层）的几何位置，根据平截面假定计算纤维（层）的正应变，调入一维（多维）弹塑性本构函数，得到纤维（层）正应力，截面剪应变乘以剪切模量得到剪应力。

(4) 计算截面内力，实现单元级别的并行计算。具体实现过程：截面内各纤维（层）正应力积分（累加）得到轴力，各纤维（层）正应力乘以离中性轴距离积分得到弯矩，各纤维（层）剪应力积分得到剪力。

(5) 根据节点和单元的关联关系，对整体力和位移向量实施 GPU 并行组集，主要为求和计算。

(6) 动力方程的显式积分求解，对整体动力方程，采用基于中心差分的细小稳定步长显式递推格式，实施自由度级的并行求解。

SAUSG 软件根据 GPU 的并行架构特点对数据格式进行了优化设计，实现了千万计算自由度数量级线程任务的快速并行计算。

2.4.3 CPU+GPU 异构并行计算效率

SAUSG 软件通过在单机（硬件配置：4 个 i7-2600 CPU +1 个 GTX 560 GPU）上大量工程实例的计算效率测试发现，在同等计算规模下，SAUSG 软件的单机 GPU 并行非线性动力分析效率相比通用非线性有限元软件单机 CPU 的计算效率提高 3～6 倍[10]，如表 2.4-1 所示。

SAUSG 团队在 NVIDIA 显卡、AMD 显卡以及多核 CPU 等计算设备上，对 CUDA 平台与 OpenCL 平台非线性动力分析的计算效率也进行了研究，如表 2.4-2 所示。可见，OpenCL 平台核心计算程序运行在显卡上时，计算效率与 CUDA 平台相当，运行在 CPU 上时，计算效率将大大降低。

SAUSG软件与通用非线性有限元软件计算效率对比　　表2.4-1

序号	工程名称	结构类型	层数	高度(m)	基本周期(s)	SAUSG软件计算时间(h)	通用非线性有限元软件计算时间(h)
1	顺德保利商务中心	框架-核心筒	47	212.5	4.48	3	18
2	东莞长安万科中心	框架-核心筒	60	258.4	6.5	3.5	19
3	成都世茂猛追湾(一期)8号塔楼	剪力墙	48	144.6	3.01	2.5	12
4	郑州华润中心二期5号楼	剪力墙	56	171.7	3.34	4	25
5	青岛华润中心悦府一期	剪力墙	63	212.4	4.43	4.5	24
6	越秀星汇云锦商业中心A区A栋	框支-剪力墙	50	166	3.72	4	19
7	华润惠州小径湾酒店	框架-剪力墙	11	43.7	1.08	2.5	12
8	成都西部金融中心	框架-核心筒	57	239.95	5.58	5.5	29
9	青岛华润中心悦府二期	剪力墙	67	220.5	4.3	4.5	23
10	华润深圳湾住宅	框支-剪力墙	46	158.5	3.78	3	15
11	成都世茂猛追湾(一期)9号塔楼	剪力墙	55	165.6	3.01	2.5	12
12	杭州华润MT楼	框架-核心筒	60	266	3.93	2.5	15
13	成都顺江路333号B塔	框架-剪力墙	67	222.95	6.14	5	29
14	佛山和华商贸广场	框架-核心筒	40	166.9	3.48	4.5	24
15	渤海银行业务综合楼	框架-核心筒	52	244.5	4.89	5	26
16	天津富力城	框架-核心筒	92	396.5	7.31	6.5	32
17	郑州华润中心二期6号楼	剪力墙	55	171.7	3.78	4	21
18	天津现代城	框架-核心筒	48	209	4.98	4.5	22
19	合景琶洲B2区AH041007地块	框架-核心筒	32	151.3	3.7	3.5	16

SAUSG软件CUDA与OpenCL平台计算效率对比　　表2.4-2

题号(DOF)	AMD 9100	AMD 8100	AMD R7 200	AMD 5100	CPU i7-3770(8核)	Titan CUDA
32层剪力墙结构(383214)	1h55min	2h8min	4h12min	5h31min	7h40min	3h16min
65层框筒结构(1110732)	1h35min	1h46min	4h11min	5h21min	13h30min	2h50min
60层框筒结构(723258)	1h8min	1h14min	3h16min	3h18min	6h30min	1h50min
59层框筒结构(1703970)	2h6min	2h17min	6h	7h33min	17h	3h23min
67层框筒结构(1778238)	3h13min	3h36min	27h25min	12h54min	27h25min	5h52min
94层框筒结构(5492610)	8h11min	9h	28h	37h33min	＞100h	14h15min

2.4.4 多GPU并行技术

CPU+GPU异构并行计算可以显著提高并行计算效率，在几个小时内完成一条地震动的罕遇地震非线性分析工作。随着非线性分析技术应用越来越普遍，工程师对计算效率提出了更高的要求。SAUSG软件针对GPU特性，开发了多GPU并行计算核心，进一步提高了计算效率。

一般进行罕遇地震非线性动力分析会计算几条地震动，针对 GPU 的特点可以使用多块显卡 GPU 来进行工况并行处理。多显卡并行任务管理属于典型的生产者、消费者任务管理调度，自动分配任务进行分析。将各个工况传入任务队列中，每个 GPU（消费者）依次从队列中取出相应的工况进行计算，如果计算完成则从队列中取出下一个工况进行分析（图 2.4-2）。

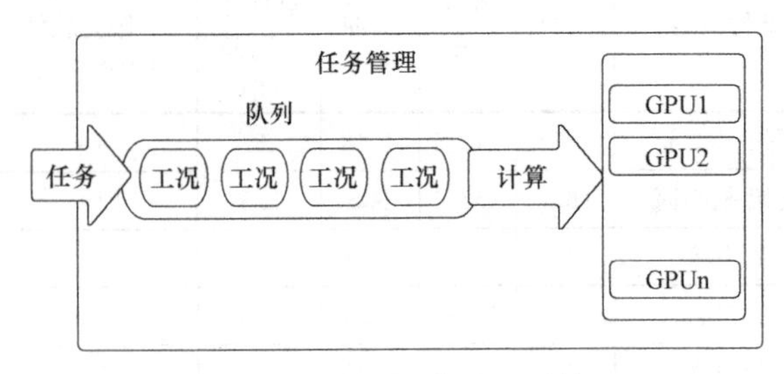

图 2.4-2　多显卡 GPU 工况管理

以一个典型的十层框-剪结构来说明。定义两个非线性分析工况，测试时使用了瑞利阻尼。测试机器安装了两块 2060 显卡（核心总数 4352，频率 1710MHz），我们使用 GPU-Z 工具查看显卡 GPU 的利用情况。同时打开两个 GPU-Z，分别指定不同的显卡查看 Censors。

为了测试显卡的利用情况，打开另外一个 SAUSG 程序并运行，可以看到 GPU 利用率立刻升高，但是程序的执行效率下降了。这是因为两个程序同时对显卡的流处理器、寄存器、显存进行操作。数据会冲突，并且造成结果错误。一般对于单显卡不能采用多个程序同时运行来实现并行提速。

如果设置仅使用一块单显卡来顺序运行两个工况，每个工况大约需要 11.5min 两个工况总耗时大约 23min。可以看到只有左边一个 GPU 在使用（图 2.4-3）。

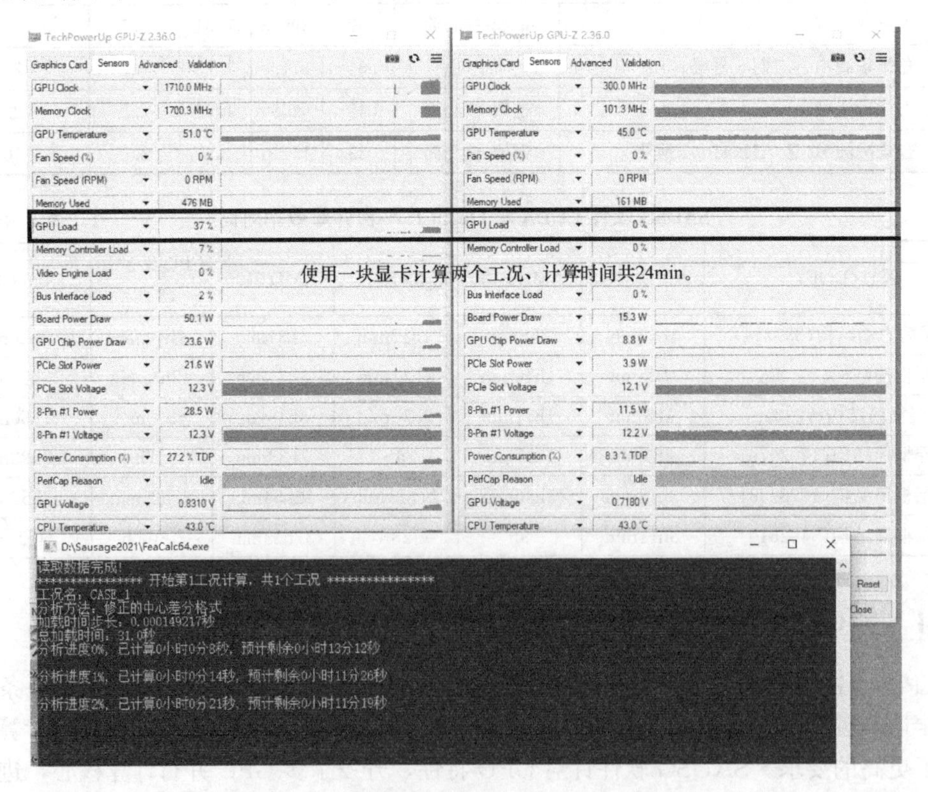

图 2.4-3　没有使用多显卡 GPU 并行运行时间

然后我们使用 SAUSG 多显卡工况并行版本（图 2.4-4），程序自动按显卡 GPU 个数运行工况队列。可以看到两个 GPU 的负载情况。程序运行总时间大约 13min，比单显卡并行版本大致提高了一倍的效率（图 2.4-5）。

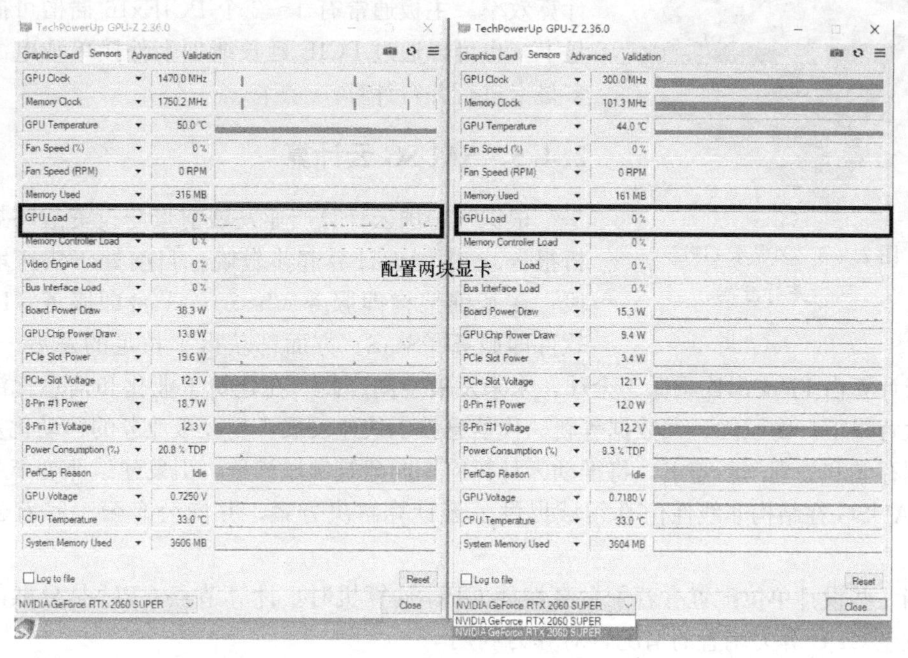

图 2.4-4　配置多显卡

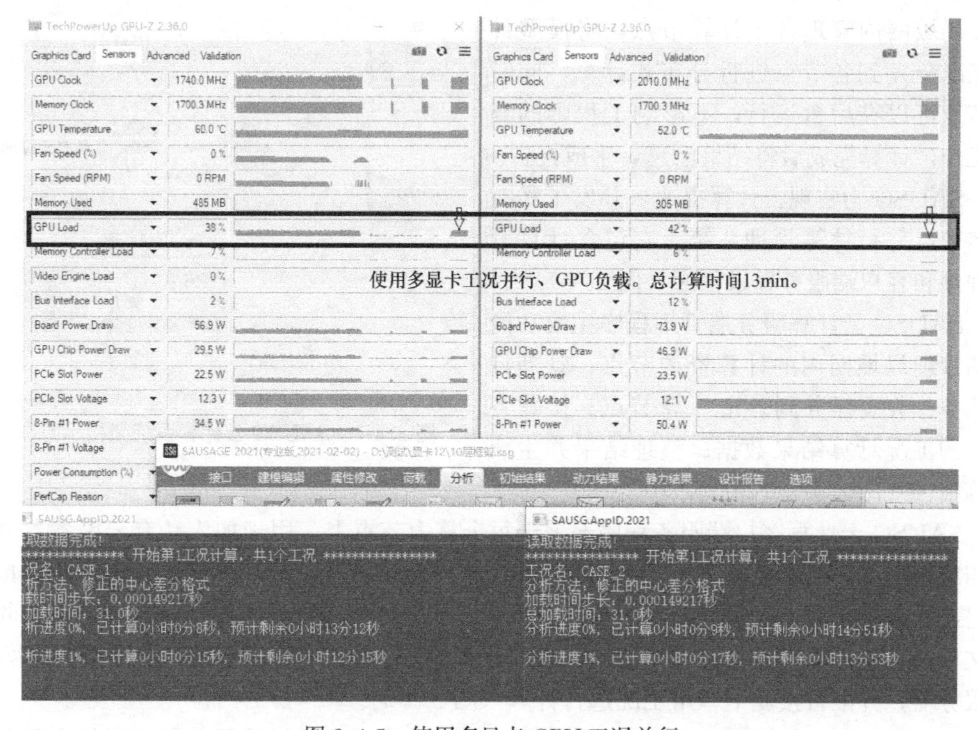

图 2.4-5　使用多显卡 GPU 工况并行

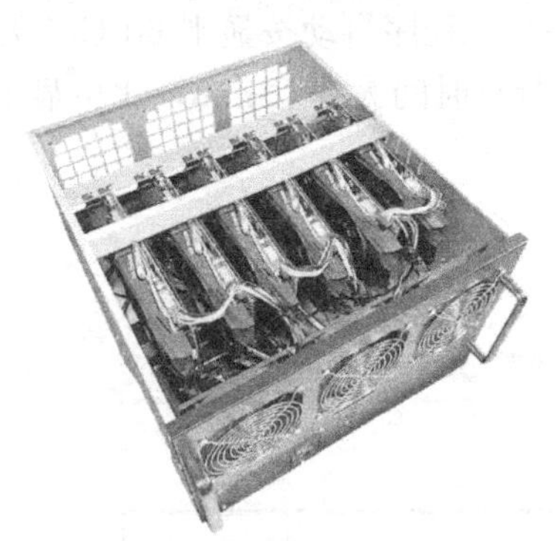

图 2.4-6　多显卡 GPU 矿卡并行方案

若对计算效率有更高的要求，可以配置一台多 GPU 矿机（图 2.4-6），比如搭配 7 块显卡的主机，7 个分析工况可以同时进行计算，大致可以提高接近 7 倍的计算效率。主板通常有 1～2 个 PCIEx16 插槽可插两块显卡，也可以通过 PCIE 延长线加上外接单独电源增加多显卡进行并行计算。

2.4.5　SAUSG 云计算

根据《中国云计算产业发展前景与投资战略规划分析报告》，中国云计算起步较晚，目前处于快速增长阶段，在基础架构即服务（IaaS）、平台即服务（PaaS）、软件即服务（SaaS）方面都获得了长足的发展。另外，中国云计算占 IT 支出比重低于全球，未来发展空间广阔。在建筑工业化和信息化深入融合的大背景下，物联网、大数据等新一代信息技术快速发展，企业级业务的移动化及对海量数据存储和处理的新需求，将推动云计算应用向建筑领域渗透，引发建筑业变革。

SAUSG 在结构非线性仿真领域提供了云计算解决方案，并向公有云＋私有云方式发展。

当一些设计单位配置有若干台高性能 GPU 计算机时，计算节点 GPU 是分散的，有时会发生 GPU 算力闲置的情况，对算力利用不是很充分。为了更好地利用现有算力资源，SAUSG 开发了私有云计算远端管理程序，可以在局域网内管理各个计算节点，将模型计算工况分发到各节点进行分布式计算，同时各节点可以在后台运行，不影响工程师的当前工作，计算完成后将结果汇总，生成报告。

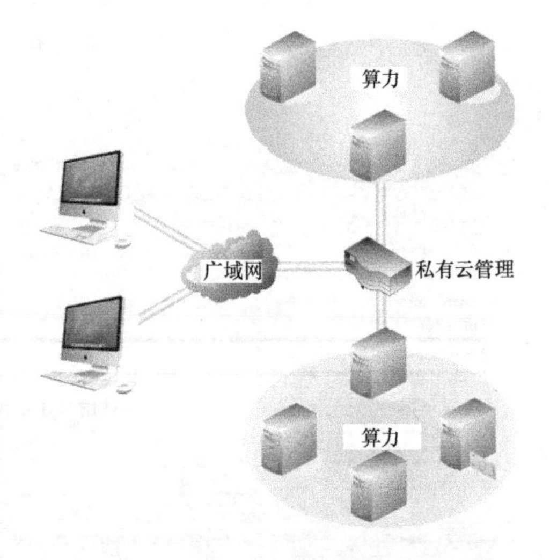

图 2.4-7　SAUSG 云计算系统架构示意图

SAUSG 为实现云计算提速，开发了私有云多节点并行计算管理系统。它包含计算管理程序和客户端服务登录程序（图 2.4-7）。

SAUSG 云计算服务端管理程序主要功能包括管理局域网内的计算资源节点、管理计算任务、分发任务到各个计算节点、接收各节点的工况计算结果数据；整理结果并生成计算报告（图 2.4-8）。

SAUSG 云计算客户端服务程序部署于每个算力节点上，用于加入私有云服务器并计算相应的工况。节点可以选择在 GPU 空闲时加入服务端，表示可以承担计算任务，也可以退出服务端，由工程师自己使用本算力节点。服务器发送计算工况指令后，节点接收模型文件并开始计算，计算过程中传送状态到服务器，一旦当前工况计算完成，将结果发送给服务器，并准备接受下一个工况进行计算（图 2.4-9）。

SAUSG 云计算客户端程序可以自动查找当前局域网内运行的服务器或者指定服务器

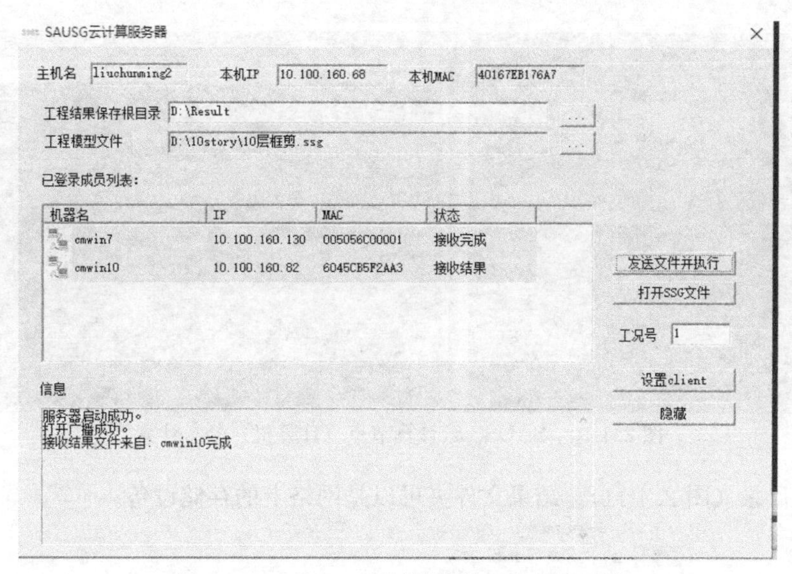

图 2.4-8　SAUSG 云计算局域网任务管理器

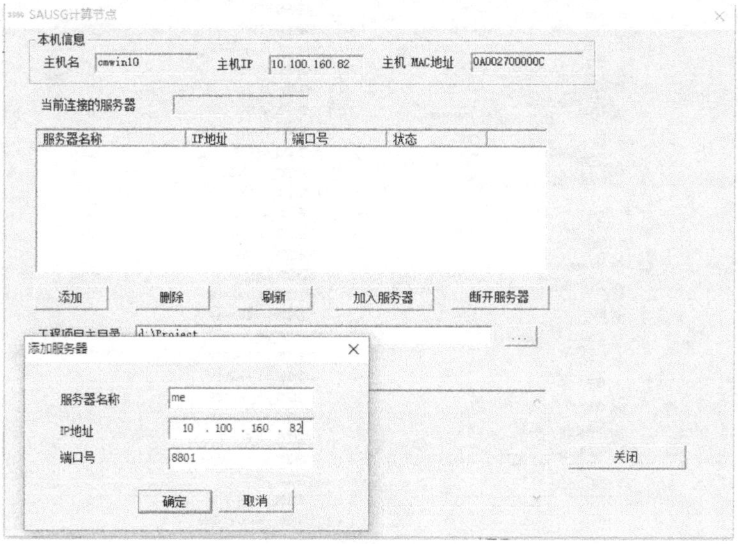

图 2.4-9　SAUSG 云计算节点客户端

的 IP 以便加入特定的服务器。客户端与服务器通过 TCP-IP 协议连接。建立连接后服务器管理一系列计算节点资源，节点计算过程中可以选择静默状态或者命令行窗口模式运行。

首先在 IP 为 10.100.160.68 这台机器运行服务端管理程序，然后将两台计算节点 cmwin7、cmwin10 分别加入该服务端管理程序。服务端管理程序选择工程模型及保存结果目录，然后从计算节点列表中选择相应的节点发送任务进行分布式计算。管理程序分配工况到各节点进行计算，如图 2.4-10 所示。

SAUSG 自动发送模型和工况到相应的计算节点，计算节点接收模型成功后自动调用 SAUSG 软件进行分析计算，计算完成后通知管理器，并发送结果到管理器指定的文件夹

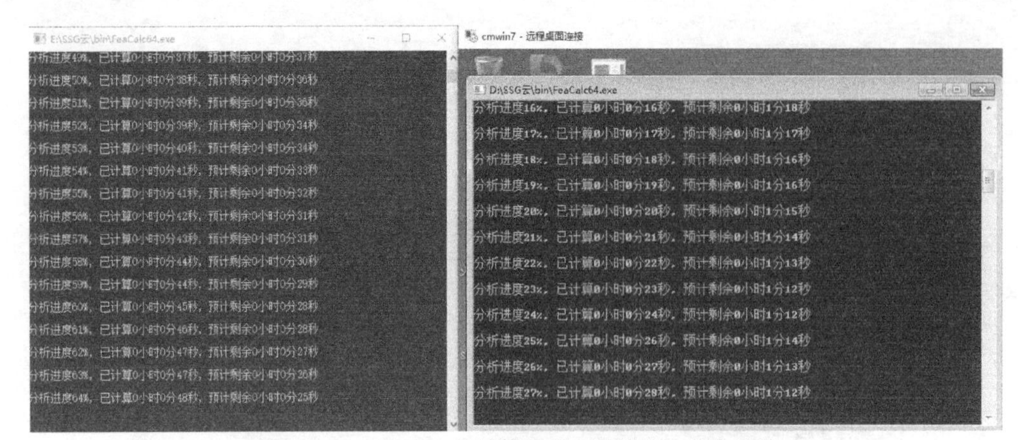

图 2.4-10　SAUSG 云计算节点（计算机）分布计算

相应的工况目录（图 2.4-11）。结果文件夹可以是网络上的存储设备。

图 2.4-11　工况结果传送回服务端汇总

目前计算机的 CPU 一般均为多核，可运行多任务。在算力节点（计算机）计算过程中，工程师可以进行其他操作，并且将计算 GPU 资源提供给服务管理程序。如果需要自己使用本节点算例，也可以退出服务器，表示不再提供算力而由工程师自用。

私有云计算过程中因为计算结果数据文件比较大，数据传输是较大的瓶颈，建议在局域网内进行，并且使用传输效率更高的万兆网卡、网线及交换机提高传输效率。这种方式虽然数据传输量大，但是客户可以查看更多的计算结果。比简单地生成报告获得更多的结果信息，可以进行更好的结构优化设计。当前任务的各工况计算完成后，可以在管理程序上汇集计算结果。计算结果也可以传送到指定的网络计算机上，通过远程终端查看计算结果并生成计算报告（图 2.4-12）。

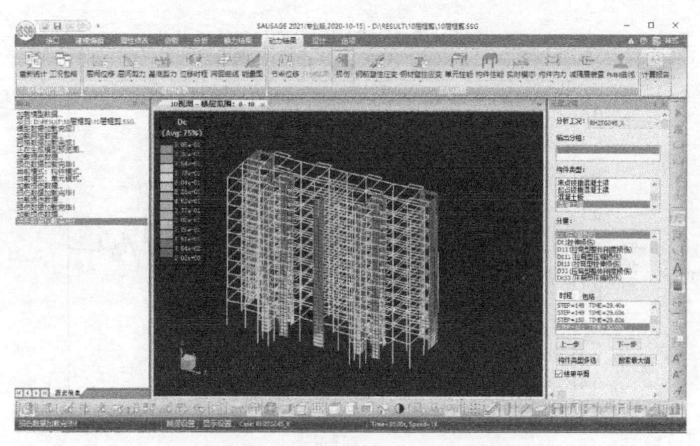

图 2.4-12　服务端或远程桌面结果查看和输出报告

SAUSG 公有云通过 Web 方式提交计算任务，使用公有云或私有云的算力进行计算，计算后自动生成报告。企业也可以在自己的私有云中部署 SAUSG 超算环境，提高算力资源利用效率和计算速度，实现更加高效的非线性仿真。

2.5　地震动确定

随着建筑结构分析理论的发展以及分析方法的进步，非线性动力分析在结构设计中越来越重要。动力时程分析中，除了结构本身的特性外，地震动作用对计算结果影响也很大。与静力荷载不同，地震动本身所具有的不确定性，易对计算结果衡量与评估造成干扰，故选择与使用地震动数据对正确得到建筑结构的非线性分析结果具有重要意义。

2.5.1　天然地震动数据来源

地震动是地壳运动作用的结果，源自震源释放出的能量传播过程对地面产生的振动。对于结构相当于外荷载的作用，一般以加速度的形式表示。

对于抗震工程，需要确定强烈地震作用下的地震动特性和结构振动响应，为抗震设计提供依据。为了能够记录地震动形态，工程师发明了各种设备，美国在 20 世纪 30 年代出现了强震仪，可以在强震下完整记录地震动波形。美国加州处于地震带上，1940 年 5 月 18 日，位于加州南部的 El Centro 发生了震级 7.1 级的地震，一台强震仪记录下了第一条天然地震动的完整波形。本次地震的正式名称为 Imperial Valley 地震，地震动以取得记录的地点命名，即非常著名的 El Centro 波，如图 2.5-1 所示。

记录第一条强烈地震动波形之后，世界各地的地震动记录逐步增加和完善，积累了大量的天然地震动数据。自从互联网发明并得到普及，越来越多的地震动数据被共享到互联网上，工程师可以方便地检索和使用。

地震动数据常见的查询网站大致分为两类：第一类是涵盖多国地震监测数据的国际地震动数据库，如太平洋地震工程研究中心（PEER）、强地面运动观测系统组织委员会（COSMOS）下辖的强震虚拟数据中心（VDC）、工程强震数据中心（CESMD）、欧洲板块观测委员会（EPOS）下属的工程强震数据库（ESM）、欧盟第五研发框架计划中的欧洲强震数据库

ELCENTRO EARTHQUAKE MAY 18.1940
NOR TH-SOUTH COMPONENT
加速度(g)
时间(s)

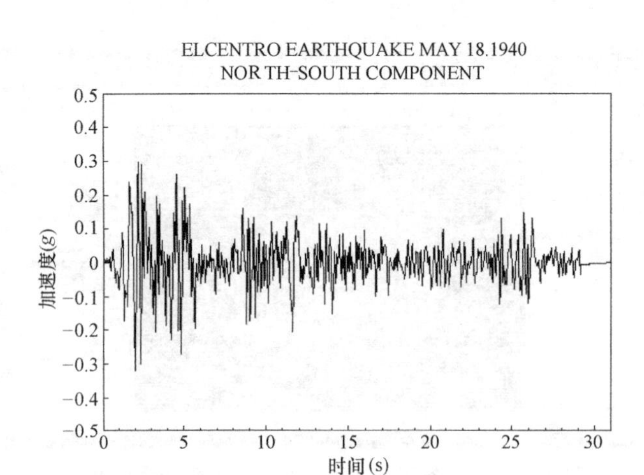

图 2.5-1　El Centro 地震动波形

（ESD）等提供的地震动数据库；第二类是由各国独立监测并维护的国家地震动数据库，如日本防灾技术科学研究所（NIED）、伊朗的道路房屋城市发展研究中心（BHRC）、新西兰地震委员会（EQC）下属的地质灾害信息网（GeoNet）、意大利加速度档案（ITACA）、意大利地球物理与火山研究所、智利大学土木工程系等提供的地震动数据库。

本节将详细介绍上述两类十一种地震动数据库的注册、使用及地震动数据的查找和下载方法。

1. 美国 PEER 网站

PEER 是世界著名的地震研究机构，以其主导的著名动力非线性开源软件“地震工程模拟的开放体系（OpenSees）”及运作的“PEER 地震动数据库”（PEER Ground Motion Database）闻名遐迩。

（1）PEER 网站注册

进入 PEER 主页 https：//ngawest2. berkeley. edu/，点击“SIGN_UP”后在跳转页面依次输入电子邮箱地址、密码、密码确认、公司/机构名称、美国州/国家名、姓名、头衔、工作领域、数据库用途、附加说明即可完成注册，如图 2.5-2 所示。

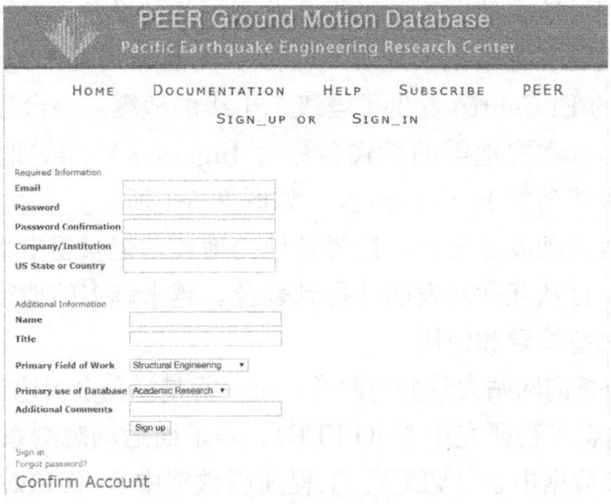

PEER Ground Motion Database
Pacific Earthquake Engineering Research Center
Home　Documentation　Help　Subscribe　PEER
Sign_up or　Sign_in
Required Information
Email
Password
Password Confirmation
Company/Institution
US State or Country
Additional Information
Name
Title
Primary Field of Work
Structural Engineering
Primary use of Database
Academic Research
Additional Comments
Sign up
Sign in
Forgot password?
Confirm Account

图 2.5-2　PEER 网站注册

（2）PEER 网站地震动数据的查找与下载

注册后返回 PEER 网站主页，点击页面右下方“NGA West2 enter”后可进入反应谱选择页面，根据下拉框对应的“No Scaling”“PEER NGA-West2 Spectrum”“User Defined Spectrum”“ASCE Code Spectrum”即可查找所需的地震动数据，如图 2. 5-3 所示。

NGA-West2 -- Shallow Crustal Earthquakes in Active Tectonic Regimes

The NGA-West2 ground motion database includes a very large set of ground motions recorded in worldwide shallow crustal earthquakes in active tectonic regimes. The database has one of the most comprehensive sets of meta-data, including different distance measure, various site characterizations, earthquake source data, etc. The current version of the database is similar to the NGA-West2 database, which was used to develop the 2014 NGA-West2 ground motion models (GMMs). peer.berkeley.edu/ngawest2

Target Spectrum

Select Spectrum Model

Select models to generate target spectrum : User Defined Spectrum

No Scaling
PEER NGA-West2 Spectrum
User Defined Spectrum
ASCE Code Spectrum

User-Defined Spectrum

As shown in the sample file, start spectra data at row 4 of input file. Spectra data consists of rows of T,pSa comma-separated values.

Filename: example_spectra.csv#x#ae506 Upload File

Download Example file(.csv)

Submit

图 2. 5-3 PEER 网站反应谱选择

PEER 网站的地震动数据反应谱相关因素较多，具体可参阅文献；ASCE 反应谱与中国的反应谱较接近（参考 ASCE7-10）；而“User Defined Spectrum”（用户自定义反应谱）及“No Scaling”（无尺度）为查找地震动数据常用的两个选项，其他方法详见 https：//ngawest2. berkeley. edu/site/documentation 中的技术手册。

SAUSG 软件中提供了 Excel 工具生成反应谱文件，点击“Upload File”后选择目标反应谱文件并上传至网页，点击“Submit”即可进行查询。上传反应谱成功后，页面右侧将出现目标反应谱，如图 2. 5-4 所示，在下拉框选择“Linear”后，点击“Search Records”即可。

在跳转页面左侧输入相关数据即可进行查询，“Search”栏相关参数定义如图 2. 5-5 所示，“No Scaling”选项将直接跳转此页面，在右侧“Scaling”栏下拉框中选择“No Scaling”即可。

PGA 模型涉及的参数很多，一般采用默认值进行查询，但若场地条件等相关参数比较齐全，则可参考 PEER 网站技术手册进行精细搜索。“Scaling”栏内“Minimize MSE”中 MSE 的计算如式（2. 5-1）所示，式中 f 为比例系数。

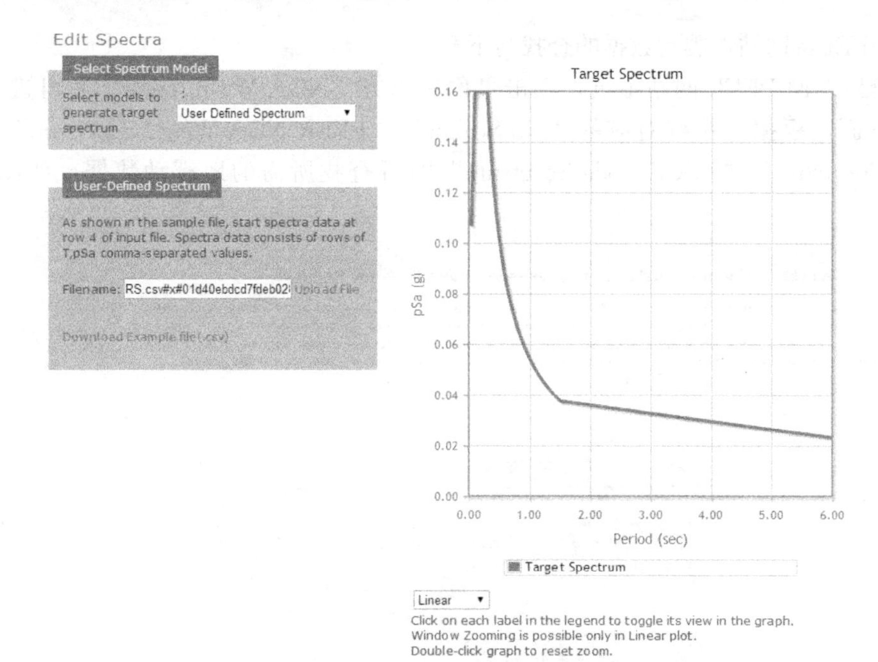

图 2.5-4　PEER 网站反应谱图形显示

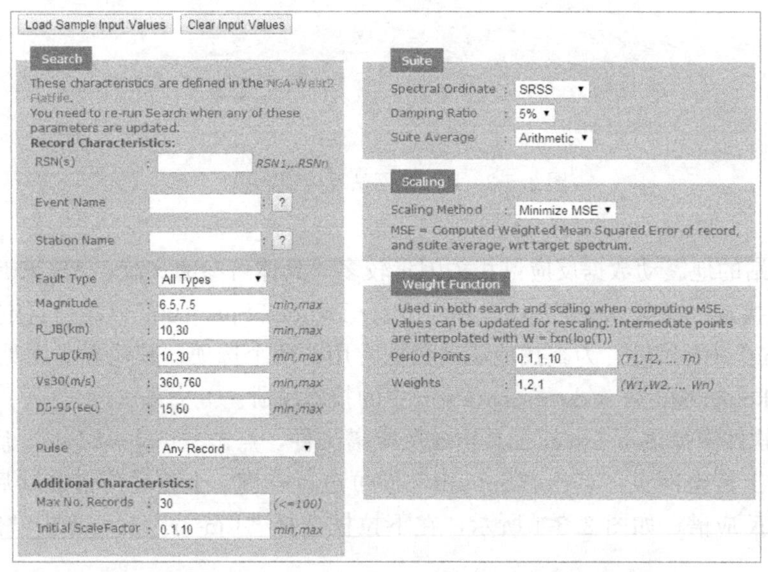

图 2.5-5　PEER 网站地震动数据参数定义

$$MSE=\frac{\sum_{i} w(T_i)\{\ln[SA^{\text{target}}(T_i)]-\ln[f\times SA^{\text{record}}(T_i)]\}^2}{\sum_{i} w(T_i)} \tag{2.5-1}$$

点击图 2.5-6 中的按钮，即可查找到相应的地震动并完成下载。

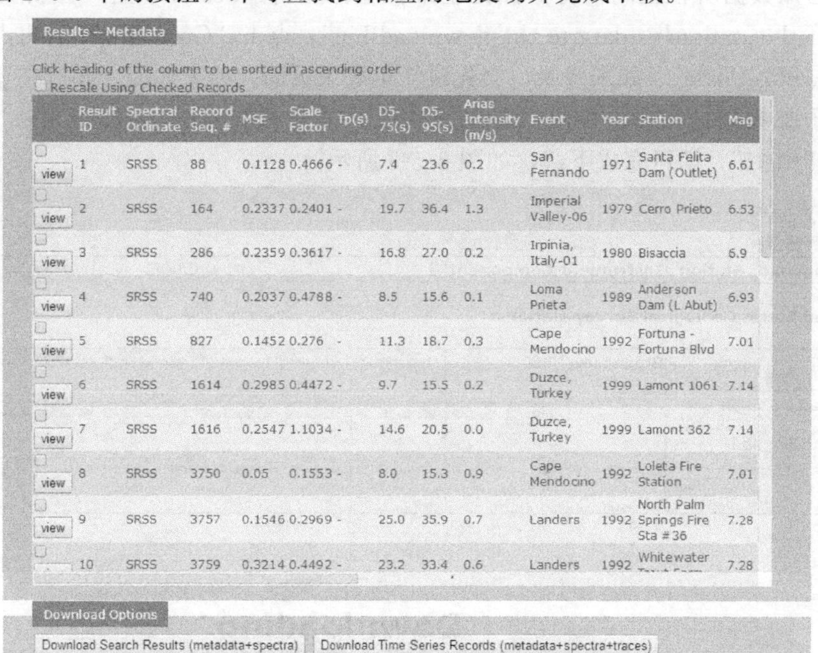

Results – Metadata

Click heading of the column to be sorted in ascending order

Rescale Using Checked Records

	Result ID	Spectral Ordinate	Record Seq. #	MSE	Scale Factor	Tp(s)	D5-75(s)	D5-95(s)	Arias Intensity (m/s)	Event	Year	Station	Mag
view	1	SRSS	88	0.1128	0.4666	-	7.4	23.6	0.2	San Fernando	1971	Santa Felita Dam (Outlet)	6.61
view	2	SRSS	164	0.2337	0.2401	-	19.7	36.4	1.3	Imperial Valley-06	1979	Cerro Prieto	6.53
view	3	SRSS	286	0.2359	0.3617	-	16.8	27.0	0.2	Irpinia, Italy-01	1980	Bisaccia	6.9
view	4	SRSS	740	0.2037	0.4788	-	8.5	15.6	0.1	Loma Prieta	1989	Anderson Dam (L Abut)	6.93
view	5	SRSS	827	0.1452	0.276	-	11.3	18.7	0.3	Cape Mendocino	1992	Fortuna - Fortuna Blvd	7.01
view	6	SRSS	1614	0.2985	0.4472	-	9.7	15.5	0.2	Duzce, Turkey	1999	Lamont 1061	7.14
view	7	SRSS	1616	0.2547	1.1034	-	14.6	20.5	0.0	Duzce, Turkey	1999	Lamont 362	7.14
view	8	SRSS	3750	0.05	0.1553	-	8.0	15.3	0.9	Cape Mendocino	1992	Loleta Fire Station	7.01
view	9	SRSS	3757	0.1546	0.2969	-	25.0	35.9	0.7	Landers	1992	North Palm Springs Fire Sta #36	7.28
	10	SRSS	3759	0.3214	0.4492	-	23.2	33.4	0.6	Landers	1992	Whitewater	7.28

Download Options

Download Search Results (metadata+spectra)　Download Time Series Records (metadata+spectra+traces)

图 2.5-6　PEER 网站地震动数据下载

2. 美国 COSMOS 网站

COSMOS 下辖的 VDC 网站包含美国及其他部分国家和地区的地震动数据库，通过 https：//strongmotioncenter.org/vdc/scripts/search.plx 网址可以查找相关地震动数据。如图 2.5-7 所示，以 2002 年 11 月 3 日发生于 Denali Alaska 的地震为例，介绍如何查询相关地震动，本次地震的震级为 7.9 级，震源距离为 263km。

图 2.5-7　COSMOS 网站的 Denali Alaska 地震相关信息

输入已知数据所在区间，将页面拉至最低端，点击“Search”后，在新页面中勾选“Add all of the station’s data to the download bin”，点击“Go to Bin”后再点击“Proceed to download data”。如未登录，会先跳转至登录页面，如未注册，亦可在登录页面直接输入电子邮箱进行注册、登录。登录成功后，点击“Zip the checked files”，再点击“Download file 1”，即可完成下载，如图 2.5-8 所示。

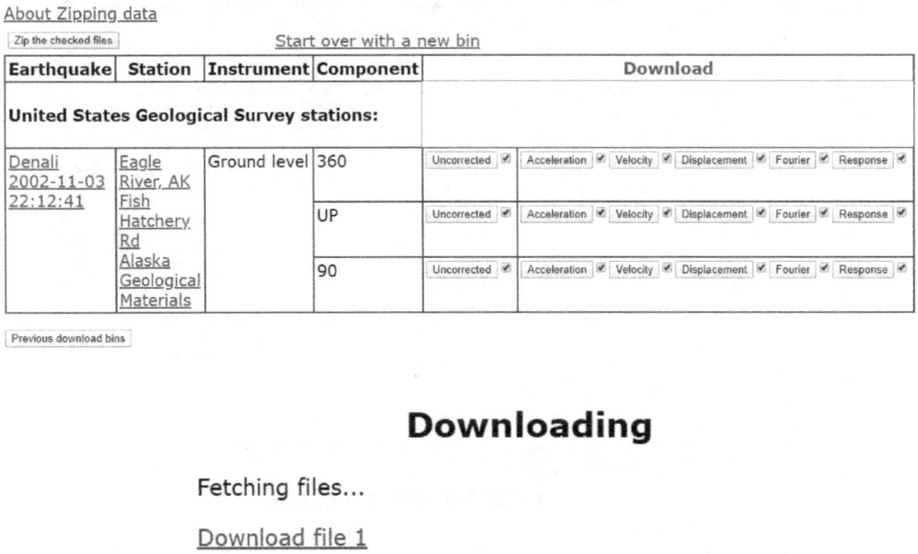

About Zipping data

Zip the checked files　　Start over with a new bin

Earthquake	Station	Instrument	Component	Download
United States Geological Survey stations:				
Denali 2002-11-03 22:12:41	Eagle River, AK Fish Hatchery Rd Alaska Geological Materials	Ground level	360	Uncorrected ☑ Acceleration ☑ Velocity ☑ Displacement ☑ Fourier ☑ Response ☑
			UP	Uncorrected ☑ Acceleration ☑ Velocity ☑ Displacement ☑ Fourier ☑ Response ☑
			90	Uncorrected ☑ Acceleration ☑ Velocity ☑ Displacement ☑ Fourier ☑ Response ☑

Previous download bins

Downloading

Fetching files...

Download file 1

图 2.5-8　COSMOS 网站的地震动数据下载

3. 美国 CESMD 网站

CESMD 网站也包含美国及其他部分国家或地区的地震动数据库，可以查找并下载地震动数据。打开网址 http://strongmotioncenter.org/后，点击“Archive”，如图 2.5-9 所示。

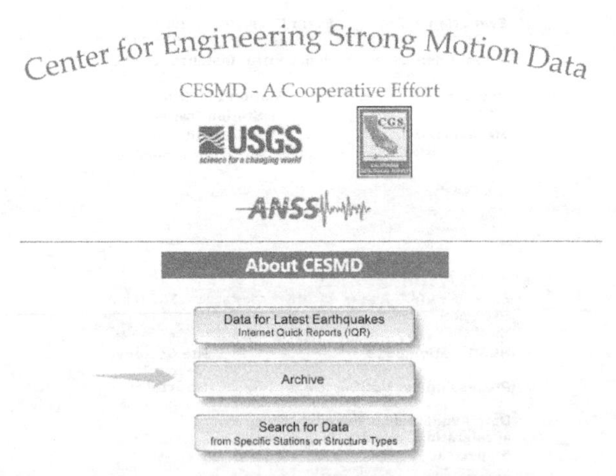

图 2.5-9　CESMD 网站地震动数据下载页面

以发生于 2001 年 10 月 31 日，由 INDIAN & KENNEDY 测站点记录的 Anza02 地震动为例，介绍如何进行查询和下载。首先在“Archive”下拉框选取 2001 年，可以在相应列表中找到“Anza”这组相关数据，如图 2. 5-10 所示。

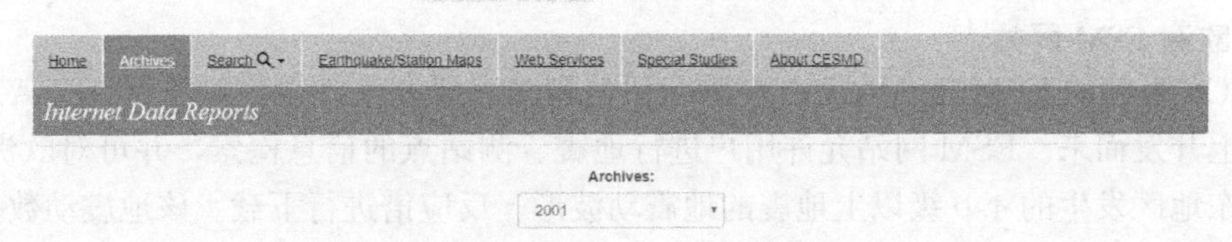

Internet Data Reports for Earthquakes of 2001

Include Lower Magnitude Earthquakes with Data

Earthquake Name	Date/Time (sorted in UTC)	Event ID	Latitude	Longitude	Magnitude	Region	Record Count
SWChino	12/14/2001 04:01:35 PST (UTC - 8)	ci9735129	33.964	-117.735	4.0ML	US/CA	41
Anza	10/30/2001 23:56:16 PST (UTC - 8)	ci9718013	33.500	-116.520	5.1ML	US/CA	73
WHollywood	09/09/2001 16:59:18 PDT (UTC - 7)	ci9703873	34.075	-118.379	4.2ML	US/CA	113
Portola	08/10/2001 13:19:27 PDT (UTC - 7)	nc51111345	39.828	-120.632	5.5ML	US/CA	7

图 2. 5-10　CESMD 网站地震动数据示例

点击“Anza”后，使用“CTRL+F”快捷键搜索“Kennedy”，点取“View”栏下对应按钮，可查看相应的地震动加速度、速度、位移，如图 2. 5-11 所示。

勾选“Download”栏下复选框，点击“Download”后，选择“Processed Data”（一般使用经过频谱处理后的数据），点击“Proceed to Download”，在跳转页面点击“Download selected Processed Data”完成下载，如图 2. 5-12 所示。若未登录或未注册，点击“Proceed to Download”后会转入登录页面，可在此页面直接登录。若未注册，则可在登

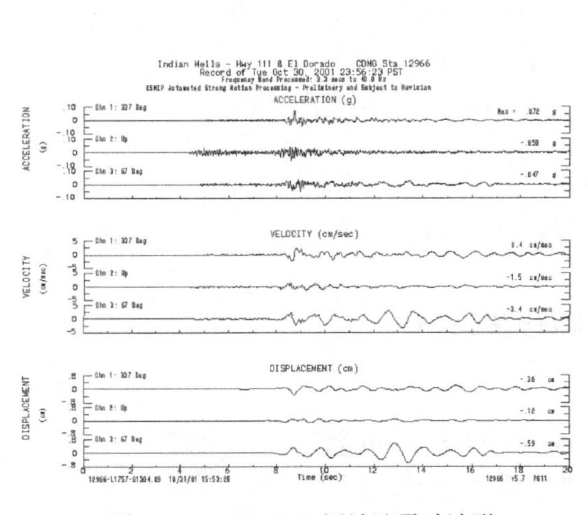

图 2. 5-11　CESMD 网站地震动波形

CESMD　Strong-Motion Data Set

Thank you for requesting to download strong-motion data from the Center for Engineering Strong Motion Data. Please choose one of the following:

Processed Data
Acceleration, velocity, displacement and spectra files, as processed and reviewed by CGS/CSMIP or USGS/NSMP (the traditional Vol2 and Vol3 files, used for most applications).

Raw Data
The corresponding raw, unprocessed acceleration data, with no noise filtering, no baseline or sensor offset corrections, etc. (the traditional Vol1 file, used for specialized research studies).

Anza Earthquake of 30 Oct 2001

Station	Code/ID	Network	Processed Data
Indian Wells - Hwy 111 & El Dorado	12966	CGS	√

Processed data selected to download.

Proceed to download

CESMD　Strong-Motion Data Set

Home　Archive　Search　More Info

Download

Download selected Processed data

图 2. 5-12　CESMD 网站地震动数据下载

录页面内点击“here”后，输入名、姓、电子邮箱地址、公司名称、数据用途，完成注册。

4. 欧洲 ESM 网站[13]

EPOS 下辖的 ESM 是在欧洲地震风险评估和减灾研究基础设施网络（NERA）项目等基础上开发而来。ESM 网站允许用户进行地震、测站点的信息检索，并可对欧洲-地中海和中东地区发生的 4.0 级以上地震的地震动波形、反应谱进行下载。该地震动数据库涵盖了欧洲强震数据库（FP5 1998-2002）、意大利加速度记录数据库（ITACA）、土耳其强震数据库和希腊加速度记录数据库（HEAD）的地震动数据。

（1）ESM 网站注册

打开网址 https：//esm. mi. ingv. it/，将滚动条拉至页面底部，即可看到右侧的“Data Research”及“Records compatible with target spectra”。

点击“Data Research”下的“Events”按钮待页面跳转后，再单击右上角“Register or log-in”，依次输入名、姓、电子邮箱地址、行业、工作领域（可选）、公司名称以及使用 ITACA 的动机，点击注册。在注册邮箱中收到的确认邮件内点击相应链接即可完成注册。

（2）ESM 地震动数据的查询与下载

以 1995 年 6 月 15 日发生在希腊、由测站点 ATH3 记录的一次 6.5 级地震为例，介绍如何在 ESM 网站进行“Data Research”及“Records compatible with target spectra”的地震动数据的查询与下载。

如图 2.5-13 所示，在时间栏输入 1995-06-14～1995-06-16（如果月为个位数，则月份前要以 0 补齐，否则检索无效），震级为 6.4～6.6，国家为希腊，点击搜索后将跳转界面拉至最下方，将出现如图 2.5-14 的结果。

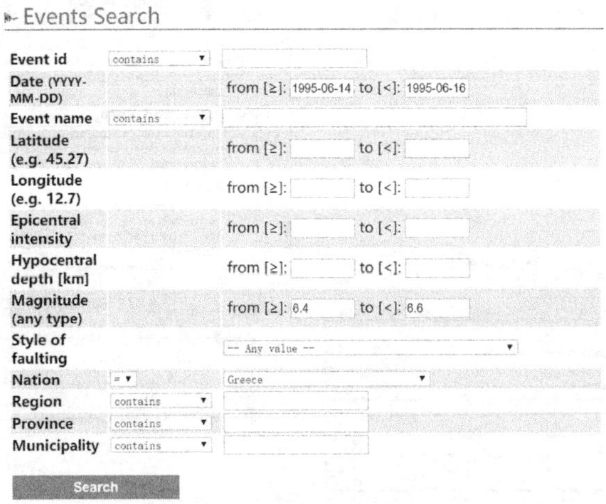

Events Search

Event id	contains	
Date (YYYY-MM-DD)		from [≥]: 1995-06-14 to [<]: 1995-06-16
Event name	contains	
Latitude (e.g. 45.27)		from [≥]: to [<]:
Longitude (e.g. 12.7)		from [≥]: to [<]:
Epicentral intensity		from [≥]: to [<]:
Hypocentral depth [km]		from [≥]: to [<]:
Magnitude (any type)		from [≥]: 6.4 to [<]: 6.6
Style of faulting		-- Any value --
Nation	=	Greece
Region	contains	
Province	contains	
Municipality	contains	

Search

图 2.5-13　ESM 地震动信息输入

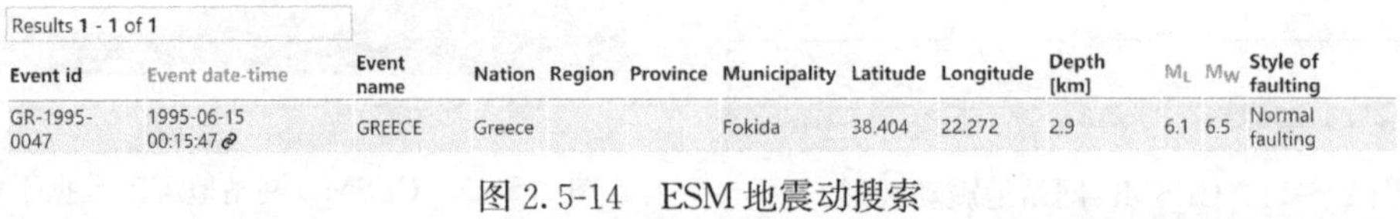

Results 1 - 1 of 1

Event id	Event date-time	Event name	Nation	Region	Province	Municipality	Latitude	Longitude	Depth [km]	M_L	M_W	Style of faulting
GR-1995-0047	1995-06-15 00:15:47	GREECE	Greece			Fokida	38.404	22.272	2.9	6.1	6.5	Normal faulting

图 2.5-14　ESM 地震动搜索

点击地震时间，进入测站记录列表，使用“CTRL+F”搜索“ATH3”，则可找到对应测站点的记录结果，如图 2.5-15 所示。点击表格右侧“Plot”下对应的“放大镜”图标后，将页面拉至最下方，选择“Select all”或所需数据（如“Processed data”下的“Acceleration”），点击“Export”。页面加载完成后，找到“Message”栏对应的 zip 格式文件，点击下载即可（图 2.5-16）。

Waveforms

Results 1 - 17 of 17

Export?	Station	EC8	Processing	R epi. [km]	PGA [cm/s^2]	PGV [cm/s]	PGD [cm]	Location	Instrument	Plot
✔	HL.AIGA	B	manually processed	23.600	510.615	51.333	8.325	00	HN	
✔	HL.AMIA		manually processed	16.600	183.901	9.257	0.826	00	HN	
✔	HI.PAT2	B	manually processed	49.800	88.586	13.900	4.275	00	HN	
✔	HL.MRNA		manually processed	19.000	66.511	3.516	0.632	00	HN	
✔	HI.PYR1	B	manually processed	109.100	55.326	5.663	1.130	00	HN	
✔	HL.NAUA		manually processed	38.300	47.199	3.571	0.583	00	HN	
✔	HL.PATA	E	manually processed	50.400	44.182	7.972	3.406	00	HN	
✔	HI.PAT3	C	manually processed	49.200	40.824	4.204	1.496	00	HN	
✔	HI.PAT1	B	manually processed	50.300	32.825	7.903	3.675	00	HN	
✔	HI.KRP1		manually processed	70.600	27.263	1.574	0.162	00	HN	
✔	HL.LEVA		manually processed	53.300	26.995	2.072	0.362	00	HN	
✔	HI.AGR1		manually processed	79.100	16.850	1.925	0.422	00	HN	
✔	HI.ATH3	B	bad quality record	134.400				00	HN	
✔	HI.KOR1	C	bad quality record	77.700				00	HN	
✔	HI.LEF1	C	bad quality record	144.600				00	HN	
✔	HI.ZAK1	C	bad quality record	138.600				00	HN	

图 2.5-15　ESM 地震动测站记录

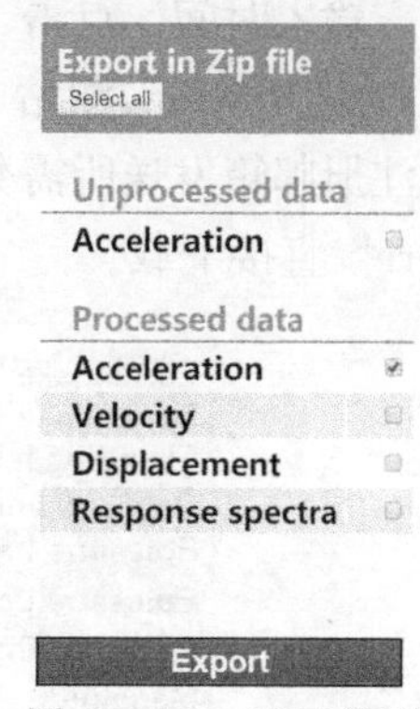

图 2.5-16　ESM 地震动数据下载

如图 2.5-17 所示，点击“REXELite”后，可选择“Italian Building Code”（意大利建筑规范）或者“Eurocode 8”（《欧洲规范 8：建筑抗震设计》），输入相应数据区间，依次点击“Accept parameters”“Run REXEL ite”进行搜索。找到所需地震动后，点击“Response spectrum”栏下对应的“链接”图标，按照前述步骤即可完成下载。

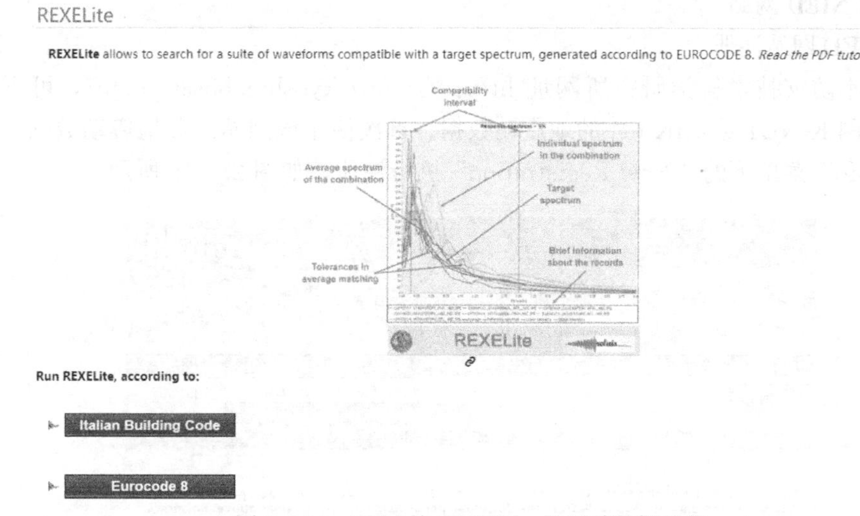

图 2.5-17　ESM 的 REXELite 地震动数据下载

5. 欧洲 ESD 网站[14]

ESD 网站是第五项欧盟框架计划中的一项，旨在向工程师及科学家们提供一个稳定、可靠的泛欧地区强震数据库下载平台（http：//www. isesd. hi. is/）。

进入网站，点击右侧 DATABASE 后，在页面内点击 即可进入“Log In”界面，若首次使用该网站，可点击“here”，依次输入名、姓、公司名称、电子邮箱地址、密码及确认密码完成注册。输入电子邮箱地址及密码即可登录。

以 2000 年 6 月 17 日发生在南冰岛、由 Burfell-Hydroelectric Power 测站点记录的一次 6.6 级地震为例，介绍在该网站的下载方法。需注意的是，该网站使用日/月/年的表示方法进行查询。

输入时间，点击“Submit Query”，确认后，在跳转页面找到对应的“Burfell-Hydroelectric Power”测站（图 2.5-18），勾选对应的复选框并点击“Proceed”，网站将向用户的注册邮箱发送所需数据对应的、两周有效期的下载地址。亦可在跳转页面点击“click here”直接下载。

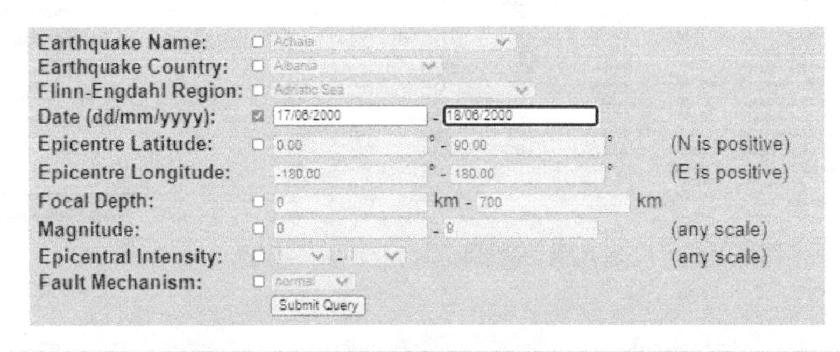

图 2.5-18　ESD 网站地震动数据下载方式示例

6. 日本 NIED 网站

（1）NIED 网站注册

进入日本防灾技术科学研究所网址 http://www.kyoshin.bosai.go.jp/，可下载日本地震监测网 K-NET 或 KiK-net 的地震动数据。首次使用该网站下载地震动数据，需点击“User info”菜单下的“New Registration”进行注册，如图 2.5-19 所示。

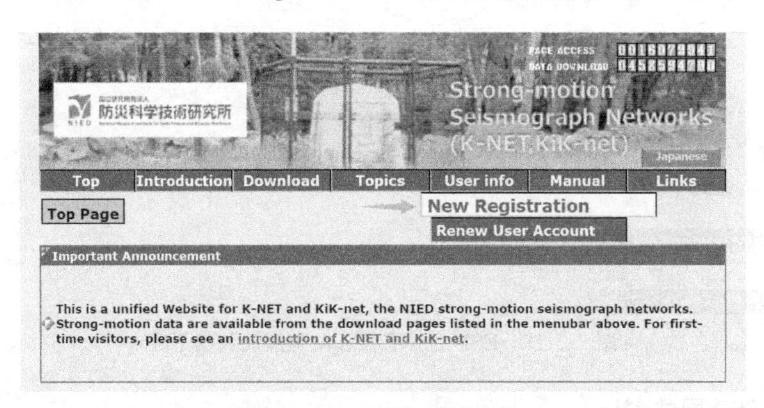

图 2.5-19　NIED 网站注册

（2）NIED 网站地震动数据的查询与下载

点击“Download”，可以看到下拉菜单下出现七种不同选项，其中“Data Download

by Selecting an Earthquake”“Data Download after Search for Earthquakes”和“Data Download after Search for Data”为较常用的三种搜索办法，如图 2.5-20 所示。

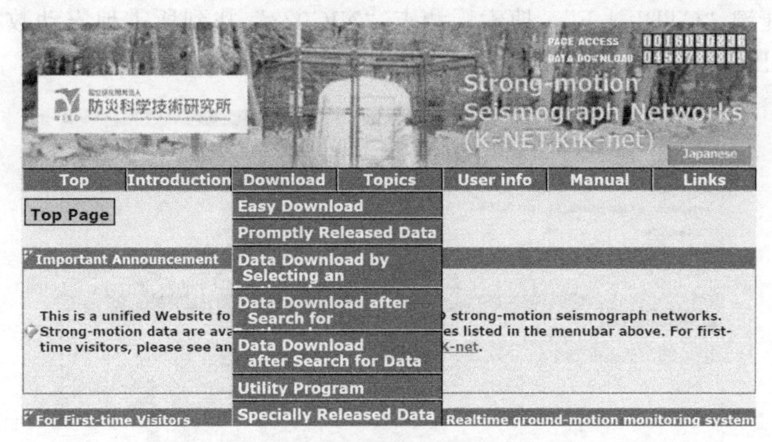

图 2.5-20　NIED 网站地震动搜索方式

① “Data Download by Selecting an Earthquake”

以由 K-NET 的 AKT013 观测站记录、发生于 2008 年 6 月 14 日、震级为 7.2 级、断层距为 80.33km 的一次地震为例，介绍如何查询和下载地震动数据。

该方式提供地震仪网类型、月份以及年份的模糊检索。依次选定 K-NET、Jun、2008 后，地震列表中会自动筛选出符合条件的地震动数据。点击表头的“Magnitude”进行排列，即可找到符合条件的发生于 2008 年 6 月 14 日、震级为 7.2 级的地震动数据条目，如图 2.5-21 所示。点击该条目后，下方数据列表将罗列该网站内所有测站点记录的地震动数据。使用快捷键“CTRL＋F”搜索观测点编码“AKT013”找到所需地震动数据后，点击“Download all Channels Data”，即可完成下载。

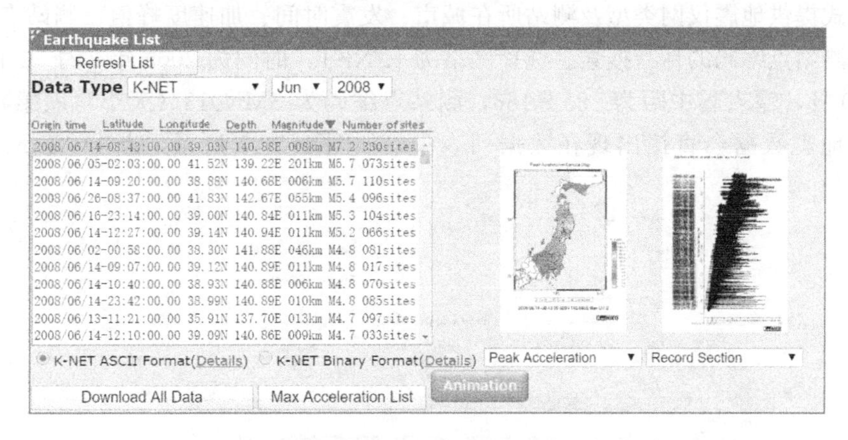

图 2.5-21　NIED 网站地震动数据下载方式示例 1

② “Data Download after Search for Earthquakes”

以由 K-NET 的 NIG023 观测点记录，发生于 2004 年 10 月 27 日，震级为 6.1 级、断层距为 45.53km 的一次地震为例，介绍如何查询和下载地震动数据。

该方式提供地震仪网类型及震源深度、震源经纬度、发震时间、震级、测站点编码、测站点数量的模糊搜索。选择网络为 K-NET，时间为 2004 年 10 月～2004 年 10 月，震级为 6.1～6.1，则可在地震列表中得到所需地震动记录，如图 2.5-22 所示。选中该条记录，使用快捷键“CTRL＋F”，搜索观测点“NIG023”找到所需地震动数据后，点击“Download all Channels Data”即可完成下载。

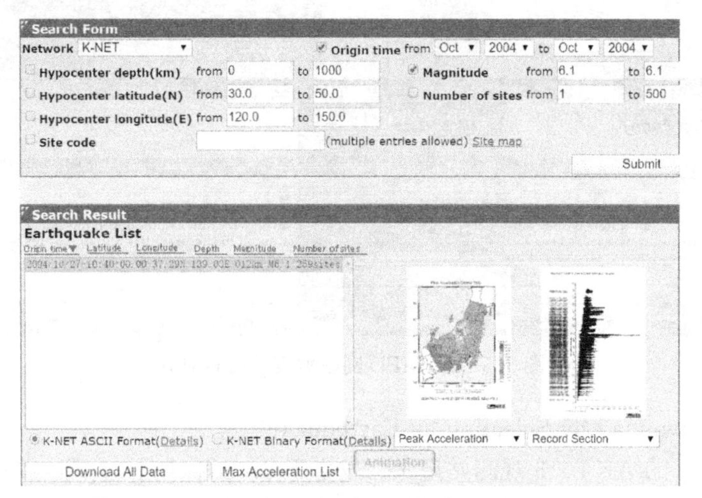

图 2.5-22　NIED 网站地震动数据下载方式示例 2

③“Data Download after Search for Data”

以由 K-NET 内 SMN013 观测点记录，发生于 2005 年 3 月 20 日，震级为 7.0 级、断层距为 185.27km 的一次地震为例，介绍如何查询和下载地震动数据，若观测点未知，可通过网址 http://www.kyoshin.bosai.go.jp/cgi-bin/kyoshin/db/sitecode_down.cgi?0+SITECODE+ASC+all 进行查询。

该方式提供地震仪网类型及测站所在城市、发震时间、加速度峰值、测站点经纬度、震中距、测站点编码的精密搜索。选择网络为 K-NET，时间为 2005 年 3 月 20 日～2005 年 3 月 20 日，输入震中距为 185～186，测站点编码为 SMN013（大小写敏感）进行搜索，所需地震数据会直接出现在数据列表中，如图 2.5-23 所示，点击“Download all

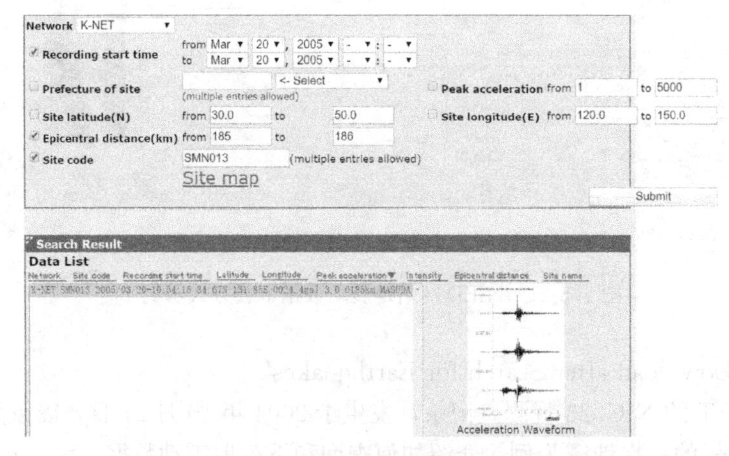

图 2.5-23　NIED 网站地震动数据下载方式示例 3

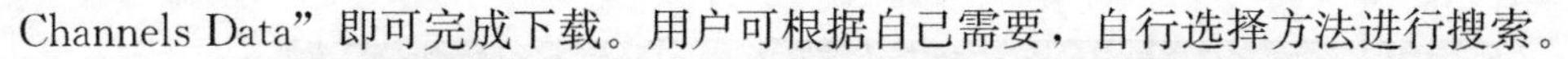

Channels Data”即可完成下载。用户可根据自己需要，自行选择方法进行搜索。

7. 伊朗 BHRC 网站

（1）BHRC 网站注册

首次使用伊朗强震波库，需在网址：https：//smd. bhrc. ac. ir/Portal/en 页面下方点击“Sign Up”进行注册。跳转页面后依次输入名、姓、研究题目、受教育程度、大学名称、职位、手机号码、电子邮箱地址、密码、密码确认，勾选“I agree”，点击“Sign up”即可完成注册。

（2）BHRC 网站地震动数据的查询与下载

返回 BHRC 网站首页并将页面拉至底部，点击“Search Waveforms”后可跳转至 BHRC 地震动数据搜索页面。以 1978 年 9 月 16 日发生于伊朗 Tabas、震级为 7. 41 级、测站点名称为 BIR 的地震为例，介绍如何查询和下载地震动数据。

限定地震发生时间为 1978/9/15～1978/9/17，点击“Search”后，下方将出现相关地震动数据列表，如图 2. 5-24 所示。“CTRL＋F”查找“BIR”，即可找到对应的地震动记录数据条目，勾选“Download”列下复选框，点击“Download”按钮，即可完成下载。需注意的是，如果不确定查询地震的震级标度（如里氏震级 ML、矩震级 MW、纳特里震级 MN、体波震级 Mb 和面波震级 MS），不建议输入震级范围。

Waveforms Search　Rectangle Search　Circle Search

Record No	From		To	
ML	From		To	
MW	From		To	
MN	From		To	
MS	From		To	
Mb	From		To	
Epicentral Distance	From		To	
Un. PGA(cm/s/s)	From		To	
Date	From	1978/9/15	To	1978/9/17
Station Name	Includes ▾			

Search

图 2. 5-24　BHRC 网站地震动数据查询

8. 新西兰 GeoNet 网站

进入新西兰地质灾害信息网站 https：//www. geonet. org. nz/，可以下载发生在新西兰的地震动数据。

如图 2. 5-25 所示，依次点击“Data”“Strong Motion Data Products”后，可在跳转页面内复制其提供的网页地址 ftp. geonet. org. nz/strong/processed 至浏览器地址栏。该 ftp 网址提供新西兰 1966 年至今的地震动数据，用户可自行按地震发生日期查找及下载数据。

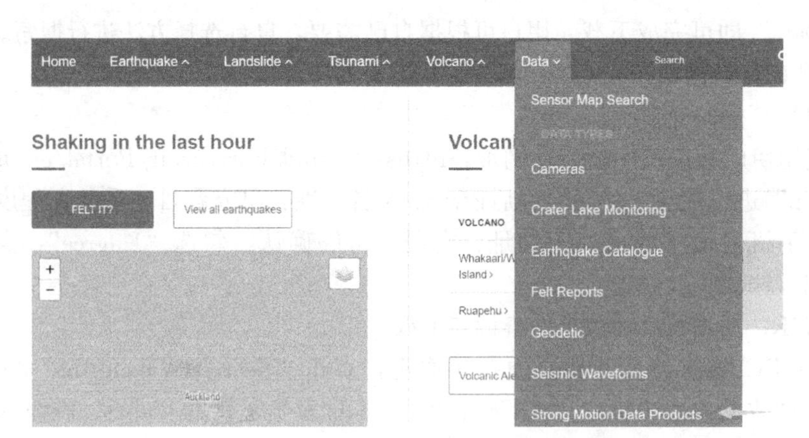

图 2.5-25　GeoNet 网站地震动数据下载

以 20090203 _ 091831 地震动为例，按顺序选择“2009”“02_Feb”“2009-02-03_091831”后，浏览器页面将如图 2.5-26 显示四个不同的文件夹：“Vol1”“Vol2”“Vol3”及“Vol4”。其中，Vol1 文件夹内的文件是预先写好的地震信息、测站点和记录数据，数据单位换为 mm/s/s。此记录已纠正了横轴效应及传感轴方向偏差。Vol2 文件夹内的文件是经过处理的数据，包含相应的数据校正及积分得到的速度、位移值。Vol3 文件夹内的文件是由阻尼值为 1%、2%、5%、10%及 20%的线性单自由度振子的峰值相应计算得到的相对加速度反应谱。相对速度及位移谱亦以此法得到。上述三个文件夹皆提供 ASCII 格式的数据文件。Vol4 文件夹为傅里叶振幅谱图。用户可根据需要下载所需文件。

/strong/processed/2009/02_Feb/2009-02-03

图 2.5-26　GeoNet 网站地震动数据文件

该网站的地震加速度谱文件扩展名分为 V1A 及 V2A 两种，前一种为未修正的数据，后一种为已修正的数据。反应谱文件扩展名为 V3A。文件命名方式及格式参阅 https://www.geonet.org.nz/data/supplementary/strong_motion_file_formats 中的说明。

9. 意大利 ITACA 网站[15]

该网站收录了由意大利紧急民政部维护的国家加速度计网、意大利国家地球物理与火山研究所维护的国家地震网及其他地区和国际网站的 1972～2019 年大于 3.0 级的地震数据（ITACA3.1）。

键入 http://itaca.mi.ingv.it/后，点击“Events”，即可进入搜索界面。若用户第一次使用该网页，可点击右上角位置的“Login or Register”，依次输入名、姓、电子邮箱、密码、确认密码等必填项及工作性质选项，即可完成注册。

以 2019 年 12 月 16 日发生在意大利南部、由 BNV 测站点记录的一次 3.8 级地震为例，介绍如何查询和下载地震动数据。

输入时间点击“Search”后，页面下方将出现对应数据条目（图 2. 5-27），双击相应条目后点击“Records”找到对应的 BNV 测站，点击“Go”下方对应的 ，在跳转界面选择“Download”、勾选“Processed data”下的“Acceleration”后，点击“Export”，即可完成相应数据压缩文件的下载。

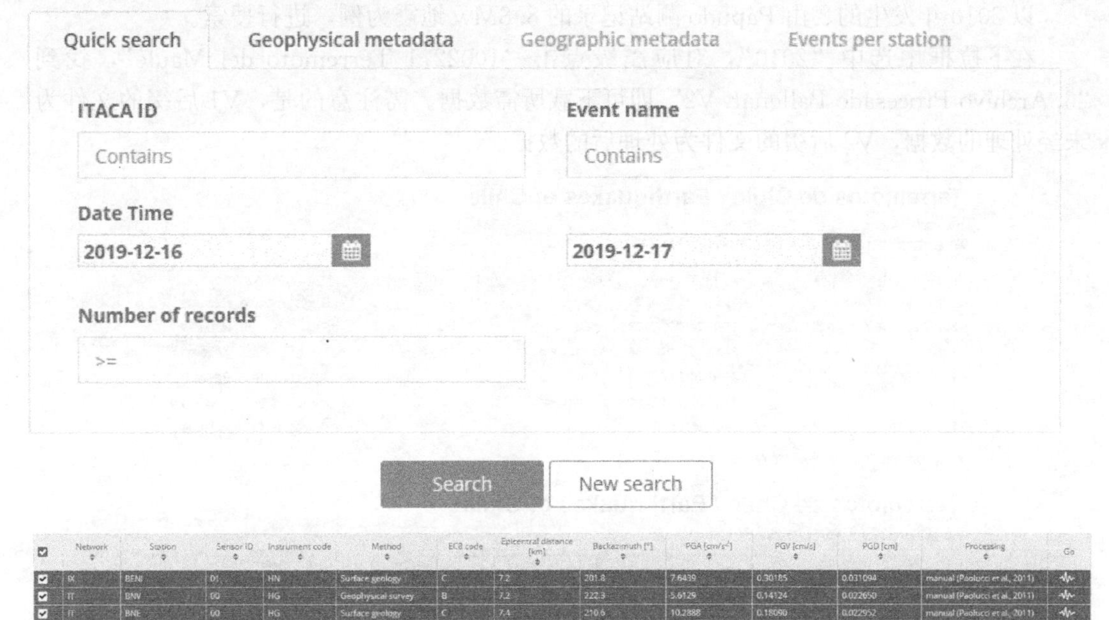

Network	Station	Sensor ID	Instrument code	Method	EC8 code	Epicentral distance [km]	Backazimuth [°]	PGA [cm/s²]	PGV [cm/s]	PGD [cm]	Processing	Go
IX	BENI	01	HN	Surface geology	C	7.2	201.8	7.6439	0.30185	0.031094	manual (Paolucci et al., 2011)	
IT	BNV	00	HG	Geophysical survey	B	7.2	222.3	5.6129	0.14124	0.022650	manual (Paolucci et al., 2011)	
IT	BNE	00	HG	Surface geology	C	7.4	210.6	10.2888	0.18090	0.022952	manual (Paolucci et al., 2011)	
IV	PAOL	00	HN	Surface geology	A	15.1	73.4	1.1662	0.04589	0.004551	manual (Paolucci et al., 2011)	
IV	VITU	00	HN	Surface geology	A	15.6	143.7	3.0154	0.07394	0.004865	manual (Paolucci et al., 2011)	
IT	AVL	00	HN	Surface geology	C	16.8	346.4				bad quality record	
IV	PSB1	00	HN	Surface geology	B	18.0	199.2	0.5465	0.03351	0.006501	manual (Paolucci et al., 2011)	
IV	MRB1	00	HN	Geophysical survey	B	20.0	253.1	1.5656	0.08160	0.010572	manual (Paolucci et al., 2011)	
IX	LGS3	01	HN	Surface geology	B	23.0	293.8	2.9646	0.16840	0.010201	manual (Paolucci et al., 2011)	
IT	TJS	00	HG	Surface geology	B	24.4	133.7	1.3051	0.03034	0.002916	manual (Paolucci et al., 2011)	

图 2. 5-27　ITACA 网站地震动数据查询

10. 意大利 ISMD 网

该网站为意大利国家地理及火山研究所维护的准实时地震数据网，主要收录 2012 年至今里氏震级超过 3. 0 级的、意大利地区的地震。

点击 http：//ismd. mi. ingv. it/waveforms. php，进入强震波形搜索页面。以 2020 年 10 月 5 日发生的、由 ORZI 测站记录的一次 3. 5 级地震为例进行搜索。

在“Search”栏输入“2020-10-05 ORZI”，即可看到相应日期、测站下的地震动数据记录（图 2. 5-28），点击“Acceleration”或所需数据即可进行下载。

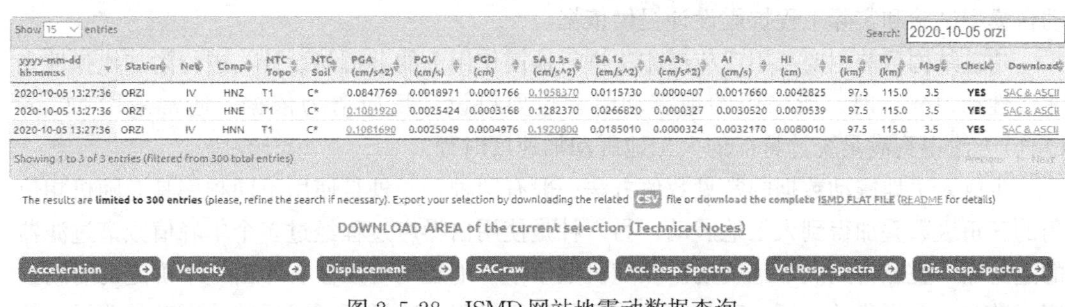

Show 15 entries　　Search: 2020-10-05 orzi

yyyy-mm-dd hh:mm:ss	Station	Net	Comp	NTC Topo	NTC Soil	PGA (cm/s^2)	PGV (cm/s)	PGD (cm)	SA 0.1s (cm/s^2)	SA 1s (cm/s^2)	SA 3s (cm/s^2)	AI (cm/s)	HI (cm)	RE (km)	RY (km)	Mag	Check	Download
2020-10-05 13:27:36	ORZI	IV	HNZ	T1	C*	0.0847769	0.0018971	0.0001766	0.1058370	0.0115730	0.0000407	0.0017660	0.0042825	97.5	115.0	3.5	YES	SAC & ASCII
2020-10-05 13:27:36	ORZI	IV	HNE	T1	C*	0.1081920	0.0025424	0.0003168	0.1282370	0.0266820	0.0000327	0.0030520	0.0070539	97.5	115.0	3.5	YES	SAC & ASCII
2020-10-05 13:27:36	ORZI	IV	HNN	T1	C*	0.1081690	0.0025049	0.0004976	0.1920800	0.0185010	0.0000324	0.0032170	0.0080010	97.5	115.0	3.5	YES	SAC & ASCII

Showing 1 to 3 of 3 entries (filtered from 300 total entries)

The results are **limited to 300 entries** (please, refine the search if necessary). Export your selection by downloading the related CSV file or download the complete ISMD FLAT FILE (README for details)

DOWNLOAD AREA of the current selection (Technical Notes)

Acceleration　Velocity　Displacement　SAC-raw　Acc. Resp. Spectra　Vel Resp. Spectra　Dis. Resp. Spectra

图 2. 5-28　ISMD 网站地震动数据查询

11. 智利大学土木工程学院及数理学院维护的地震动库

此网站包含智利当地 1994～2010 年的地震动数据（含 2010 年 2 月 27 日智利 8.8 级地震数据）。点击进入 http：//terremotos. ing. uchile. cl/后，选择下拉框内对应的年份即可进入相应的数据页面（图 2. 5-29）。

以 2010 年发生的、由 Papudo 测站记录的 8. 8Mw 地震为例，进行搜索。

在下拉框中选中“2010”，对应震级点击“1002271 Terremoto del Maule”，找到“6. Archivo Procesado Ballenar. V2”即可下载所需数据。需注意的是，V1 后缀的文件为未经处理的数据，V2 后缀的文件为处理后的数据。

Terremotos de Chile / Earthquakes of Chile

2010

Eventos durante el 2010 / Event of 2010

N°	Evento / Event	Fecha / Date	Magnitud / Mag	N° Registros/ N° Records	Opciones /Options
1	1001131	13-01-2010 00:52:23	5.3	2	Ver Registros /See Records
2	1002271 Terremoto del Maule	27-02-2010 03:24:08	8.8 Mw	48	Ver Registros /See Records
3	1002272	27-02-2010 04:00:38	No calculada	2	Ver Registros /See Records
4	1002273	27-02-2010 07:30:36	6.1	2	Ver Registros /See Records
5	1002274	27-02-2010 16:00:09	No calculada	2	Ver Registros /See Records
6	1002281	28-02-2010 08:25:34	6.6	2	Ver Registros /See Records

▶ Reporte del Terremoto del Maule Rev. 2 *(10,3 mb)*

Terremotos de Chile / Earthquakes of Chile

2010 1002271 Terremoto del Maule

N°	Estación/ Station	PGAH g	PGAV g	Opciones / Options
1	Archivo Base Copiapo.V1 *(300,5 kb)*	0.030	0.008	Bajar Registros / Download Records
2	Archivo Procesado Copiapo.V2 *(639,7 kb)*			Bajar Registros / Download Records
3	Archivo Base Vallenar.V1 *(296,3 kb)*	0.020	0.010	Bajar Registros / Download Records
4	Archivo Procesado Vallenar.V2 *(630,7 kb)*			Bajar Registros / Download Records
5	Archivo Base Papudo.V1 *(754,2 kb)*	0.421	0.155	Bajar Registros / Download Records
6	Archivo Procesado Papudo.V2 *(1,6 mb)*			Bajar Registros / Download Records

图 2. 5-29　智利地震动数据查询

2. 5. 2　人工地震动生成

虽然随着强震记录仪的出现，天然地震动的数据库越来越丰富，但是仍然不能完全体现各类地质条件下可能发生的地震动特点。采用人工生成地震动的方法，可以较好地模拟预先设定的特定场地条件，得到基于概率的地震动作用，为地震工程的基本理论研究、振动台模型试验和实际工程抗震设计提供依据。

建筑结构目前主要采用反应谱方法进行地震作用下的分析与设计，进行附加线弹性和非线性动力分析时，所采用的地震动时程也要以设计反应谱为依据，通常采用 Monte Carlo 方法得到满足统计特征的人工地震动加速度时程。

生成人工地震动数据的常见数值方法一般有两种：一种是使用不同频率具有随机相位角的三角级数叠加得到人工地震动；另一种是使用白噪声过程经过多个单峰值频谱过滤器的过滤噪声叠加得到人工地震动。在随机数学中，地震动可以被看作由一个确定的时间强度函数和一个平稳的高斯过程相乘的非平稳随机过程，这样既可以反映地震动的非平稳特性，又可以应用平稳过程的相关理论方法。

关于地震动的功率谱，曾有不少研究成果。频率域上的形状可作为常功率谱的白噪声过程，包括单峰过滤和多峰过滤的白噪声过程是对白噪声的有益发展；功率谱值可由已有地震记录经统计得到，也可由预测地震的震源参数推算，从规范反应谱出发可以得到其功率谱，进而合成人工地震动。实践中多依据 Kaul 所给出的加速度反应谱与功率谱之间的近似关系式，折算出相应的功率谱，并进一步合成人工地震动。

SAUSG 软件基于现行国家标准的加速度反应谱作为目标谱，计算对应功率谱，进而合成人工地震动，并对生成的人工地震动计算反应谱，与目标反应谱对比误差并进行反复迭代，生成最终的人工地震动时程数据，如图 2.5-30 所示。

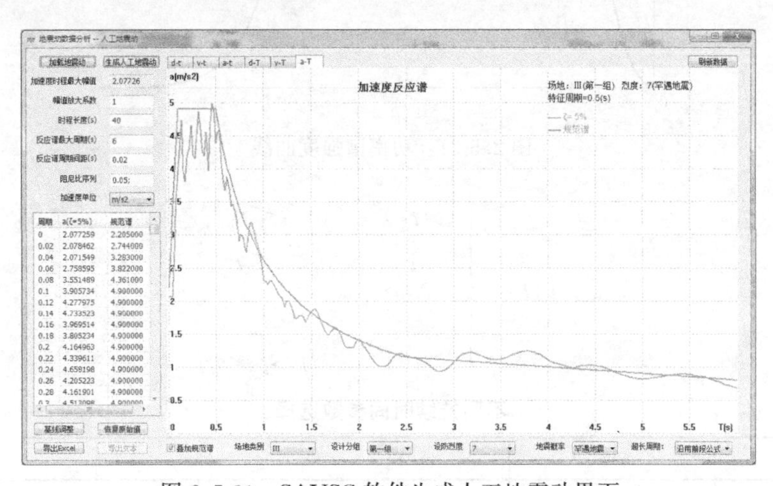

图 2.5-30　SAUSG 软件生成人工地震动界面

1. 由标准反应谱推算功率谱

将地震动看作平稳随机过程时，弹性加速度反应谱就是各周期点所对应的单自由度弹性体系加速度随机过程响应的最大值连线，在某一概率水准上经平滑化得到的曲线。地震动的功率谱，是其自相关函数的傅里叶变换。对于同一个随机过程，作为输出的反应谱曲线和作为输入的地面加速度过程的功率谱之间，存在如下式所示对应关系：

$$S_x(\omega)=\frac{\zeta}{\pi\omega}S_a^2(\omega)\bigg/\left\{-\ln\left[\frac{-\pi}{\omega T}(1-P)\right]\right\} \tag{2.5-2}$$

式中　P——反应谱的概率水平，使生成的人工地震动反应谱平均值与目标谱相一致。

式（2.5-2）为近似计算公式，但由其产生的人工地震动所对应反应谱与目标谱拟合一般可以满足要求。作为平稳随机过程，理论上地震动时程曲线的持续时间应为无限，在应用这一方法得到功率谱并生成人工地震动时，其平稳段与计算的结构周期相比要足够长。

由功率谱产生人工地震动如下式所示：

$$\ddot{x}_{\mathrm{a}}(t)=f(t)\cdot\ddot{x}_0(t) \tag{2.5-3}$$

其中：

$$\ddot{x}_0(t)=\sum_{k=1}^{N}A(\omega_k)\sin(\omega_k t+\varphi_k) \tag{2.5-4}$$

式中　φ_k——随机相位角；

ω_k——圆频率；

$A(\omega_k)$——振幅，$A^2(\omega_k)=4S_x(\omega_k)\Delta\omega$；

N——计算的反应谱或功率谱所在的频率域中频率的分隔点数，N 越大则精度越高；

$\ddot{x}_0(t)$——平稳高斯过程，其功率谱为 $S_x(\omega)$；

$f(t)$——确定时间函数，如图 2.5-31 和式（2.5-5）所示，相关参数见表 2.5-1。

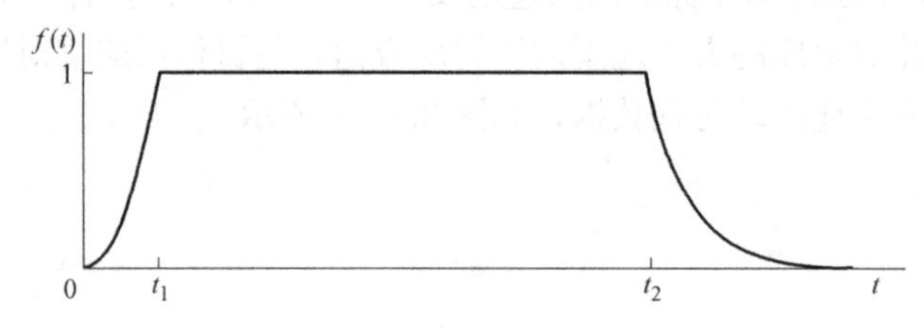

图 2.5-31　功率谱强度曲线

$$f(t)=\begin{cases}(t/t_1)^2 & 0\leqslant t<t_1\\ 1 & t_1\leqslant t\leqslant t_2\\ e^{-c(t-t_2)} & t\leqslant t_3\\ 0 & t>t_3\end{cases} \tag{2.5-5}$$

不同持续时间参数选择　　**表 2.5-1**

持续时间	5s	10s	20s	30s
t_1	0.5	1	2	3
t_2	4	7	16	25
c	1.5	1.15	0.8	0.64

迭代参数包括：容差可取 5%～10%，保证率 P 可取 0.9，衰减段参数 c 可取 0.64，默认持续时间可取 30s。计算加速度、速度和位移反应谱所需单自由度体系动力分析，可采用 Newmark 方法计算得到。

2. 基线调整

生成人工地震动或者对地震动进行截断时，需要在地震动的开始和结束时刻保证速度及位移均为零，可采用基线调整方法修正地震动数据满足上述条件（图 2.5-32）。在基线调整中，可以假定地震动是一系列的脉冲荷载叠加，调整开始阶段的加速度，来修正结束时间的速度和位移，同时保留原始地震动的频率特性以及地震动的峰值加速度，可采用加速度校正系数进行校正。

使用上述过程生成的人工地震动对应反应谱与目标谱一般只能做到近似，为了提高拟合精度，需进行迭代调整，将所求出的加速度反应谱 $S_{\mathrm{ac}}(\omega)$ 与标准反应谱 $S_{\mathrm{a}}(\omega)$ 进行比较，再按式（2.5-6）对原功率谱进行修正：

$$S'_x(\omega)=S_x(\omega)\left[\frac{S_{\mathrm{a}}(\omega)}{S_{\mathrm{ac}}(\omega)}\right]^2 \tag{2.5-6}$$

当反应谱 T 坐标较小时（例如在 5s 以内），修正效果一般较好；但对于Ⅳ类场地土

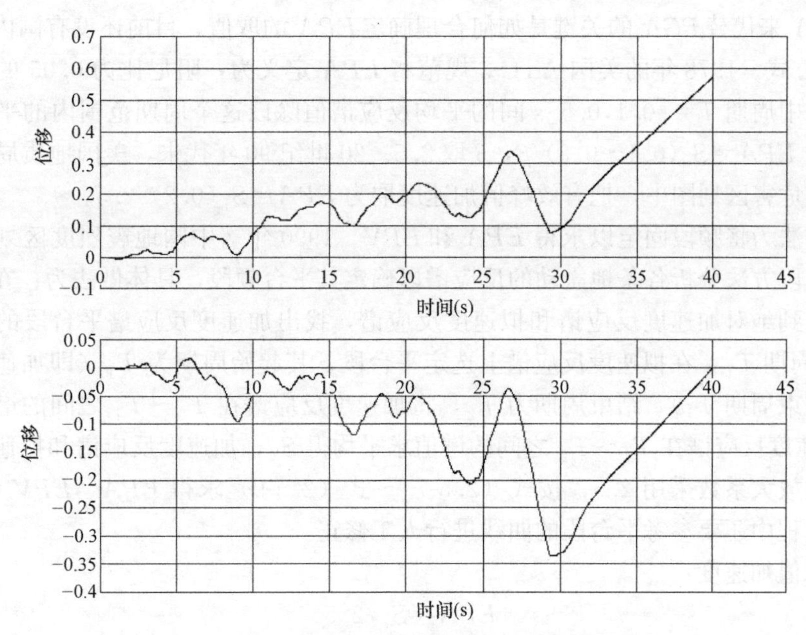

图 2.5-32　初始位移曲线和基线调整位移曲线

等较长的区段，迭代次数增加对拟合效果影响不大，如图 2.5-33 所示，原因是我国标准所规定的反应谱长周期段人为提高安全度，进行了人为抬高所致。

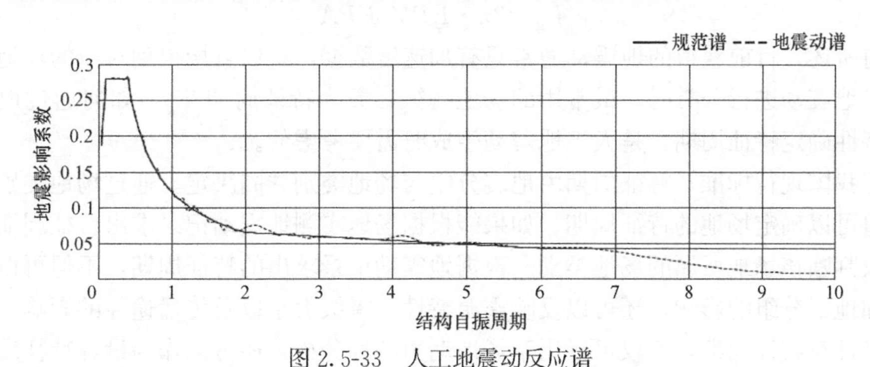

图 2.5-33　人工地震动反应谱

2.5.3　地震动调幅

动力时程分析时，需对地震动进行调幅，常用的调幅方法有按最大峰值加速度 *PGA* 进行调幅或按有效峰值加速度 *EPA* 进行调幅。

PGA 通常是指地震动加速度时程中的最大值，实测地震动的 *PGA* 一般由个别区段的尖峰决定，不能反映频谱等其他信号特性。国内外学者的研究表明，加速度时程中个别脉冲尖峰对反应谱的影响并不显著，若人为截取地震动的少量尖峰，虽然 *PGA* 降低较多，但对加速度反应谱的影响较小。理论上，极高频地震动在传播过程中会迅速衰减，建筑物的基础也会过滤掉一些极高频波。同时结构的自振频率与极高频率相差较远，激励频率与自振频率相差越多，引起建筑结构的共振响应也会衰减越多。因此一般认为 *PGA* 并非反映地震作用特征的理想参数，并提出了用 *EPA* 来代替 *PGA* 的方法。

用 EPA 来代替 PGA 的关键是如何合理确定 EPA 的取值，目前还没有国内外公认的 EPA 定义方式。1978 年的美国 ATC-3 规范将 EPA 定义为：阻尼比为 0.05 的地震动加速度反应谱中周期 $T=[0.1,0.5]$s 间的平均反应谱值除以这个周期范围内的平均动力放大系数，即 $EPA=S_a(0.1\sim0.5)/\beta$，$\beta$ 取 2.5。20 世纪 90 年代末，美国地质局（USGS）的全国地震危害区划图中，把有效峰值加速度取为 $EPA=S_a(0.2)/2.5$。

上述方法为将频段固定以求得 EPA 和 EPV。1990 年《中国地震烈度区划图》采用了不固定频段方法分析各条地震动的反应谱以确定其平台频段，具体做法为：在对数坐标系中同时得到绝对加速度反应谱和拟速度反应谱，找出加速度反应谱平台段的起始周期 T_0 和结束周期 T_1，在拟速度反应谱上选定平台段，其起始周期为 T_1（即加速度反应谱平台段的结束周期 T_1），结束周期为 T_2，将加速度反应谱在 $T_0\sim T_1$ 之间的谱值求平均得 S_a，拟速度反应谱在 $T_1\sim T_2$ 之间的谱值求平均得 S_v，加速度反应谱和拟速度反应谱在平台段的放大系数采用 2.5，按式（2.5-7）～式（2.5-9）求得 EPA、EPV 和 T_g，在实际操作过程中还要参考平台段的曲线进行人工修正。

有效峰值加速度：

$$EPA=S_a/2.5 \tag{2.5-7}$$

有效峰值速度：

$$EPV=S_v/2.5 \tag{2.5-8}$$

特征周期：

$$T_g=2\pi\cdot EPV/EPA \tag{2.5-9}$$

如前所述，目前获得的地震动通常只有加速度数据，难以直接得到对应的场地特征情况。在对地震动进行分类时，最常用的场地特征参数为特征周期 T_g，如何通过地震动数据的谱特性确定特征周期，是人工地震动生成时需要考虑的。

根据我国现行标准，特征周期由地震分组与场地类别共同决定，通过场地类别和设计地震分组可以确定场地的特征周期。如果能根据场地实测地震动记录求出特征周期，则可由此大致判断该场地所属的场地类别。根据地震动记录求出的特征周期，不但可以反映场地类别和地震分组的影响，还可以反映震源特性、震级大小以及传播途径的影响。根据地震动记录计算特征周期，不仅可以用于场地动力特性分析，还可以作为设计特征周期指导抗震设计。

我国现行标准中定义的特征周期与通过地震动记录计算的特征周期在概念上一致，均为反应谱平台下降段的起始周期，不同之处在于前者是基于大量的强震观测记录分析基础上得到反应谱（水平地震作用影响系数曲线）的下降段起始周期，具有一定的概率保证（50 年超越概率为 10%），而后者通过单个地震动记录的计算得到，不具备概率保证。

目前常用的有 3 种计算特征周期的方法[12]：

（1）如果认为由场址反应分析得到的场地地面震动主峰波形可用正弦函数表示，则它的周期为：

$$T_g=2\pi V_{max}/A_{max} \tag{2.5-10}$$

式中 V_{max}——与主峰波相应的地面最大速度；

A_{max}——与主峰波形相应的地面最大加速度。

（2）用速度反应谱最大值和加速度反应谱最大值来确定：

$$T_{g}=\frac{2\pi S_{v}}{S_{d}} \tag{2.5-11}$$

式中　S_v——速度反应谱最大值；

S_d——加速度反应谱最大值。

（3）在我国现行标准中隐含规定了规范设计谱的最大值为 $\beta=2.25$，因此对于给定场地的反应谱曲线，可以按与该值对应的最大周期确定。

2.5.4　地震动选取原则

地震动是由震源释放出来的能量引起的地表附近土层振动，可以表示成地面质点的加速度、速度或位移的时间函数，该函数主要特点是其不规则性、随机性和复杂性。建筑结构的地震响应随地震动的不同差异较大，有时可能高达几倍甚至十几倍。影响建筑结构响应的因素较多，如何选择合适的地震动及其参数十分重要。

早期由于强震记录数据不足，建筑结构抗震理论研究的深度不够，按照线弹性静力方法进行抗震设计，只考虑加速度或速度峰值以及反应谱参数，没有考虑地震动持续时间对结构地震反应的影响，也不能全面反映震级、震中距和场地条件等的影响。

随着抗震设计理论和计算能力的发展以及强震记录的逐渐丰富，包括性能化设计方法逐渐被各国标准采用，促进了地震动的相关研究和抗震设计方法的进步，如何根据振幅、频谱和持续时间三因素选取地震动将直接影响建筑结构的设计结果。

（1）地震动的幅值

地震动幅值可以是加速度、速度、位移的峰值。一般根据不同烈度的峰值加速度或地震影响系数给出。幅值大小直接体现了惯性力作用和引起结构变形的大小，是衡量地震对结构作用大小的尺度。在多遇地震、设防地震、罕遇地震作用下对结构进行时程分析时，要调整加速度峰值，使选出的地震记录的最大加速度与地震烈度的最大加速度统计结果相符。

（2）地震动的频谱特性

历史震害表明，在同一地区的不同建筑物遭受震害程度差异很大，说明不同频谱组成的地震动，对不同自振周期的结构物，在不同的条件场地土和震中距条件下，会产生震害程度的差异。

地震动频谱包含了地震动中不同振幅与频率成分构成，是地震动在频域中的特征参数，地震动的频谱特性可用功率谱、反应谱和傅立叶谱表示。

功率谱密度函数是频域中描述随机过程特性的物理量，可以定义为地震动过程的傅立叶幅值谱的平方值。强震记录表明：震级越大、震中距越远，地震动的低频分量越显著，软土地基上地震动的卓越周期显著，而硬土地基上的地震动记录则包含多种频率成分；傅立叶谱包含傅立叶幅值谱和傅立叶相位谱，分别从两个不同的角度描述了一个地震动过程的频谱特征，因此利用傅立叶谱可以从时间过程求得频率分量，并可以完成时域和频域的变换；而反应谱是结构的最大动力反应，不能反映结构的具体特性，可以反映地震动的频谱特征，在设计中具有重要工程意义。

（3）地震动的持时

强震的持时对建筑结构响应有重要影响。例如 1985 年墨西哥大地震，烈度不是特别强，但是持续时间较长，造成了非常大的地震灾害。当进入非线性阶段后，建筑结构的损伤破坏逐步累积，并随持续的结构微观破坏而发展，因此建筑结构的非线性分析需要考虑地震动持时这一重要影响因素。

（4）地震动的方向

一般采用三个方向的平动加速度数据来表征地震动。对于建筑结构的线性系统，可以分别计算结构各个方向分量的响应，采用叠加原理可得到结构的响应。对于建筑结构的非线性系统，由于叠加原理不能成立，需要考虑各个方向分量同时作用以确定结构的响应。我国现行标准规定地震动的主方向、次方向和竖向的峰值加速度比例为 1：0.85：0.65。

（5）地震动的位移谱

地震动的反应谱比较常用的是加速度谱，在实际应用中速度谱和位移谱也具有较好的参考意义。图 2.5-34 为地震动三相谱示意，分别表示加速度段、速度段和位移段的影响，对于长周期的结构位移段影响较显著，选择地震动进行动力时程分析时可参考位移谱因素。

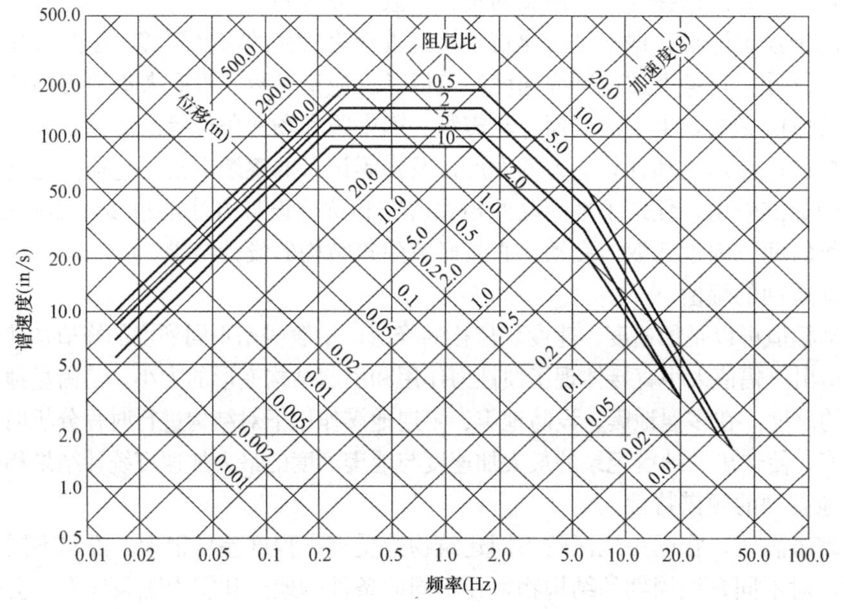

图 2.5-34　地震动反应谱示意图

图 2.5-35 和图 2.5-36 为某人工地震动的加速度谱和位移谱与规范反应谱的对比情况；图 2.5-37 和图 2.5-38 为某天然地震动的加速度谱和位移谱与规范反应谱的对比情况。人工地震动是拟合规范反应谱生成的曲线，所以人工地震动在长周期部分相对天然地震动更接近规范反应谱。

从位移谱角度可以看出，人工地震动和规范位移谱在长周期段是持续增加的，但是天然地震动的位移谱会在长周期段有明显的下降趋势。需要特别注意的是，天然地震动的位移谱在某些周期点达到峰值后存在下降的情况，可以利用这一现象预判建筑结构罕遇地震非线性分析位移响应结果。

罕遇地震非线性分析时，结构的最大位移响应与地震动位移谱形状存在一定的相关性，随着结构的非线性发展，结构刚度减小、周期增大，此时结构的位移响应不一定继续增大，而可能根据位移谱体现出的变化规律出现减小的可能。建筑结构在某些天然地震动的作用下，罕遇地震作用下的非线性位移响应可能会小于弹性位移响应。

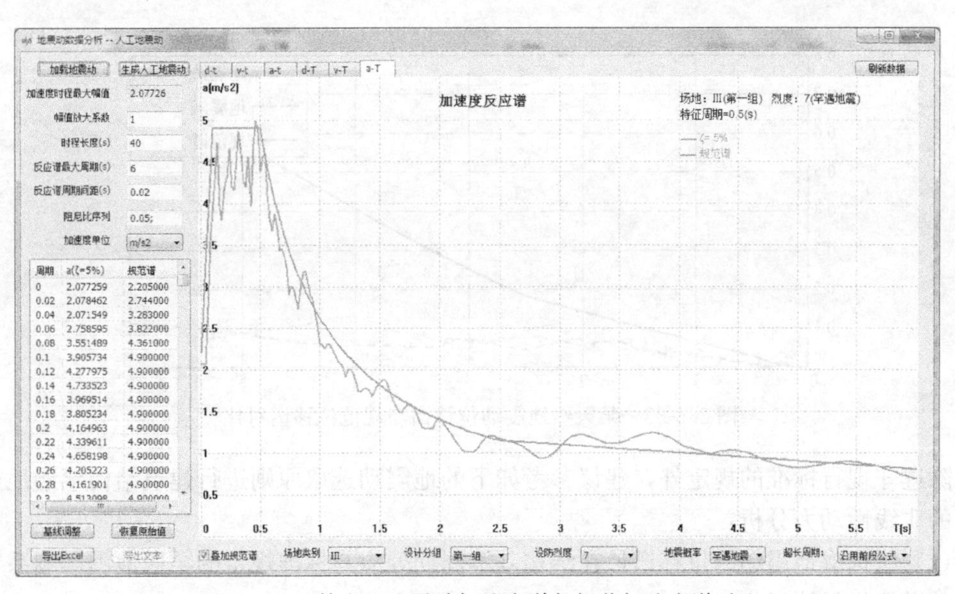

图 2.5-35　某人工地震动加速度谱与规范加速度谱对比

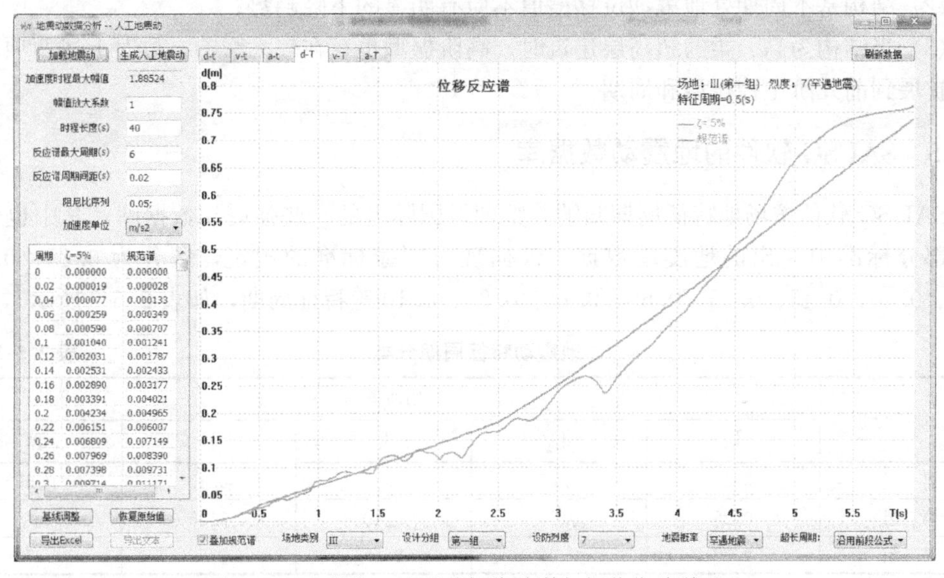

图 2.5-36　某人工地震动加位移谱与规范位移谱对比

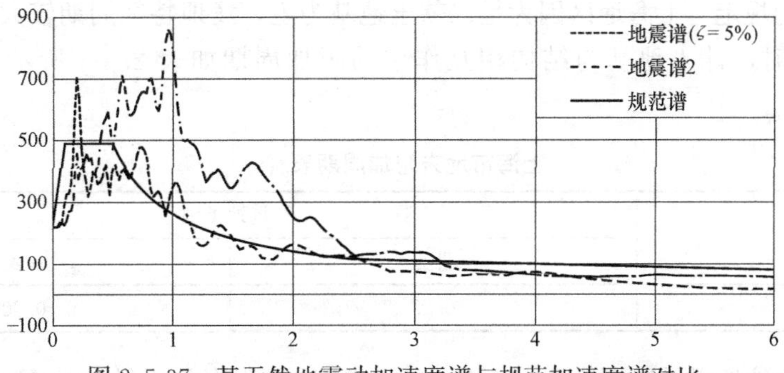

图 2.5-37　某天然地震动加速度谱与规范加速度谱对比

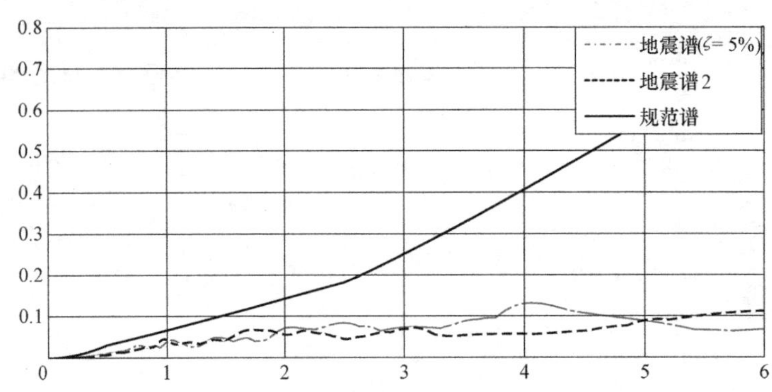

图 2.5-38　某天然地震动位移谱与规范位移谱对比

除遵守现行标准的规定外，建议参考如下的地震动选取原则进行建筑结构罕遇地震作用下的非线性动力分析：

（1）所选取地震动的位移谱值在结构基本周期处应与标准规定的罕遇地震影响系数曲线位移谱值尽量接近；

（2）结构基本周期处地震动位移谱值不应有明显的下降趋势；

（3）当结构为高、柔的超高层建筑时，高阶振型也存在较大影响，可对上述两项原则进行扩展到前几阶主控振型和周期。

2.5.5　SAUSG 软件的地震动数据库

SAUSG 软件按场地特征周期归纳并整理了国际上的一些强震动数据库，其中也包含我国部分标准中给出的地震动数据，根据现行国家标准的规定，区分为 0.25、0.30、0.35、0.40、0.45、0.55、0.65、0.75、0.90、1.10 等特征周期，如表 2.5-2 所示。

地震动特征周期分类　　　　**表 2.5-2**

设计地震分组	场地类别				
	I_0	I_1	Ⅱ	Ⅲ	Ⅳ
第一组	0.20	0.25	0.35	0.45	0.65
第二组	0.25	0.30	0.40	0.55	0.75
第三组	0.30	0.35	0.45	0.65	0.90

SAUSG 软件地震动数据库中包含上海市工程建设规范《建筑抗震设计规程》DGJ 08—9—2013 的规定。上海地区因为是以软土地基为主，场地特征周期较大，对于 8 度场地Ⅲ类和Ⅳ类时，计入地基与结构相互作用的附加周期如表 2.5-3 所示，地震波库如图 2.5-39 所示。

上海市地方附加周期表（s）　　　　**表 2.5-3**

烈度	场地类别	
	Ⅲ类	Ⅳ类
8	0.08	0.20

SAUSG 软件地震动数据库中包含广东省《建筑工程混凝土结构抗震性能设计规程》

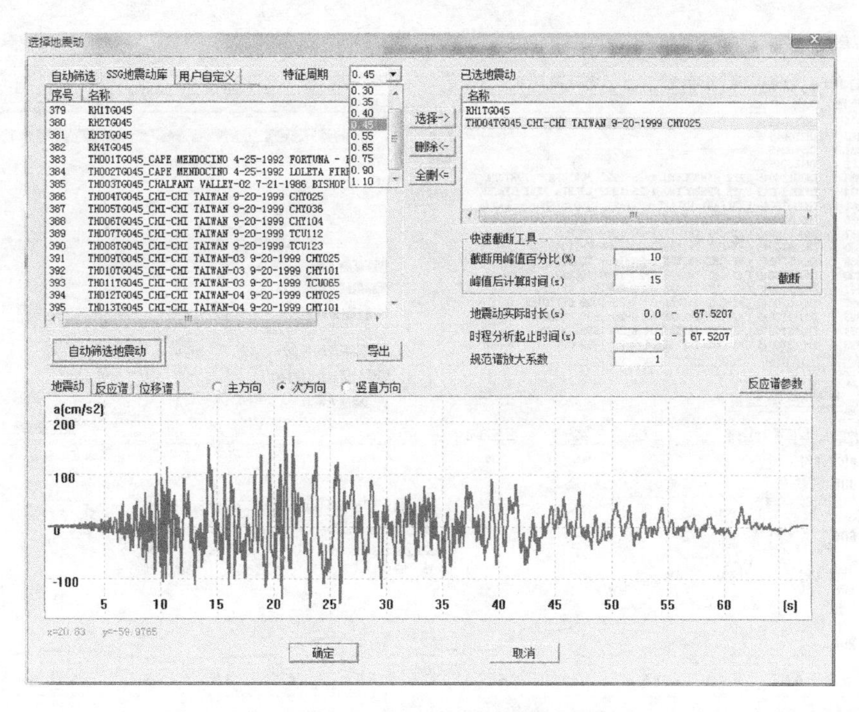

图 2.5-39　SAUSG 软件地震动数据库

DBJ/T 15—151—2019 的规定，其特征周期增加了 1.10s 分类，如表 2.5-4 所示。

广东省地方规程设计特征周期 T_g 值（s）　　　　**表 2.5-4**

场地类别设计地震分组	I_0	I_1	Ⅱ	Ⅲ	Ⅳ
第一组	0.20	0.25	0.35	0.45	0.65
第二组	0.25	0.35	0.50	0.65	0.85
第三组	0.30	0.50	0.70	0.90	1.10

SAUSG 软件地震动数据库，给出了地震动的加速度反应谱和位移反应谱如图 2.5-40 和图 2.5-41 所示，可以看出在结构主要周期点上地震动与规范反应谱的差异。

若根据标准规定，需要延长或截断地震动数据，调整地震动起止时间，则将重新实时计算和更新反应谱。地震动有效持续时间通常不小于建筑结构基本自振周期的 5 倍和 15s，分析时时间步长一般可取 0.005s，中间数值进行插值计算。

SAUSG 软件提供了根据频谱特征自动选取地震动功能，如图 2.5-42 所示。从地震动数据库中选取一定数量的候选地震动，选取时可区分小震、中震和大震，大震时特征周期 T_g 需增加 0.05s，软件将自动修改规范反应谱曲线。软件默认按照将当前所计算结构的前三阶自振周期为基准，判断结构主要振型周期点反应谱值与规范谱反应谱误差限值。单个地震动基底剪力与 CQC 基底剪力误差默认取为 35%，多个地震动平均值默认取为 20%。隔震结构设计时，涉及隔震和非隔震的双模型地震动选取问题，SAUSG 软件提供了同时考虑隔震模型与非隔震模型的地震动自动选取功能。

选取地震动还可以参考位移谱和傅里叶谱。对于软弱地基上的建筑，比较高的结构位

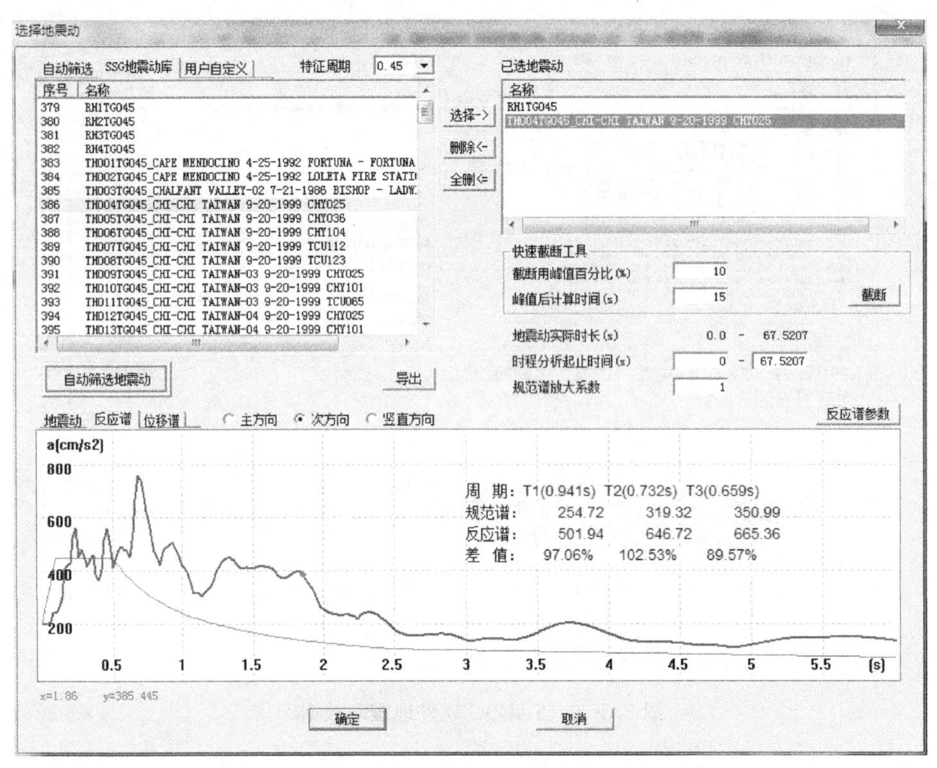

图 2.5-40 SAUSG 软件地震动加速度反应谱

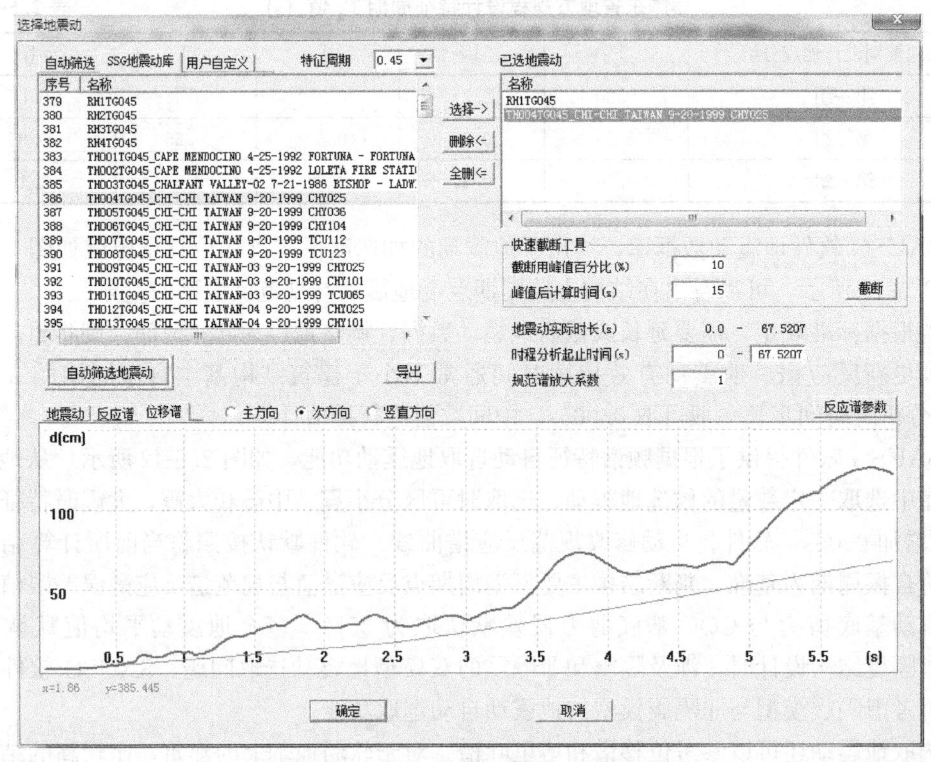

图 2.5-41 SAUSG 软件地震动位移反应谱

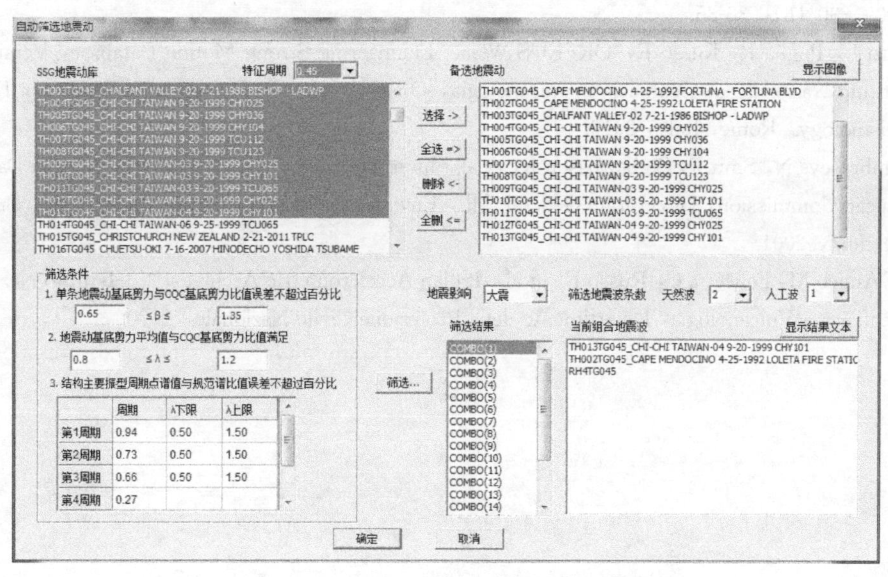

图 2.5-42　SAUSG 软件地震动自动选取参数

于反应谱的长周期段，位移谱的影响比较明显。傅里叶谱可以体现不同相位的影响，相对反应谱能够提供附加的频率敏感信息，可以用于高频影响比较显著结构的地震动选取。

参 考 文 献

[1] 中华人民共和国住房和城乡建设部. 混凝土结构设计规范：GB 50010—2010 [S]. 北京：中国建筑工业出版社，2010.

[2] 钱稼茹，等. 普通箍筋约束混凝土柱的中心受压性能 [J]. 清华大学学报，2002，42 (10)：1369-1373.

[3] 韩林海. 钢管混凝土结构-理论与实践 [M]. 北京：科学出版社，2007.

[4] Lubliner J，Oliver J，Oller S，Oñate E. A plastic-damage model for concrete [J]. International Journal of Solids and Structures，1989，25 (3)：299-326.

[5] Lee J，Fenves G L. Plastic-damage model for cyclic loading of concrete structures [J]. ASCE Journal of Engineering Mechanics，1998，124 (8)：892-900.

[6] 须寅，龙驭球，等. 引入泡状位移含旋转自由度的广义协调三角形膜元 [J]. 工程力学，2000，17 (3)：1-9.

[7] 岑松，龙志飞，等. 对转角场和剪应变场进行合理插值的厚板元 [J]. 工程力学，1998，15 (3)：1-14.

[8] Belytschko T，Bachrach W E. Efficient implementation of quadrilaterals with high coarse-mesh accuracy [J]. *Applied methods in applied mechanics & engineering*，*1986*，54 (3)：*279-301*.

[9] 胡聿贤. 地震安全性评估技术教程 [M]. 北京：地震出版社，1999，4：15-22.

[10] 王亚勇. 结构抗震设计时程分析法中地震波的选择 [J]. 工程抗震，1988 (4)：17-24.

[11] 杨志勇，肖丽，黄吉锋，等. 建筑结构罕遇地震响应与地震动位移谱关系研究 [J]. 地震工程与工程振动，2010，30 (5)：29-36.

[12] 陈鹏，刘文峰，付兴潘. 关于场地卓越周期和特征周期的若干讨论 [J]. 青岛理工大学学报，

2009，30 (6)：30-35.

[13] Luzi L，Puglia R，Russo E，ORFEUS WG5. Engineering Strong Motion Database，Version 1. 0. Istituto Nazionale di Geofisica e Vulcanologia，Observatories & Research Facilities for European Seismology. Rome，Italy，2016.

[14] Ambraseys N，Smit P，Sigbjörnsson R，et al. Internet-Site for European Strong-Motion Data. European Commission，Directorate-General Ⅻ，Environmental and Climate Programme，Bruxelles，Belgium，2001.

[15] D'Amico M，Felicetta C，Russo E，et al. Italian Accelerometric Archive v 3. 1-Istituto Nazionale di Geofisica e Vulcanologia，Dipartimento della Protezione Civile Nazionale，2020.

第3章 基于非线性分析的钢筋混凝土结构设计优化

由于基本设计理论、计算方法与工程实践的局限，目前阶段钢筋混凝土结构仍然主要基于线弹性假定得到结构内力，并采用极限承载力方法进行钢筋混凝土构件设计。在设防地震、罕遇地震作用下，钢筋混凝土结构具有较为强烈的非线性特性，所以进一步提高设计结果的安全水准和实现优化设计存在较大空间。

非线性分析技术的进步将明确推动和显著提高钢筋混凝土结构的设计水平。目前阶段，实现钢筋混凝土结构基于非线性分析的直接分析设计方法尚待基础理论研究、软件研发、工程实践与标准等方面的系统性进步，但随着近年来非线性分析技术的快速发展和工程应用经验的增加，实现基于非线性分析的钢筋混凝土结构设计优化将为更深入的技术进步奠定基础。

3.1 钢筋混凝土结构设计问题

本节结合 SAUSG 软件在基于非线性分析的钢筋混凝土结构设计优化研究、软件实现和工程应用，介绍基于非线性分析的连梁刚度折减系数计算方法、框架-剪力墙结构内力调整方法及钢筋混凝土结构抗震性能设计的优化改进。

3.1.1 钢筋混凝土连梁设计

高层混凝土结构中连梁是主要的耗能构件，在设防地震或罕遇地震作用下允许连梁出现损伤，通过连梁耗能保护剪力墙墙肢以提高结构的抗震性能，可以实现多道抗震设防体系。《建筑抗震设计规范》GB 50011—2010[1] 规定：抗震墙地震内力计算时，连梁的刚度可折减，折减系数不宜小于 0.5。

规范只给出了连梁刚度折减系数的下限规定，未明确结构设计时连梁刚度具体的折减方法，工程实践中往往通过人为给定全楼统一的连梁刚度折减系数[2] 进行计算，如图 3.1-1 所示，这种做法并未考虑不同楼层、不同位置连梁的受力状态不同以及构件之间的损伤差别。

基于非线性分析的研究结果表明，混凝土结构不同楼层和不同位置的连梁损伤程度差异较大，如图 3.1-2 所示，经常出现同一楼层中有些部位的连梁损伤破坏严重，而有些部位的连梁仍然保持基本弹性状态。若采用全楼统一的连梁刚度折减系数，则将导致连梁及相邻构件内力与实际受力状态明显不符，影响混凝土结构的安全性与经济性。

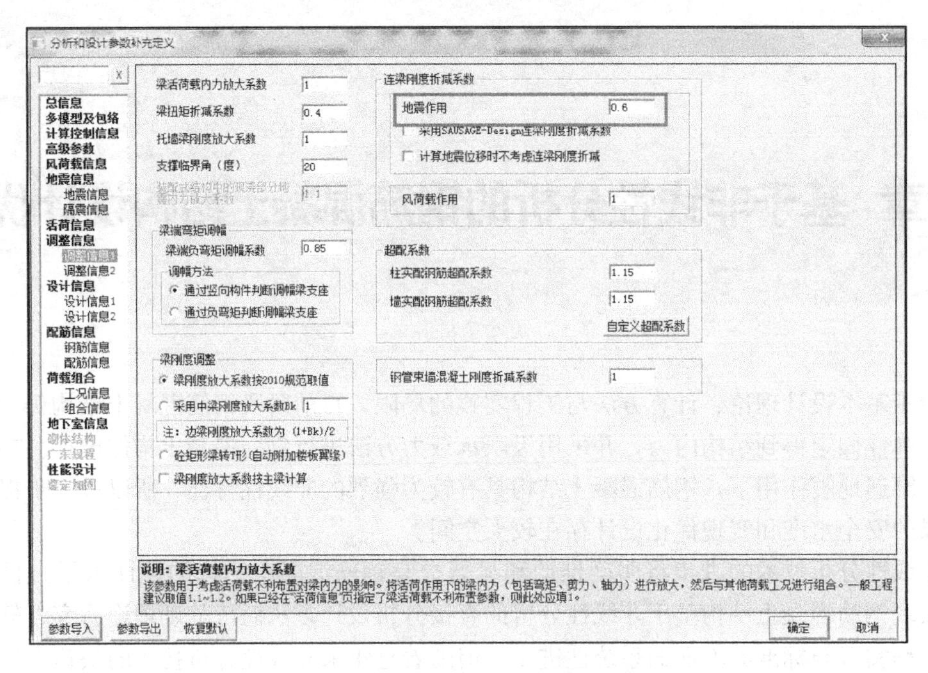

图 3.1-1　全楼统一设置连梁刚度折减系数

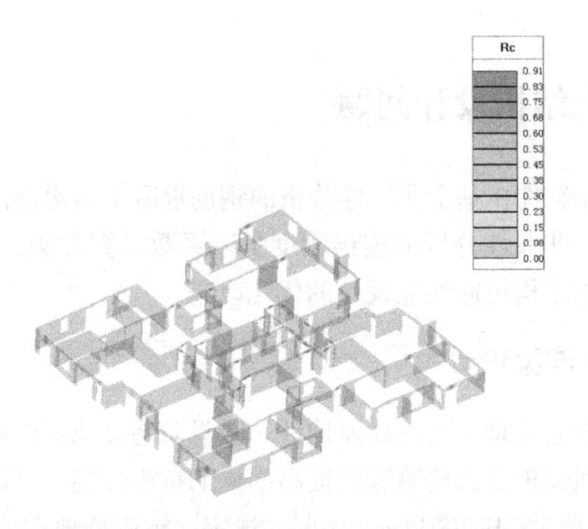

图 3.1-2　同一楼层不同位置连梁受压损伤差异

3.1.2　框架-剪力墙结构二道防线调整

框架-剪力墙结构按照多道防线的概念设计要求，剪力墙作为第一道防线，在设防地震、罕遇地震作用下首先损伤或破坏，由于塑性内力重分布，框架部分承担的剪力比例会相对多遇地震作用下有所增加，为保证框架部分作为第二道防线的抗侧力能力，基于多遇地震作用下内力计算结果进行设计时，需要对框架-剪力墙结构框架部分承担的剪力予以调整。《建筑抗震设计规范》GB 50011—2010 规定：侧向刚度沿竖向分布基本均匀的框架-剪力墙结构和框架-核心筒结构，任一层框架部分承担的剪力值，不应小于结构底部总地震剪力的20%和按框架-抗震墙结构、框架-核心筒结构计算的框架部分各楼层地震剪力中最大值1.5倍两者的较小值。

框架-剪力墙结构平面、立面较复杂时，按照规范方法计算得到的二道防线调整系数难以适用，经常出现调整系数明显不合理，导致框架柱难以设计。《高层建筑混凝土技术规程》JGJ 3—2010[3] 第8.1.4条的条文说明中也指出：对框架柱数量沿竖向变化等更复杂的情况，设计时应专门研究框架柱剪力的调整方法。

3.1.3 钢筋混凝土结构的抗震性能化设计

钢筋混凝土结构进行抗震性能设计时，需要首先确定抗震性能目标，然后根据现行国家标准不同性能水准的设计规定，选择中震弹性设计[4]、中震不屈服设计、大震弹性设计和大震不屈服设计等性能化设计方法。对于结构的每个性能化等效线弹性设计模型，都需要根据实际情况分别定义结构的阻尼比以及构件的刚度折减系数。这种抗震性能化设计方法存在如下一些待解决的问题：

（1）设防地震和罕遇地震作用下，钢筋混凝土结构不同位置构件的损伤和刚度退化情况显著不同，其对应的刚度折减系数也将存在显著差别；

（2）设防地震和罕遇地震作用下，钢筋混凝土结构不仅连梁会进入屈服耗能阶段，框架梁、框架柱和剪力墙等构件均可能出现损伤耗能和刚度退化；

（3）若不进行非线性分析，很难准确估计结构在设防地震和罕遇地震作用下构件的刚度退化情况以及结构的附加阻尼比，依靠工程师的经验确定将产生较大偏差。

以上问题会导致钢筋混凝土结构抗震性能化设计时，设防地震或罕遇地震作用下的等效线弹性分析内力结果失真，阻碍达到真实的性能设计目标。

3.2 基于非线性分析的钢筋混凝土连梁设计优化

3.2.1 计算方法

范重等[5] 给出了一种确定剪力墙连梁刚度折减系数的计算方法，基本思路是在多遇地震作用下应用弹性反应谱方法时，采用非线性分析得到较为真实的连梁刚度折减系数和结构附加阻尼比，据此进行设计，以反映结构更真实的受力状态。

混凝土拉压刚度变化如图3.2-1所示，其中E_0为初始弹性模量，d_t和d_c分别为混凝土受拉和受压损伤因子，损伤因子反映了材料刚度退化情况。混凝土受拉时，若某一时刻其受拉损伤因子为d_t，则混凝土该时刻抗拉刚度为$(1-d_t)E_0$。同理，若受压时损伤因子为d_c，则该时刻抗压刚度为$(1-d_c)E_0$。地震动往复加载过程中，材料不断在受压状态和受拉状态之间进行变换，w_t和w_c表示混凝土从受拉或受压状态反向加载时刚度恢复情况，当混凝土从受拉状态变为受压状态时，裂缝闭合，抗压刚度恢复至原有抗压刚度，$w_c=1$；当混凝土从受压状态变为受拉状态时，其抗拉刚度不能恢复，$w_t=0$。

如果连梁单元积分点材料处于受拉状态，其任一时刻的抗拉刚度为$(1-d_t)(1-d_c)E_0$，刚度折减系数为$(1-d_t)(1-d_c)$；如果连梁单元积分点材料处于受压状态，其任一

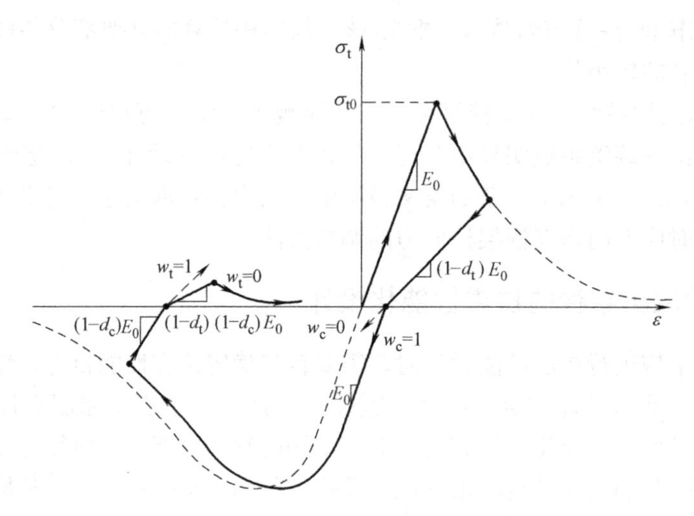

图 3.2-1　混凝土拉压刚度变化示意图

时刻的抗压刚度为 $(1-d_c)E_0$，刚度折减系数为 $1-d_c$；连梁刚度折减系数可根据连梁单元各积分点出现损伤后的刚度与其初始刚度的比值加权平均得到[6]。

混凝土结构设计时，连梁在多遇地震作用下应保持弹性，不能出现裂缝和破坏，以保证结构能够正常使用；在设防地震和罕遇地震作用下，允许连梁开裂和损伤，并且由连梁的损伤耗散地震输入能量，以达到保护主体结构的效果，因此通过设防地震或罕遇地震作用下的连梁损伤计算其刚度折减系数符合连梁设计预期和实际受力状态。选择设防地震或罕遇地震，应根据混凝土结构的性能目标而定。如果结构性能目标为 A 级，则罕遇地震作用下仅允许耗能构件出现轻微损坏，其他构件仍保持弹性，此时可根据罕遇地震作用下的连梁损伤确定连梁刚度折减系数；如果性能目标为 B、C 或 D 级，可根据设防地震作用下的连梁损伤确定连梁刚度折减系数。

第一次弹性设计，得到初始配筋

↓

非线性分析，得到连梁刚度折减系数

↓

第二次弹性设计，完成连梁优化设计

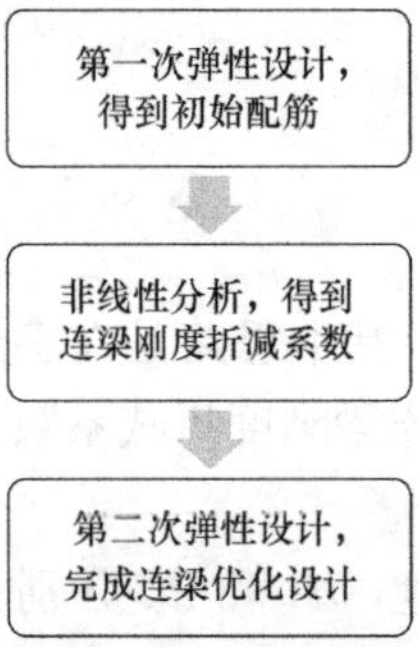

图 3.2-2　连梁刚度折减系数计算流程图

3.2.2　计算流程

计算连梁刚度折减系数[7] 的流程如图 3.2-2 所示。

3.2.3　SAUSG 软件实现

SAUSG 系列软件中，SAUSG-Design 模块提供了基于非线性分析结果快速得到和使用连梁刚度折减系数方法，具体实现步骤如下：

(1) 连梁初始配筋设计。使用多遇地震作用下的混凝土结构设计软件 SATWE 等进行第一次分析与设计，此时可使用全楼默认的连梁刚度折减系数，得到全楼连梁的初始配筋结果；

(2) 使用 SAUSG-Design 软件计算连梁刚度折减系数，进行非线性分析模型预处理，如图 3.2-3 所示；设定非线性分析参数，如图 3.2-4 所示；进行非线性分析，计算过程如图 3.2-5 所示；得到连梁刚度折减系数，其统计文档如图 3.2-6 所示；

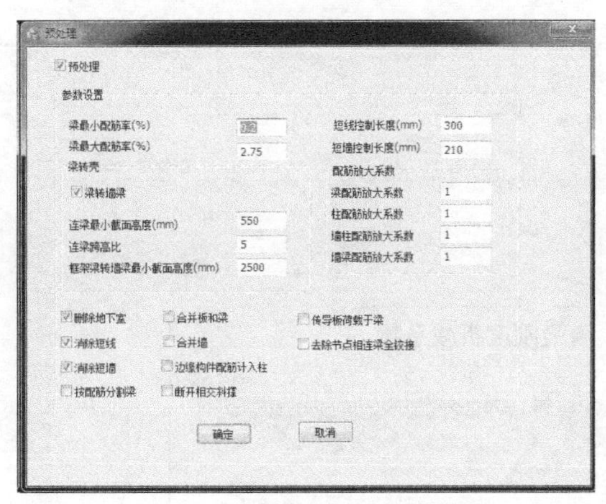

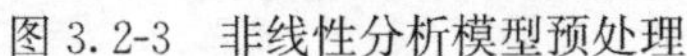
图 3.2-3　非线性分析模型预处理

图 3.2-4　非线性分析参数

（3）在 SATWE 等设计软件中导入 SAUSG-Design 软件计算得到的连梁刚度折减系数，如图 3.2-7 和图 3.2-8 所示，并进行第二次弹性分析和设计。

“计算类型”选择“连梁刚度折减系数”。若曾采用其他“计算类型”已进行过非线性分析并且计算参数相同，则可勾选“已计算，重新统计结果”，以节省计算时间。求解设备默认为“CPU”，如果有可用的显卡设备，选择“GPU”，可加速非线性分析。“地震水准”根据需要选择“中震”或“大震”。主方向和次方向峰值加速度根据现行国家标准确定，默认为设防地震作用下的峰值加速度。阻尼类型建议采用“振型阻尼”。连梁刚度折减系数下限值可以根据需要修改，默认采用规范规定的“0.5”。

图 3.2-5　非线性分析过程显示

SAUSG-Design 软件计算得到的连梁刚度折减系数统计文档在工程目录下，文件名为“工程名_连梁刚度折减系数 . txt”。

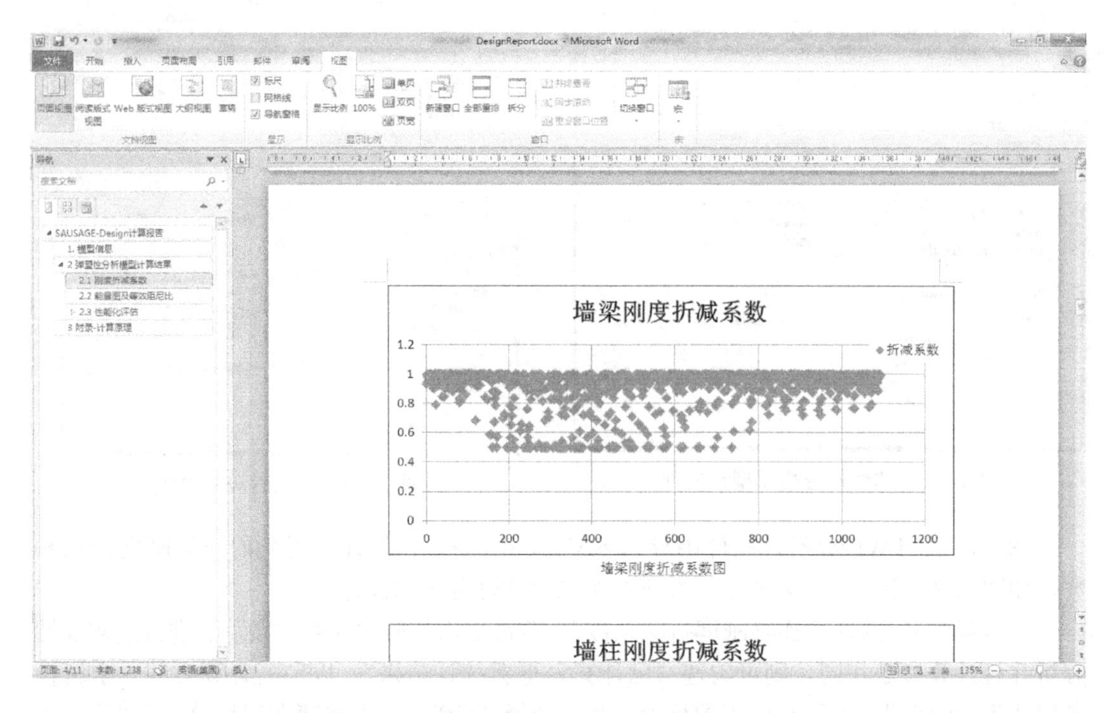

图 3.2-6 连梁刚度折减系数统计文档

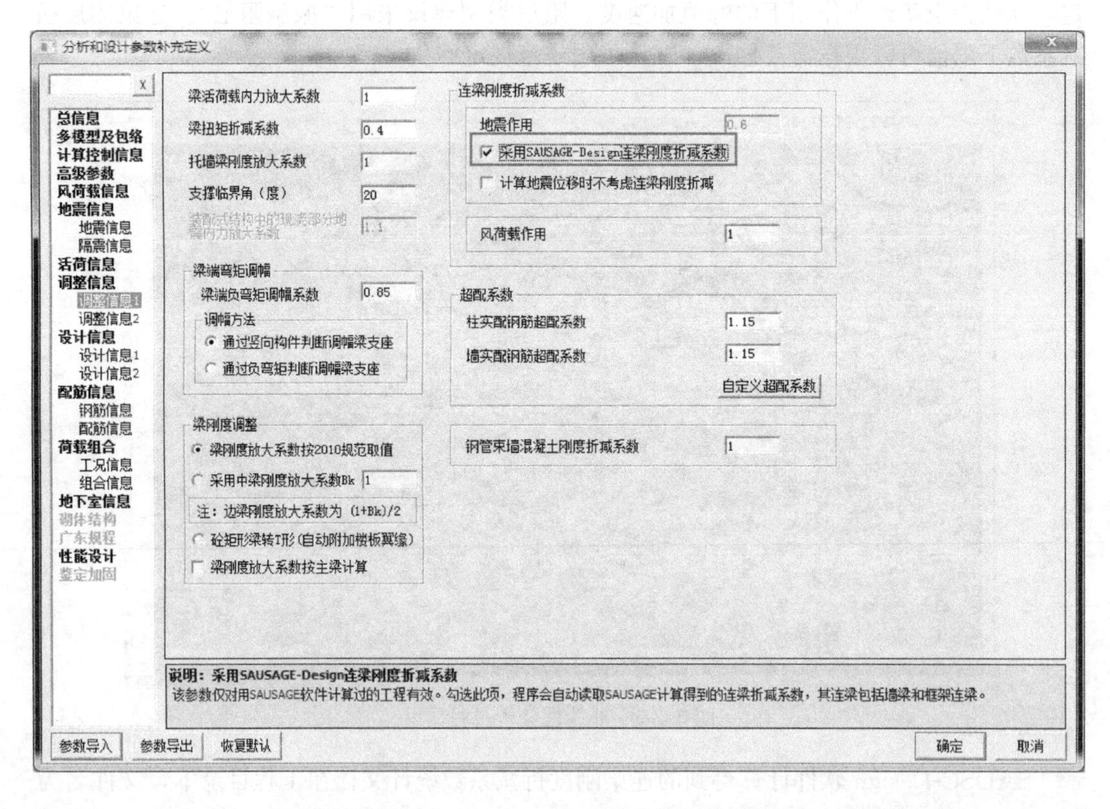

图 3.2-7 SATWE 软件导入 SAUSG-Design 软件计算得到的连梁刚度折减系数

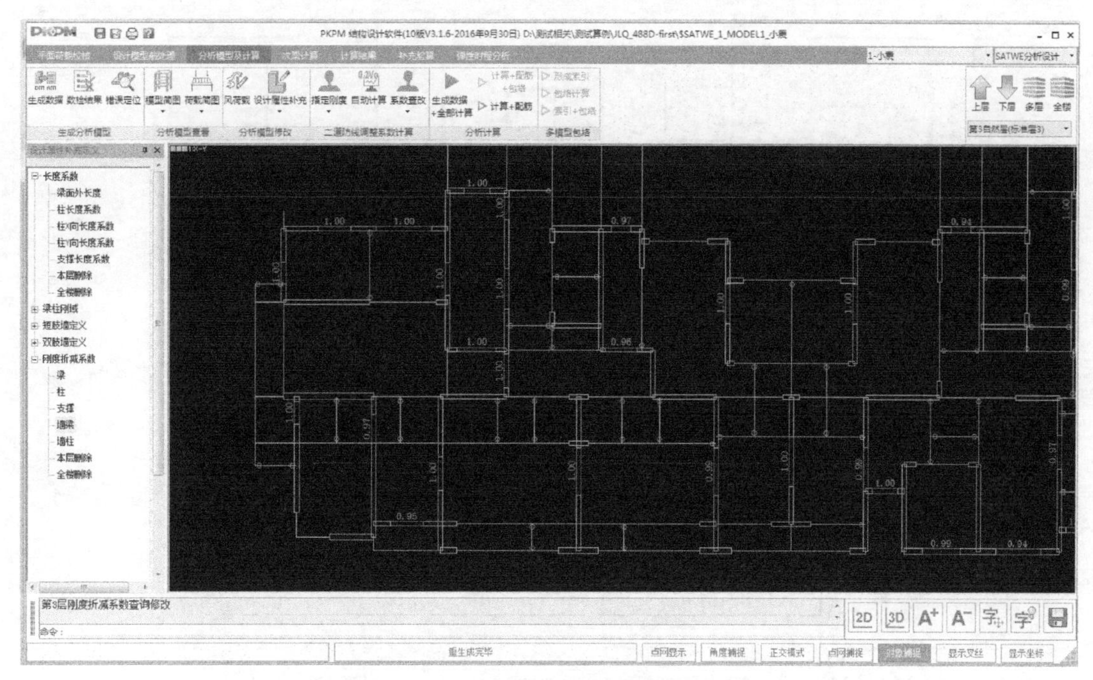

图 3.2-8　查看或编辑连梁刚度折减系数

SAUSG-Design 软件通过能量方法计算得到了结构的非线性附加阻尼比，可根据实际需要以此为依据，修改结构的阻尼比。

3.2.4　工程算例

1. 工程概况

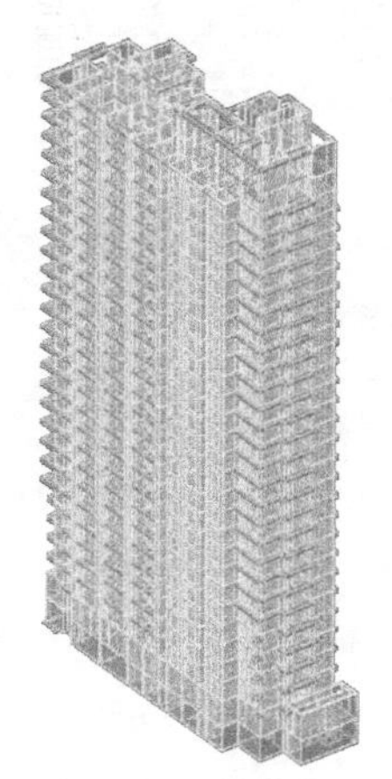

图 3.2-9　某剪力墙结构计算模型

某剪力墙结构计算模型如图 3.2-9 所示，结构高度为 90.24m，地下两层（层高分别为 3.54m 和 3.9m），地上 28 层（1～27 层层高为 2.9m，顶层层高 4.5m），设防烈度为 7 度（0.10g），设计分组第一组，场地类别为Ⅲ类。

结构标准层平面如图 3.2-10 所示，1～2 层主要承重墙厚度为 300mm，内墙厚度为 250mm；3～30 层主要承重外墙厚度为 250mm，内墙厚度为 200mm。结构第一平动周期为 2.14s（Y 向），第二平动周期为 1.79s（X 向），第一扭转周期为 1.69s，第一平扭周期比为 0.79。多遇地震作用下 X 向最小剪重比为 2.17%，Y 向最小剪重比为 1.66%，均满足规范 1.6%的限值要求。最大层间位移角为 1/2229，出现在第 12 层，最大扭转位移比为 1.19。

2. 地震动选取

结构场地特征周期为 0.45s，选择有代表性人工地震动 RH4TG045 进行非线性分析，X 向和 Y 向地震动波形如图 3.2-11 所示，与规范反应谱对比如图 3.2-12 所示，在结构前三个主要周期点上，误差小于 10%。计算设防地震作用下连梁刚度折减系数，地震动峰值加速度取为 100cm/s^2。

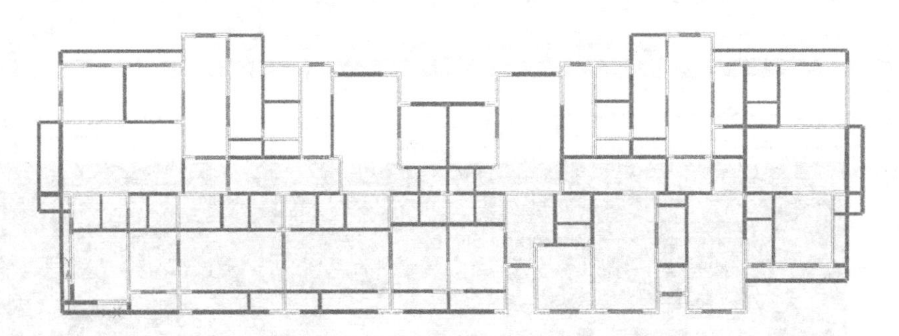

图 3.2-10　结构标准层平面图

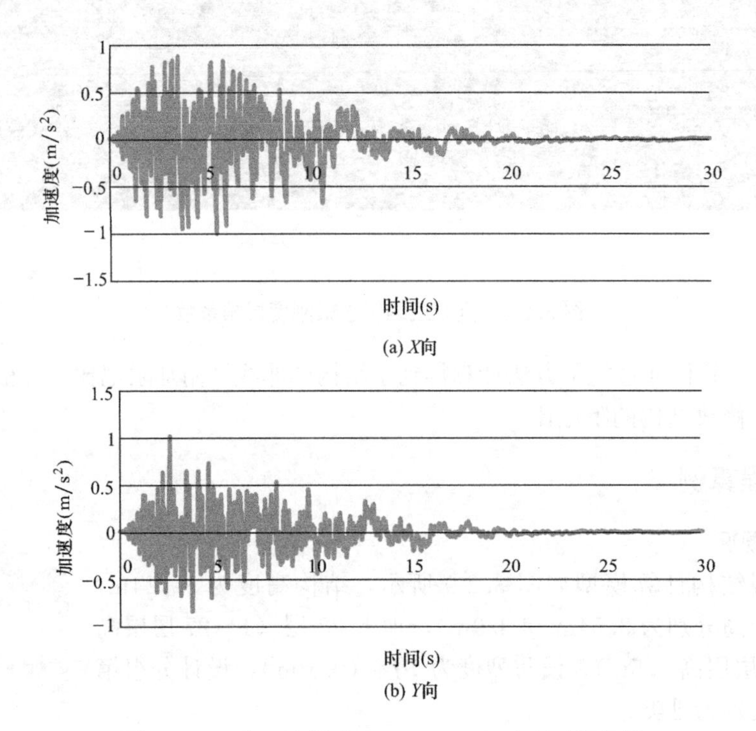

图 3.2-11　人工地震动 RH4TG045 加速度时程曲线

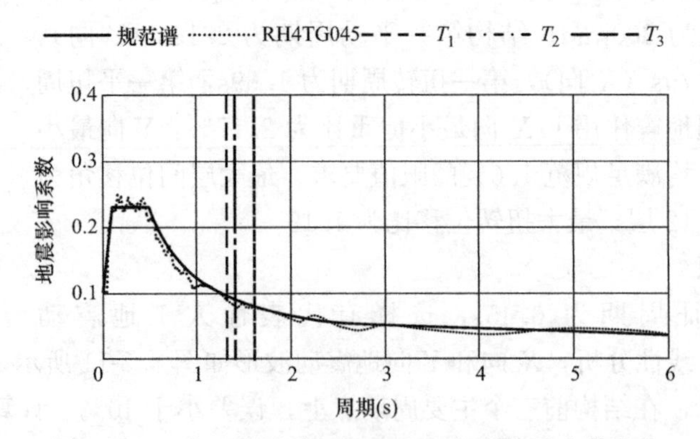

图 3.2-12　人工地震动 RH4TG045 与规范反应谱对比

3. 计算结果

剪力墙和连梁在 RH4TG045 地震动作用下最终的损伤状态如图 3.2-13 所示。可以看出，中、下部楼层连梁损伤相对较重，上部楼层连梁损伤相对较轻。各楼层连梁损伤程度统计如图 3.2-14 所示，连梁损伤程度根据混凝土受压损伤因子、受拉损伤因子、钢筋塑性应变三个参数进行判断，分为无损坏、轻微损坏、轻度损坏、中度损坏、重度损坏和严重损坏 6 个等级，如表 3.2-1 所示。

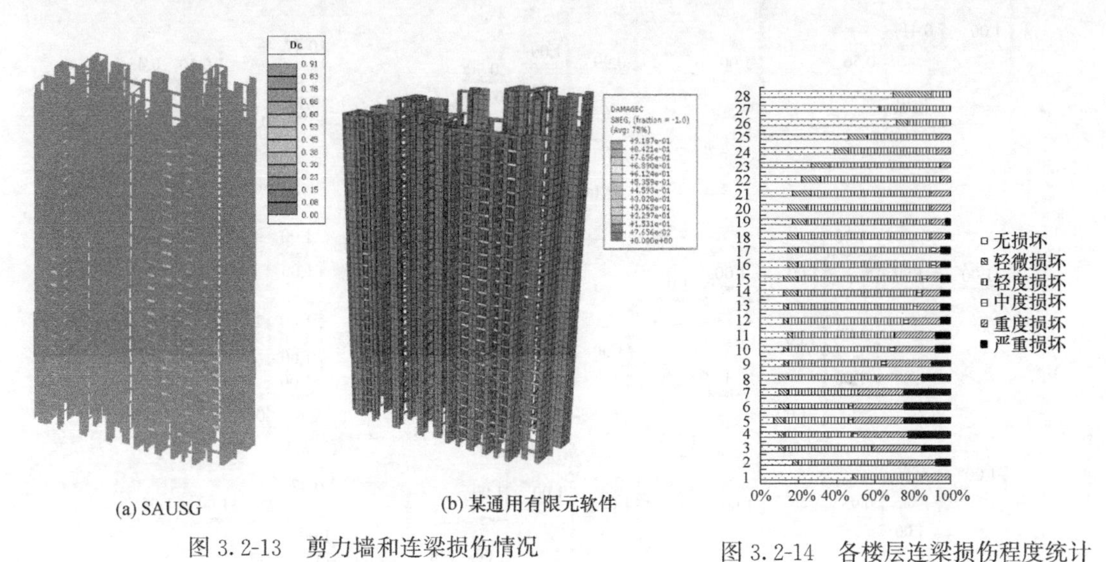

(a) SAUSG　　(b) 某通用有限元软件

图 3.2-13　剪力墙和连梁损伤情况

图 3.2-14　各楼层连梁损伤程度统计

连梁损伤程度判断标准　　**表 3.2-1**

<table>
<tr><th>编号</th><th>性能水平</th><th>受压损伤因子 d_c</th><th>受拉损伤因子 d_t</th><th>钢筋塑性应变/屈服应变</th></tr>
<tr><td>1</td><td>无损坏</td><td rowspan="2">[0,0.001)</td><td>[0,0.2)</td><td>[0,0.001)</td></tr>
<tr><td>2</td><td>轻微损坏</td><td rowspan="5">[0.2,1)</td><td>[0.001,1)</td></tr>
<tr><td>3</td><td>轻度损坏</td><td>[0.001,0.2)</td><td>[1,3)</td></tr>
<tr><td>4</td><td>中度损坏</td><td>[0.2,0.6)</td><td>[3,6)</td></tr>
<tr><td>5</td><td>重度损坏</td><td>[0.6,0.8)</td><td>[6,12)</td></tr>
<tr><td>6</td><td>严重损坏</td><td>[0.8,1)</td><td>[12,35)</td></tr>
</table>

图 3.2-15 给出了损伤较重的第 7 层和损伤较轻的第 28 层的连梁损伤情况对比，图 3.2-16 给出了对应的连梁刚度折减系数，其中第 7 层连梁刚度折减系数最小值为 0.10，第 28 层连梁刚度折减系数最小值为 0.93。

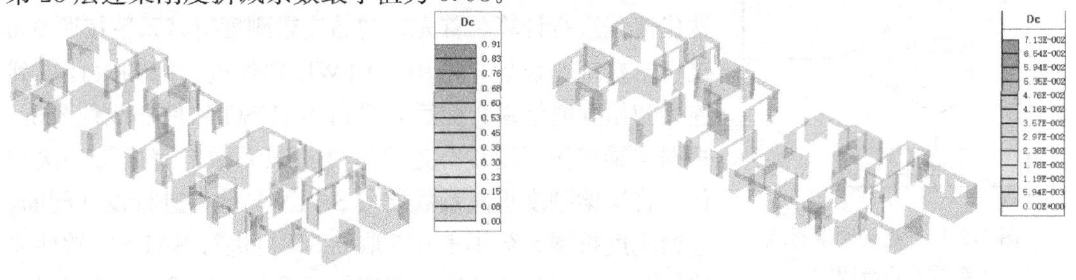

(a) 第7层　　(b) 第28层

图 3.2-15　连梁损伤情况对比

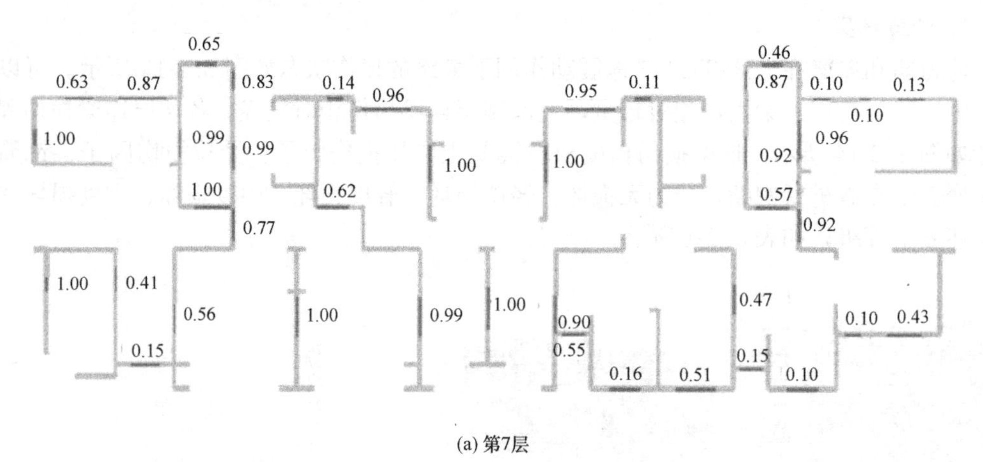

(a) 第7层

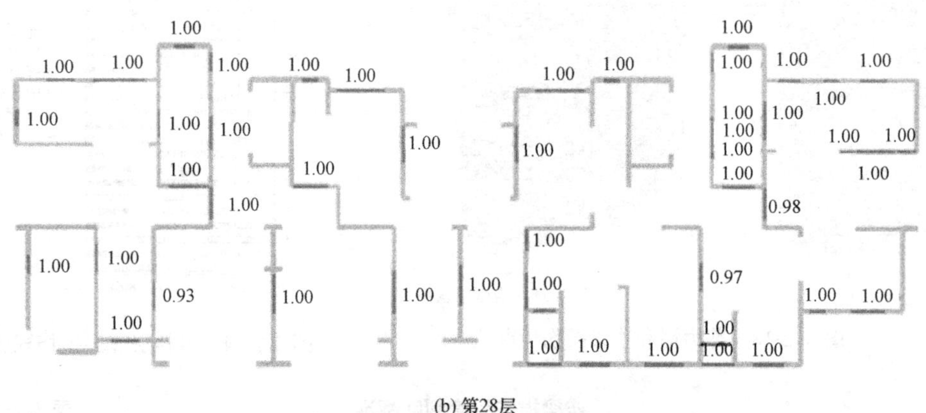

(b) 第28层

图 3.2-16　连梁刚度折减系数对比

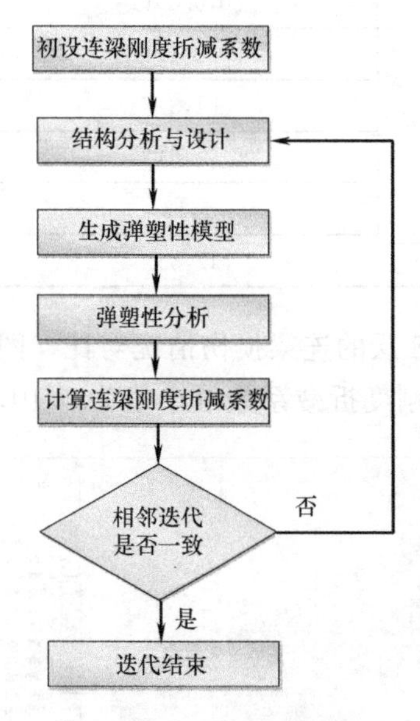

图 3.2-17　连梁刚度折减系数迭代流程图

4. 初始配筋影响分析

建筑结构非线性分析时，构件的配筋情况对计算结果会产生明显影响，连梁刚度折减系数也与初始配筋情况直接相关，所以理论上，连梁刚度折减系数的计算，应进行多次的整体结构非线性分析计算迭代，下一次的非线性分析采用上一次的配筋结果，直至两次迭代得到的连梁刚度折减系数趋于一致为止。

为验证连梁刚度折减系数受初始配筋的影响以及获得计算迭代次数的经验，采用如图 3.2-17 所示的非线性分析迭代流程进行计算。首先，初始连梁刚度折减系数按照 0.6 进行全楼统一设置，采用 SATWE 软件进行结构设计得到连梁初始配筋结果；然后，进行 SAUSG 软件非线性分析，根据连梁损伤程度计算连梁刚度折减系数，完成第一次迭代；将连梁刚度折减系数导入 SATWE 软件进行设计配筋，连梁刚度折减系数小于 0.5 取 0.5，再进行 SAUSG 软件非线性分析，得到新的连梁刚度折减系数，完成第二次迭代。

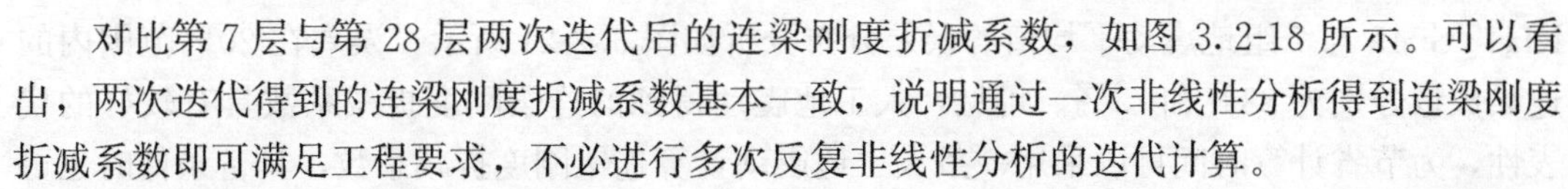

对比第 7 层与第 28 层两次迭代后的连梁刚度折减系数，如图 3.2-18 所示。可以看出，两次迭代得到的连梁刚度折减系数基本一致，说明通过一次非线性分析得到连梁刚度折减系数即可满足工程要求，不必进行多次反复非线性分析的迭代计算。

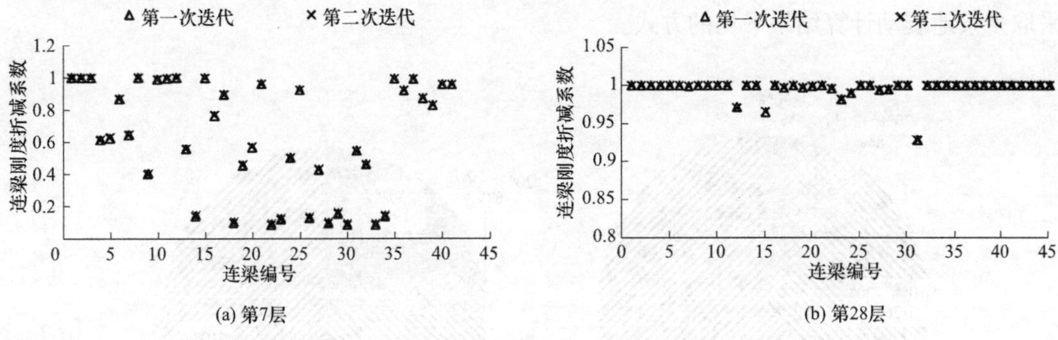

图 3.2-18　连梁刚度折减系数两次迭代对比

5. 地震动影响分析

通过 SATWE 软件弹性时程分析自动选波功能，筛选 5 组天然波和 2 组人工波，分别为 RH2TG045、RH4TG045、TH3TG045、TH4TG045、TH112TG045、TH113TG045、TH117TG045，与规范反应谱对比如图 3.2-19 所示。

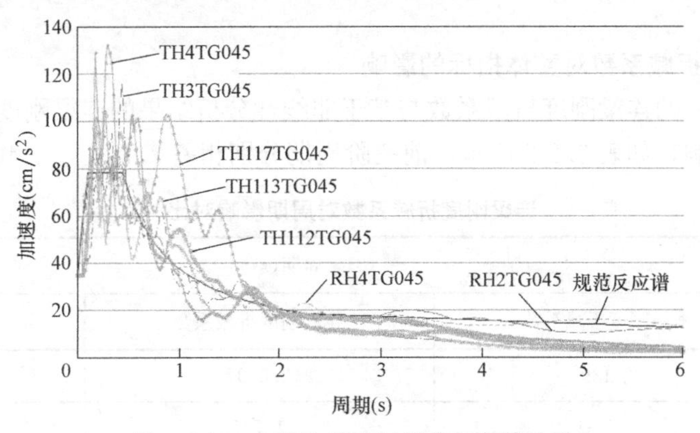

图 3.2-19　7 组地震动与规范反应谱对比

通过 SAUSG 非线性分析，得到 7 组地震动作用下第 7 层和第 28 层各连梁刚度折减系数的平均值，与 2 条人工地震动结果对比，如图 3.2-20 所示。人工地震动 RH2TG045、

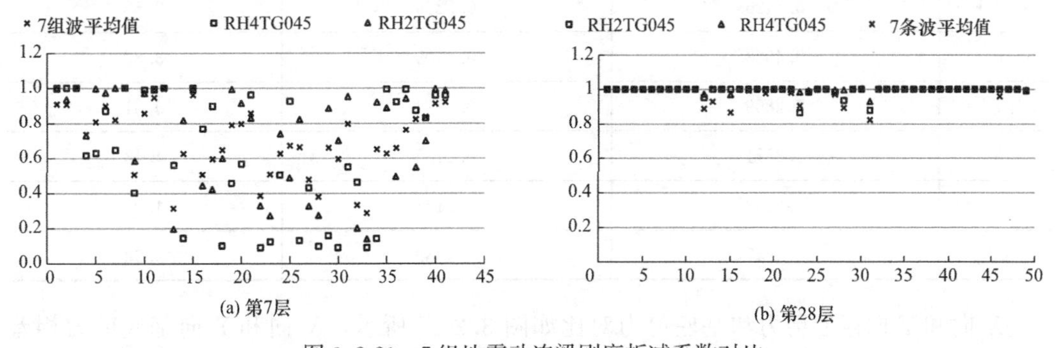

图 3.2-20　7 组地震动连梁刚度折减系数对比

RH4TG045 与 7 组地震动平均值的误差分布分析如图 3.2-21 所示，误差在 20%范围内的连梁数量分别为 88%和 75%。可见，人工地震动得到的连梁刚度折减系数具有较好的代表性，为节省计算时间可以采用一条人工地震动计算连梁刚度折减系数，具备条件时也可采取多条地震动计算结果平均的方式。

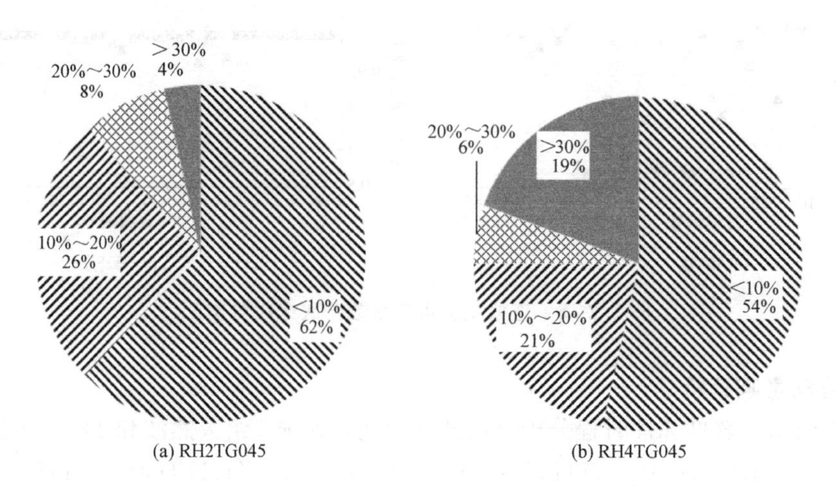

图 3.2-21　人工地震动与 7 组地震动平均值误差分析

6. 连梁刚度折减系数对整体指标的影响

全楼指定统一的连梁刚度折减系数与基于非线性分析结果的连梁刚度折减系数对于结构基本周期的影响，如表 3.2-2 所示，前三阶周期分别相差 3.71%、1.46%和 2.17%。

连梁刚度折减系数对周期影响对比　　　　**表 3.2-2**

振型号	周期(s)		
	统一刚度折减系数	导入刚度折减系数	误差(%)
1	2.139	2.0597	3.71
2	1.7931	1.767	1.46
3	1.6951	1.6583	2.17
4	0.5567	0.5338	4.11
5	0.5426	0.5289	2.52
6	0.4688	0.4509	3.82
7	0.2869	0.2774	3.31
8	0.2571	0.2457	4.43
9	0.2243	0.2132	4.95
10	0.1947	0.1889	2.98

X 向和 Y 向楼层剪力和基底剪力对比如图 3.2-22 所示，X 向和 Y 向基底剪力相差 1.93%和 2.36%，如表 3.2-3 所示。

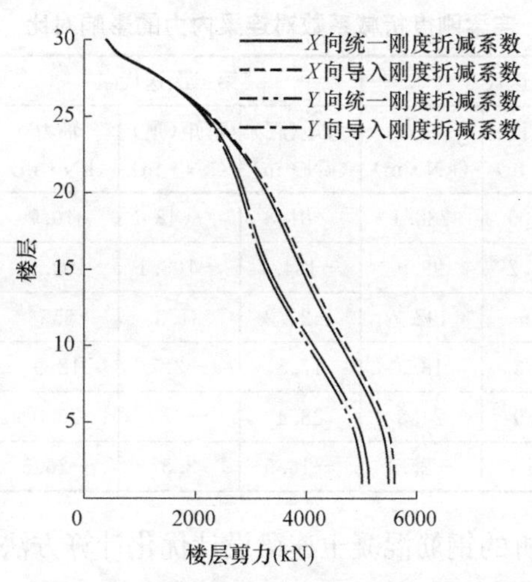

图 3.2-22　连梁刚度折减系数对楼层剪力的影响对比

连梁刚度折减系数对基底剪力的影响对比　　表 3.2-3

基底剪力(kN)	导入刚度折减系数	统一刚度折减系数	误差(%)
X 向	5597.5	5489.4	1.93
Y 向	5141.5	5019.9	2.36

7. 连梁刚度折减系数对构件内力的影响

全楼指定统一的连梁刚度折减系数与基于非线性分析结果的连梁刚度折减系数对于连梁内力的影响如表 3.2-4 所示，表中连梁内力为第 7 层和第 28 层平面图中左上角 3 根连梁在 *X* 向地震作用下的内力。可以看出，连梁弯矩最大误差为 19.2%，剪力最大误差为 18.6%；且部分连梁出现了内力符号上的差异。

连梁刚度折减系数对连梁内力的影响对比　　表 3.2-4

楼层	连梁编号	第一次迭代			第二次迭代			误差(%)		
		弯矩(左)(kN·m)	弯矩(右)(kN·m)	剪力(kN)	弯矩(左)(kN·m)	弯矩(右)(kN·m)	剪力(kN)	弯矩(左)	弯矩(右)	剪力
7F	5	−47.3	44.5	103.9	−50	46.6	109.3	−5.4	−4.5	−4.9
	6	−54.8	55.5	89.5	−67.8	68.6	110	−19.2	−19.1	−18.6
	8	18.1	−16.6	−48.3	17.6	16.8	−41.5	2.8	−1.2	16.4
28F	6	11.5	−8.6	−21.8	12.3	−7.9	−21.7	−6.5	8.9	0.5
	7	−24.2	23.6	41.7	24.1	−23.5	−41.1	0.4	0.4	1.5
	9	−6.6	−7.2	22.0	7.2	−8.0	−24.5	−8.3	−10.0	−10.2

全楼指定统一的连梁刚度折减系数与基于非线性分析结果的连梁刚度折减系数对于连梁相邻剪力墙内力的影响如表 3.2-5 所示，表中剪力墙内力为第 7 层和第 28 层平面图中左上角的 3 片剪力墙在 *X* 向地震作用下的内力。可以看出，第 7 层剪力墙弯矩最大误差为 33.2%，轴力最大误差为 11.2%；第 28 层剪力墙弯矩最大误差为 222.2%，轴力最大误差为 46.5%。

连梁刚度折减系数对连梁内力的影响对比　　表 3.2-5

楼层	墙柱编号	第一次迭代			第二次迭代			误差(%)		
		弯矩(底)(kN·m)	弯矩(顶)(kN·m)	轴力(kN·m)	弯矩(底)(kN·m)	弯矩(顶)(kN·m)	轴力(kN·m)	弯矩(底)	弯矩(顶)	轴力
7F	20	−75	−44.5	288.1	−81.8	−48	310.7	−8.3	−7.3	−7.3
	21	−115.7	−91.2	99.9	−134.7	−103.1	102.9	−14.1	−11.5	−2.9
	39	26.2	20.9	492.7	−24.2	31.3	555	8.3	−33.2	−11.2
28F	20	14.6	−3.3	18.9	17.5	−3.7	12.9	−16.6	−10.8	46.5
	21	36.4	−2.9	24.8	38.4	−0.9	26.0	−5.2	222.2	−4.6
	39	−15.7	3.7	−25.1	−16.9	3.5	−26.5	−7.1	5.7	−5.3

通过对基于非线性分析的钢筋混凝土连梁设计优化计算方法与工程算例的研究，可以得到如下结论：

（1）连梁在设防烈度下即可进入较明显的非线性状态；

（2）不同楼层、不同部位连梁的损伤和刚度折减系数差异较大；

（3）基于非线性分析得到的连梁刚度折减系数，对初始配筋不敏感，一般一次非线性分析即可达到工程精度要求；采用拟合规范反应谱的人工地震动具有较好的代表性，可以大幅节省非线性分析时间，具备条件时也可基于多条地震动的计算结果；

（4）全楼指定统一的连梁刚度折减系数与基于非线性分析结果的连梁刚度折减系数，对结构整体指标影响不大，但对于连梁内力及与连梁相连接剪力墙的内力影响较大。

3.3　基于非线性分析的钢筋混凝土结构抗侧力体系优化

3.3.1　计算方法

框架-剪力墙结构在设防地震和罕遇地震作用下，由于剪力墙刚度退化相对较多，将产生剪力墙与框架结构之间的内力重新分配，为保证框架结构在地震作用下的二道防线作用，设计时需进行框架部分的内力调整。

现行国家标准规定了按照 $0.2V_0$ 和 $1.5V_{f,max}$ 两者的较小值得到框架总剪力的二道防线简化调整方法。这种方法具有较强的经验性，在实际工程应用中，按照简化计算方法结构底部楼层经常出现 3～4 倍甚至更大的调整系数，顶部楼层的调整系数也往往由于框架-剪力墙结构弯剪型的受力特点，得到较大的调整系数。

黄吉锋等[8,9] 提出了一种考虑非线性内力重分配的二道防线调整系数计算方法，基本思路如下：进行非线性分析，得到结构构件的刚度折减系数，进而形成初始刚度模型与刚度退化模型，如图 3.3-1 所示，对两个模型施加侧向力进行弹性分析，对比框架柱内力，可求得结构二道防线调整系数。

3.3.2　计算流程

框架-剪力墙结构基于非线性分析的二道防线调整系数计算流程，如图 3.3-2 所示。

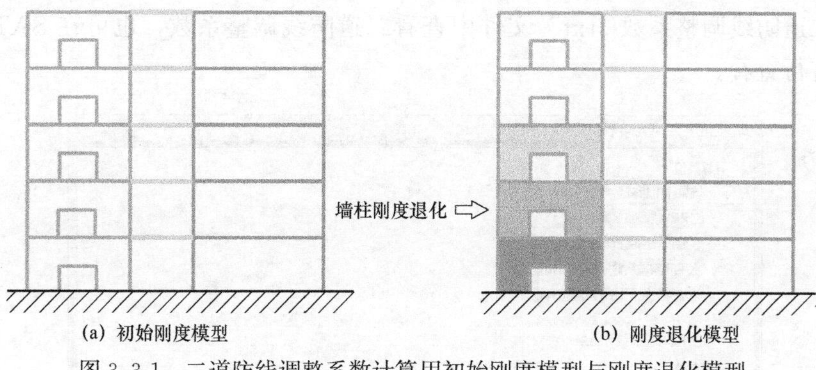

图 3.3-1　二道防线调整系数计算用初始刚度模型与刚度退化模型

3.3.3 SAUSG 软件实现

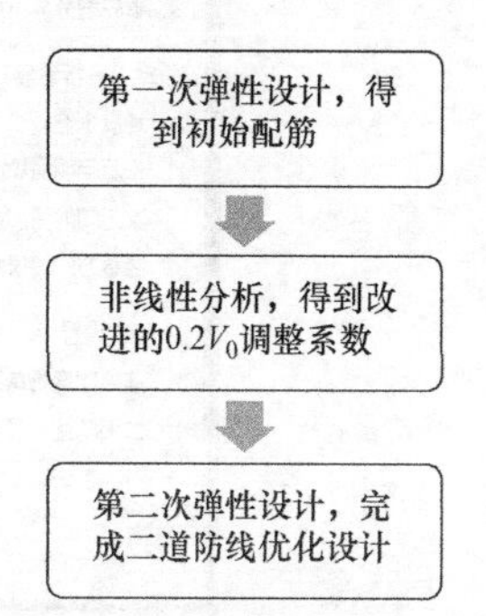

图 3.3-2　框架-剪力墙结构基于非线性分析的二道防线调整系数计算流程图

SAUSG-Design 软件提供了框架-剪力墙结构基于非线性分析的二道防线调整系数计算方法，具体实现步骤如下：

(1) 按照现行规范方法进行二道防线调整，如图 3.3-3 所示，二道防线调整方法选择“规范方法”，点击“生成数据+全部计算”，进行框架-剪力墙结构第一次弹性分析与设计，得到初始的配筋结果。

(2) SAUSG-Design 软件非线性分析，计算二道防线调整系数，进入非线性优化参数设置对话框，如图 3.3-4 所示，计算类型选择“二道防线调整系数”，地震水准可选择“大震”，以保证框架柱在罕遇地震作用下的二道防线作用。输出设置中可以设置二道防线调整系数下限值。计算结束后，可以在工程目录 SSG 文件夹

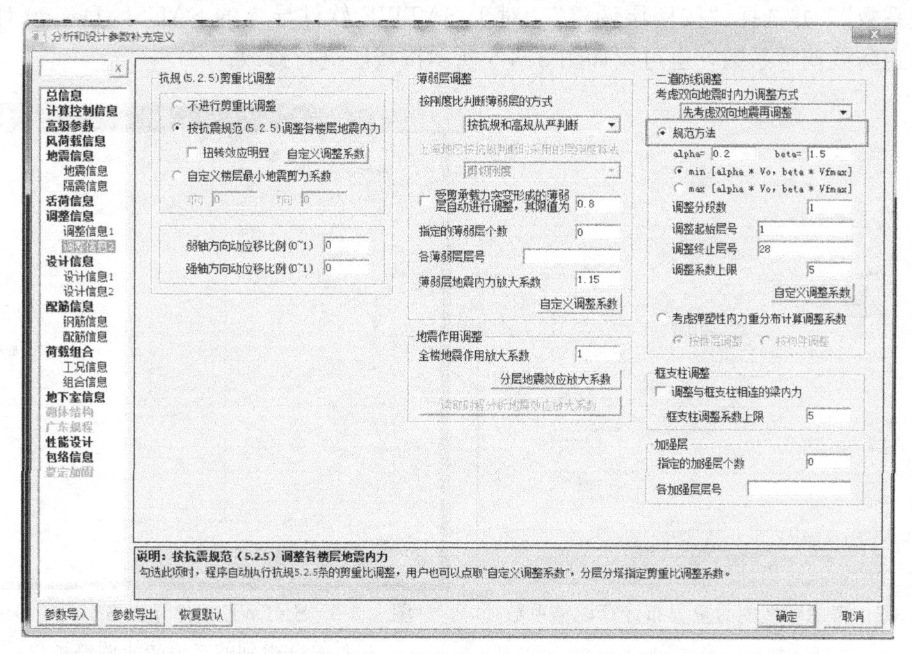

图 3.3-3　SATWE 软件选择“规范方法”进行二道防线调整并配筋设计

“工程名_二道防线调整系数 . txt” 文件中查看二道防线调整系数，也可在 SATWE 软件中导入后进行查看。

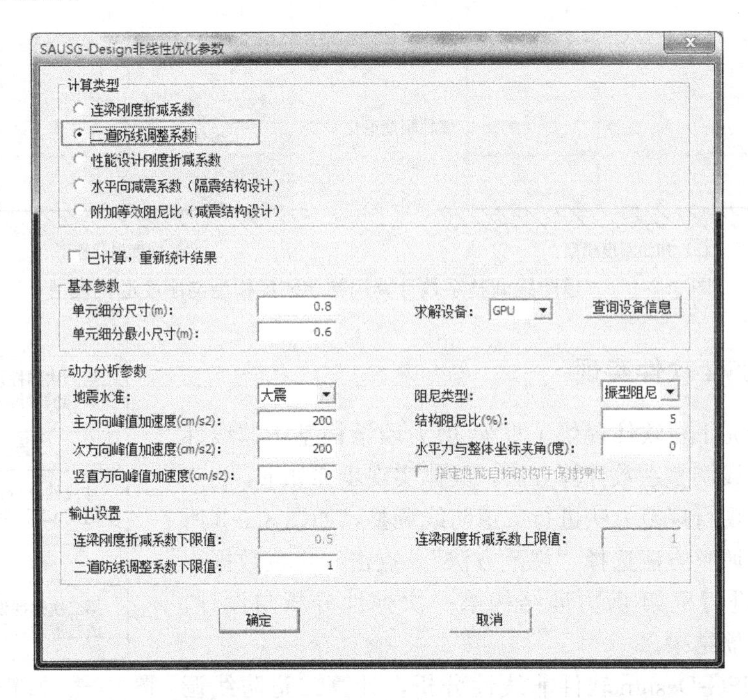

图 3. 3-4　SAUSG-Design 软件非线性分析确定二道防线调整系数

（3）SATWE 软件导入 SAUSG-Design 计算的二道防线系数，进行第二次框架-剪力墙结构的分析和设计，如图 3. 3-5 所示，二道防线调整方法选择 “考虑塑性内力重分布计算调整系数”，并选择 “按楼层调整”。对于 SATWE 软件导入的 SAUSG-Design 计算得到的二道防线调整系数，也可以如图 3. 3-6 所示按楼层进行修改。

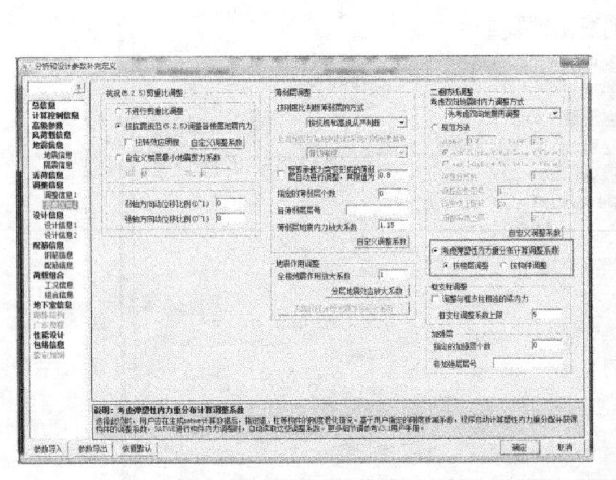

图 3. 3-5　考虑塑性内力重分布计算调整系数

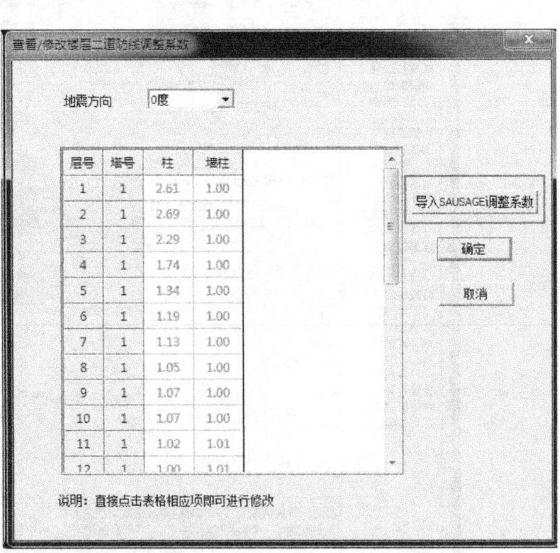

图 3. 3-6　SATWE 软件导入 SAUSG-Design 计算并得到的二道防线调整系数

3.3.4　工程算例

某框架-核心筒结构，计算模型如图 3.3-7 所示，设防烈度为 8 度（0.20g），28 层，高度为 99m。

采用 SAUSG-Design 软件非线性分析与规范简化方法得到的二道防线调整系数对比如图 3.3-8 所示，规范简化方法所得结果偏于保守，底部楼层框架剪力调整系数接近于 4；基于非线性分析的二道防线调整系数确定方法符合框架-剪力墙结构实际内力重分布过程，结果也更趋于合理。

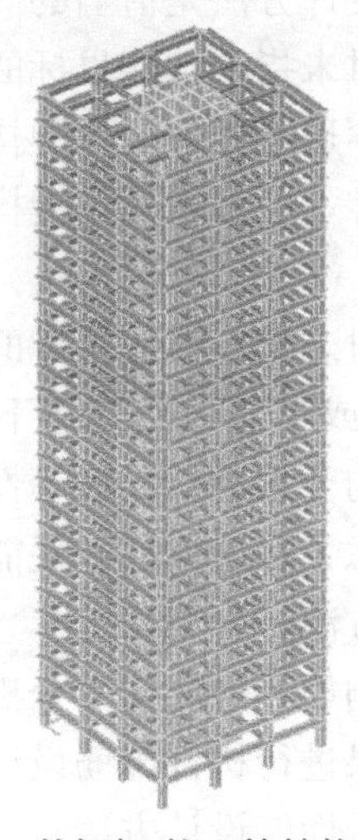

图 3.3-7　某框架-核心筒结构计算模型

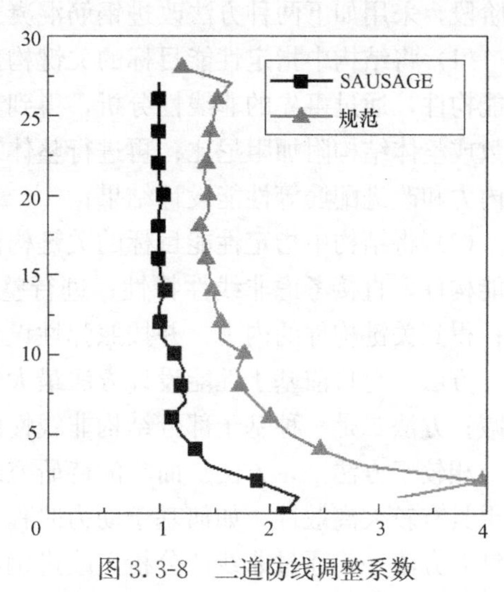

图 3.3-8　二道防线调整系数

通过对基于非线性分析的钢筋混凝土结构抗侧力体系优化计算方法与工程算例的研究，可以得到如下结论：

（1）现行国家标准中给出的框架-剪力墙结构的框架二道防线调整简化方法可能会得到不合理的调整系数，使得框架-剪力墙结构的框架部分难以设计；

（2）采用非线性分析方法，可以仿真模拟框架-剪力墙结构的内力重分布过程；

（3）基于非线性分析计算结果，可以给出更加合理的框架-剪力墙结构框架二道防线调整系数。

3.4　基于非线性分析的钢筋混凝土结构抗震性能设计

建筑结构抗震性能设计方法被提出已有几十年的时间，我国现行标准中也进行了具体的规定。目前阶段，钢筋混凝土结构抗震性能设计的主要实现方法仍然基于线弹性假定得到设防地震或罕遇地震作用下的结构内力。这种抗震性能设计方法的优点是延续了原有基于多遇地震弹性内力进行结构设计的简单和高效；缺点是未充分考虑设防地震或罕遇地震作用下钢筋混凝土结构的非线性状态，构件内力并不能充分体现结构真实受力情况，设计结果也未必能达到预期的性能目标要求。

基于非线性分析结果，进行钢筋混凝土结构抗震性能设计值得深入研究。按照当前非线性分析的技术能力、计算效率和工程经验，实现完全基于非线性分析结果的钢筋混凝土结构直接分析设计仍然存在基础理论的欠缺和计算工作量过大的问题；但通过非线性分析，修正设防地震或罕遇地震作用下的构件等效刚度或结构等效阻尼，将显著提高钢筋混凝土结构抗震性能设计结果的可信度，同时计算资源耗费也可控制在工程实践允许的范围内。

3.4.1 计算方法

按照传统的钢筋混凝土极限承载力设计基本理论，直接采用非线性分析计算得到的构件内力进行承载力设计存在理论缺陷，需要进行更多的理论研究后方可进行工程实践。目前阶段，采用如下两种方法改进钢筋混凝土结构抗震性能设计方法是恰当的[10]：

（1）将结构中指定性能目标的关键构件定义为弹性；对未指定性能目标的普通构件和耗能构件，通过事先的非线性分析，得到其在设防地震或罕遇地震作用下的构件刚度折减系数或整体结构附加阻尼比；再进行整体结构弹性性能设计，即可得到关键构件更为真实的内力和改进配筋等性能设计结果；

（2）将结构中指定性能目标的关键构件定义为弹性；对未指定性能目标的普通构件和耗能构件，直接考虑非线性特性；进行整体结构设防地震或罕遇地震作用下的非线性分析；得到关键构件的内力，并按照弹性设计或不屈服设计的要求进行配筋等性能设计。

方法一与目前基于性能设计方法最大的区别是准确考虑了普通构件和耗能构件的刚度折减；方法二是一种基于部分结构非线性的直接分析设计方法。

相较于方法一，方法二面临的待研究理论问题较多，例如非线性动力分析不同地震动结果具有较大离散性，如何基于动力时程分析内力计算结果进行构件配筋设计等。本节主要针对方法一，通过非线性分析，改进钢筋混凝土结构抗震性能设计方法。

3.4.2 计算流程

基于非线性分析的钢筋混凝土结构抗震性能设计流程如图 3.4-1 所示。

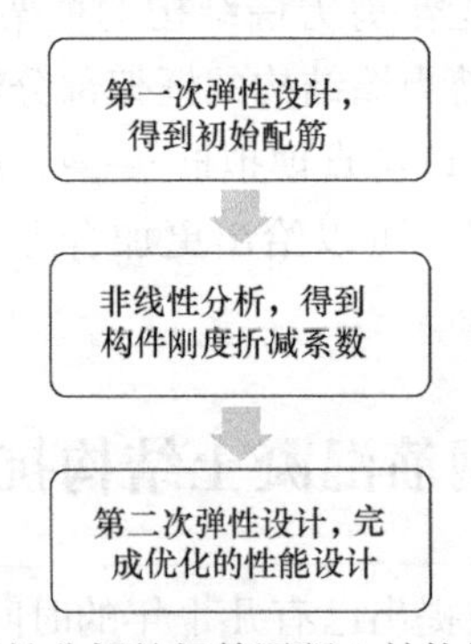

图 3.4-1　基于非线性分析的钢筋混凝土结构抗震性能设计流程图

3.4.3 SAUSG 软件实现

SAUSG-Design 软件提供了基于非线性分析的钢筋混凝土结构抗震性能设计方法，具体实现步骤如下：

（1）在 SATWE 软件中指定构件性能目标，如图 3.4-2 所示；选择“按照高规方法进行性能包络设计”，设定设防地震或罕遇地震分析及指定其他计算参数，如图 3.4-3 所示，进行第一次分析与构件设计。

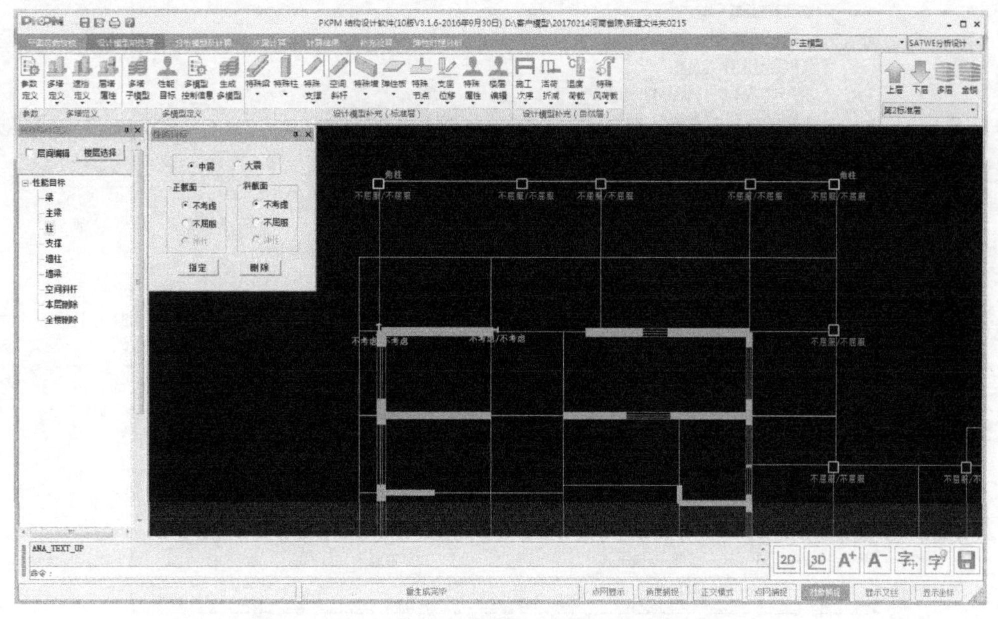

图 3.4-2　在 SATWE 软件中指定构件性能目标

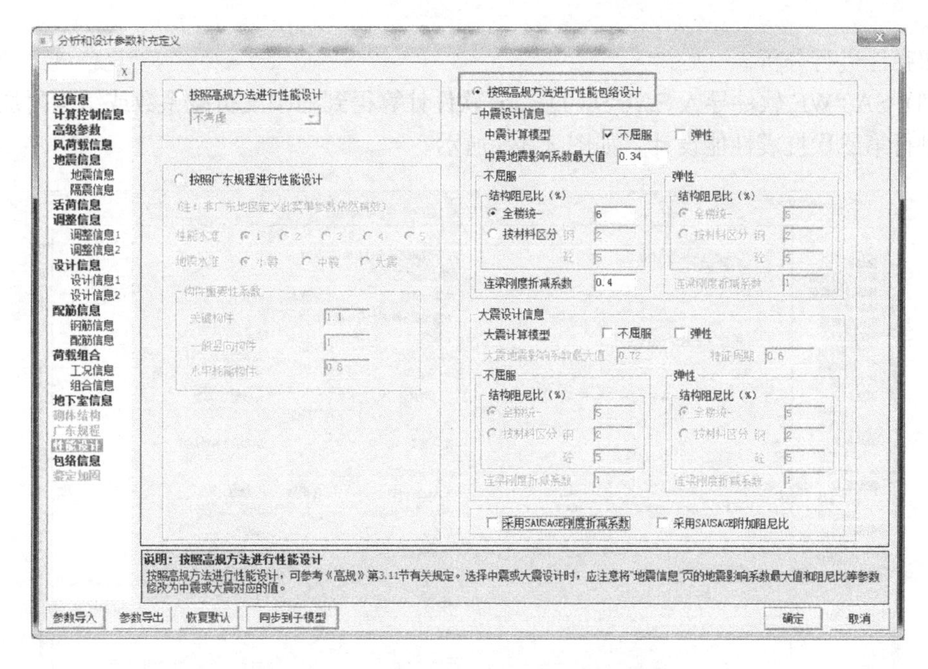

图 3.4-3　SATWE 软件第一次抗震性能设计

（2）采用 SAUSG-Design 进行非线性分析，得到设防地震或罕遇地震作用下的构件刚度折减系数或结构附加阻尼比，如图 3.4-4 所示，计算类型选择“性能设计刚度折减系数”，若勾选“指定性能目标的构件保持弹性”，则进行非线性分析时指定性能目标的构件

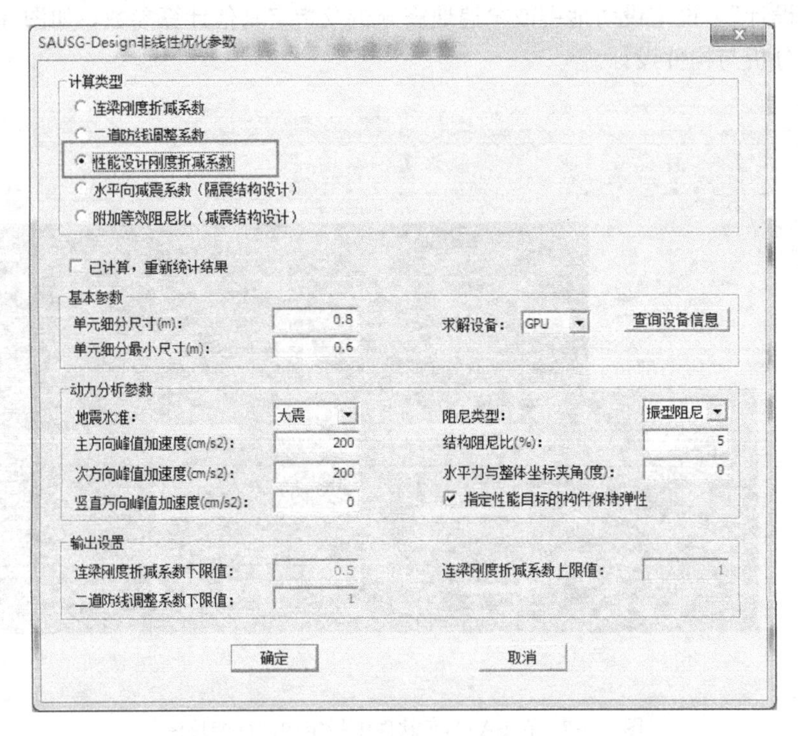

图 3.4-4　SAUSG-Design 软件计算性能设计刚度折减系数

仍按照弹性进行分析。

（3）SATWE 软件导入 SAUSG-Design 软件计算得到的刚度折减系数或结构附加阻尼比，进行第二次抗震性能设计，如图 3.4-5 所示。

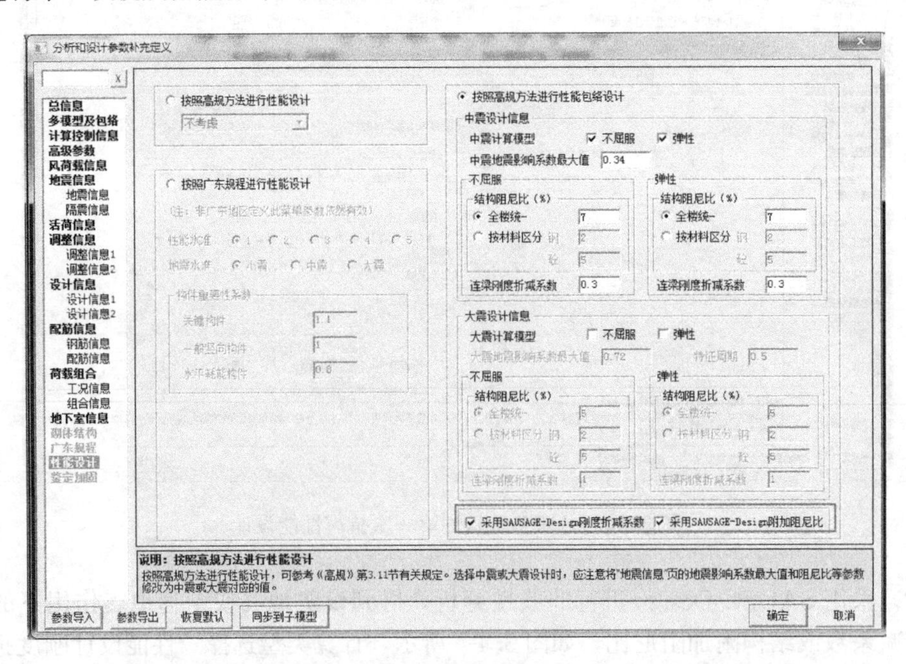

图 3.4-5　采用刚度折减系数或附加阻尼比进行第二次抗震性能设计

3.4.4　工程算例

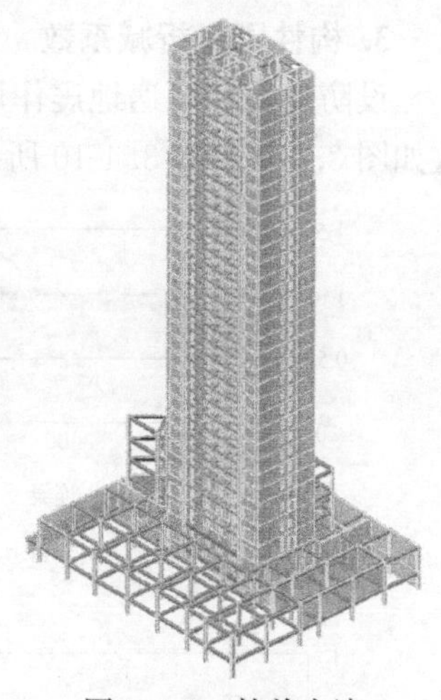

图 3.4-6　某剪力墙结构计算模型

1. 工程概况

某剪力墙结构如图 3.4-6 所示，建筑高度 96.1m，地上 30 层，地下 2 层，设防烈度为 8 度（0.30g），设计地震分组为第二组，场地类别为Ⅱ类，结构抗震性能目标为 C 级。根据标准规定，设防地震作用下抗震性能水准为 3，关键构件和普通竖向构件满足正截面不屈服，斜截面弹性；罕遇地震作用下抗震性能水准为 4，关键构件满足正截面不屈服，斜截面不屈服。设定底部加强区竖向构件为关键构件，即底部三层框架柱和剪力墙的性能目标定义为大震正截面不屈服，斜截面不屈服。

2. 计算结果

设防地震和罕遇地震作用下框架及剪力墙损伤情况如图 3.4-7 和图 3.4-8 所示。

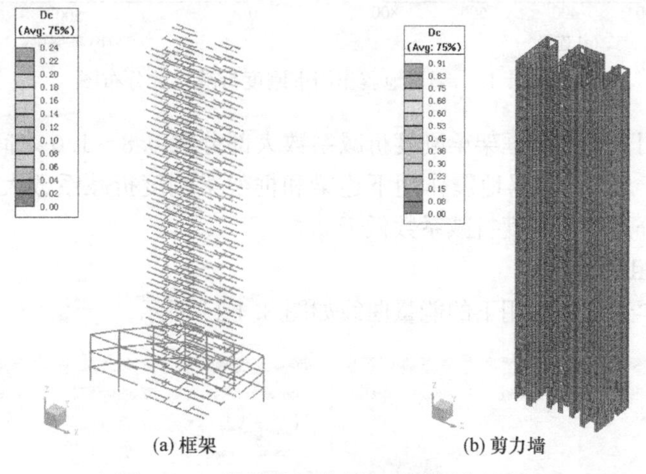

(a) 框架　　(b) 剪力墙

图 3.4-7　设防地震作用下结构损伤情况

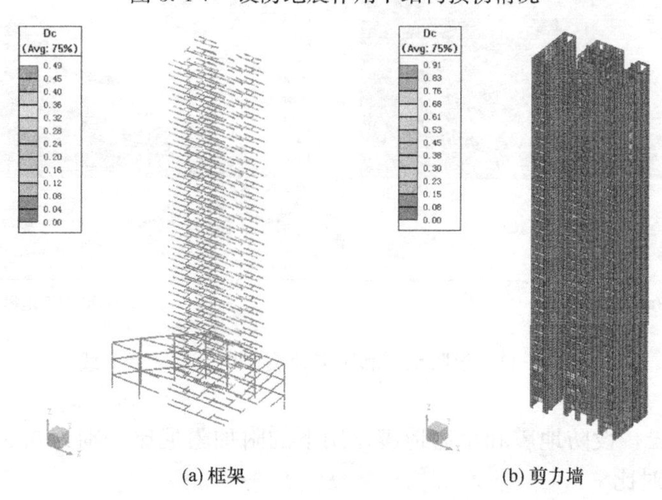

(a) 框架　　(b) 剪力墙

图 3.4-8　罕遇地震作用下结构损伤情况

3. 构件刚度折减系数

设防地震和罕遇地震作用下，根据构件损伤情况计算得到的连梁和框架梁刚度折减系数如图 3.4-9 及图 3.4-10 所示。

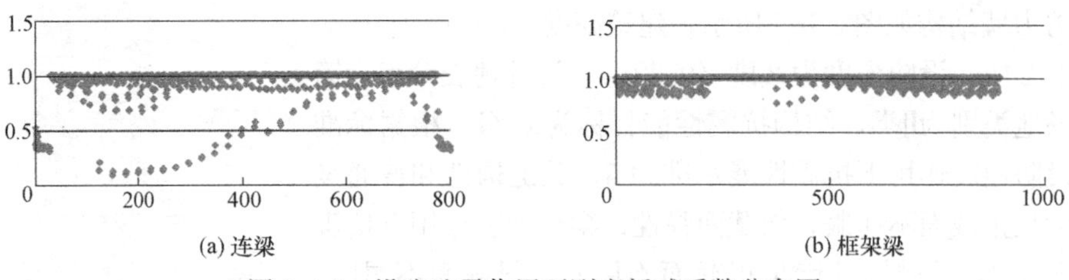

(a) 连梁　(b) 框架梁

图 3.4-9　设防地震作用下刚度折减系数分布图

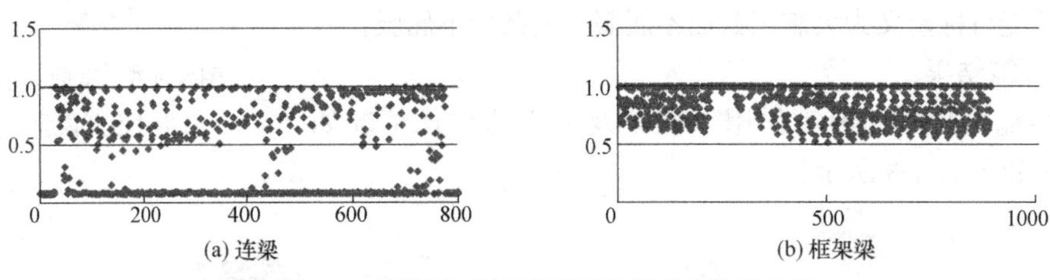

(a) 连梁　(b) 框架梁

图 3.4-10　罕遇地震作用下刚度折减系数分布图

设防地震作用下连梁和框架梁刚度折减系数大部分在 0.8～1.0 之间，其中部分连梁刚度折减系数低于 0.5；罕遇地震作用下连梁和框架梁刚度折减系数大部分在 0.5～1.0 之间，相当一部分连梁的刚度折减系数低于 0.5。

4. 结构附加阻尼比

设防地震和罕遇地震作用下的能量曲线如图 3.4-11 所示。

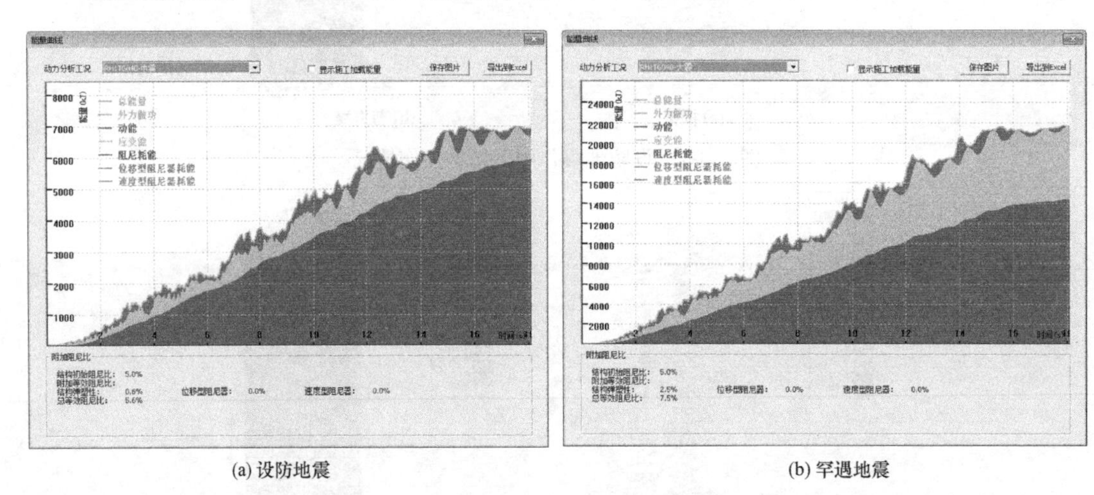

(a) 设防地震　(b) 罕遇地震

图 3.4-11　设防地震和罕遇地震作用下的能量曲线

根据能量曲线，设防地震和罕遇地震作用下的附加阻尼比分别为 0.6%和 2.5%。

5. 计算结果对比

不进行刚度折减与导入 SAUSG-Design 软件刚度折减系数进行刚度折减，在设防地震和罕遇地震作用下的结构周期对比如表 3.4-1 所示。

设防地震和罕遇地震作用下的结构周期对比 **表 3.4-1**

刚度不折减			设防地震作用下刚度折减			罕遇地震作用下刚度折减		
振型号	周期(s)	振型类型	振型号	周期(s)	振型类型	振型号	周期(s)	振型类型
1	1.7455	X	1	1.7736	X	1	1.9251	X
2	1.6854	Y	2	1.7143	Y	2	1.8671	Y
3	0.8939	T	3	0.9342	T	3	1.0738	T
4	0.5056	X	4	0.5149	X	4	0.5646	X
5	0.3709	Y	5	0.3803	Y	5	0.4291	Y
6	0.2619	T	6	0.2674	T	6	0.3070	T
7	0.2466	X	7	0.2504	X	7	0.2791	X
8	0.2357	T	8	0.2357	T	8	0.2357	T
9	0.1658	Y	9	0.1690	Y	9	0.1939	Y
10	0.1614	T	10	0.1616	T	1	1.9251	X

从表 3.4-1 可以看出，设防地震作用下结构损伤较轻，两个主方向的结构周期增加不多；罕遇地震作用下结构刚度退化明显，X 向和 Y 向第一周期分别增加 9.35%和 9.75%。

设防地震和罕遇地震作用下楼层剪力对比，如图 3.4-12 和图 3.4-13 所示。

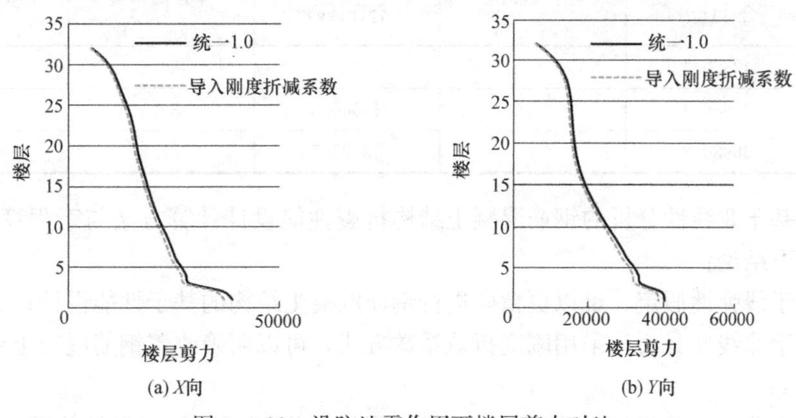

(a) X向 (b) Y向

图 3.4-12 设防地震作用下楼层剪力对比

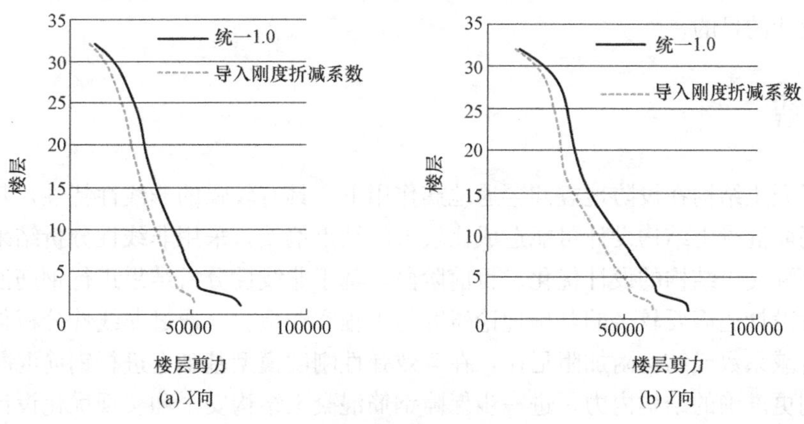

(a) X向 (b) Y向

图 3.4-13 罕遇地震作用下楼层剪力对比

从图 3.4-12 和图 3.4-13 可以看出，结构在设防地震作用下楼层剪力相差不大，约 5%；罕遇地震作用下 X 向和 Y 向基底剪力相差 27%和 17%。

底部三层竖向构件为关键构件，框架柱配筋结果对比如表 3.4-2 所示，可以看出，采用 SAUSG-Design 软件计算得到的刚度折减系数，底部三层框架柱配筋量分别节省了 13.7%、11.1%和 11.1%。

底部三层框架柱配筋量对比 **表 3.4-2**

楼层号	刚度折减		刚度不折减		节省配筋率(%)
	合计(kg)	单位面积量(kg/m^2)	合计(kg)	单位面积量(kg/m^2)	
1	6751.7	12.5	7678.4	14.2	13.7
2	5858.9	10.8	6509.5	12.0	11.1
3	6485.2	12.0	7201.8	13.3	11.1

底部三层剪力墙配筋结果对比如表 3.4-3 所示，可以看出，采用 SAUSG-Design 软件计算得到的刚度折减系数，底部三层剪力墙配筋量分别节省了 6.8%、5.6%和−0.8%。

底部三层剪力墙配筋量对比 **表 3.4-3**

楼层号	刚度折减		刚度不折减		节省配筋率(%)
	合计(kg)	单位面积量(kg/m^2)	合计(kg)	单位面积量(kg/m^2)	
1	42350.4	78.3	45225.6	83.6	6.8
2	44086.1	81.5	46566.8	86.1	5.6
3	48980.2	90.5	48585.7	89.8	−0.8

通过对基于非线性分析的钢筋混凝土结构抗震性能设计计算方法与工程算例的研究，可以得到如下结论：

（1）基于线弹性假定，难以更精确进行钢筋混凝土结构的基于性能设计；

（2）基于非线性分析，采用刚度折减系数方式，可以明确改善钢筋混凝土结构的基于性能设计结果；

（3）基于非线性分析的钢筋混凝土结构抗震性能设计，可显著降低关键构件配筋量，达到优化设计的目的。

3.5 小结

钢筋混凝土结构在设防地震和罕遇地震作用下，具有较强的非线性特性，基于线弹性假定进行钢筋混凝土结构设计可能造成比较大的结果偏差；采用非线性分析结果，可以明确实现钢筋混凝土结构的设计优化。目前阶段，基于非线性分析结果进行钢筋混凝土结构的直接分析设计还需要较多的基础理论研究与工程实践检验。通过非线性分析得到结构构件的刚度折减系数或结构附加阻尼比，在等效弹性刚度模型基础上进行钢筋混凝土结构设计可以得到更准确的结构内力，进一步保障钢筋混凝土结构安全和实现优化设计，所增加的计算工作量也可满足现有结构设计行业对效率的要求。

参考文献

[1] 中华人民共和国住房和城乡建设部. 建筑抗震设计规范：GB 50011—2010 [S]. 北京：中国建筑工业出版社，2010.

[2] 北京构力科技有限公司. SATWE S-3 多层及高层建筑结构空间有限元分析与设计软件（墙元模型）用户手册 [M]. 2015.

[3] 中华人民共和国住房和城乡建设部. 高层建筑混凝土结构技术规程：JGJ 3—2010 [S]. 北京：中国建筑工业出版社，2011.

[4] 周颖，吕西林. 中震弹性设计和中震不屈服设计的理解与实施 [J]. 结构工程师，2008，24（6）：1-5.

[5] 范重，刘云博，邢超，等. 剪力墙连梁刚度折减系数确定方法研究 [J]. 建筑结构，2015，45（23）：15-20.

[6] 侯晓武，王莹，杨志勇. 弹塑性分析确定连梁刚度折减系数方法的应用 [J]. 建筑结构，2018，48（9）：27-33.

[7] 广州建研数力建筑科技有限公司. SAUSG-Design 弹性设计非线性优化软件用户手册 [M]. 2017.

[8] 黄吉锋，李云贵，邵弘，等. 考虑弹塑性内力重分配的框剪结构等剪应力调整 [J]. 建筑科学，2005，21（3）：1-7.

[9] 刘超，杨志勇，黄吉锋. 框剪结构二道防线调整方法探讨 [J]. 建筑科学，2017，33（11）：36-41.

[10] 侯晓武，金新阳，杨志勇. 高层建筑结构性能化设计中存在的问题和解决方案 [J]. 建筑结构，2017，47（S2）：1-5.

第4章　基于非线性分析的钢结构直接分析设计

我国建筑结构中钢结构的占比在逐步提高，无论是工业厂房，还是多高层钢结构住宅、超高层钢结构和大跨度钢结构，均有较多的工程应用案例。钢结构往往稳定起控制作用。

目前阶段，钢结构基于分叉点稳定的欧拉公式，根据结构有、无侧移状态及构件边界条件，通过构件的计算长度系数进行稳定验算。这种钢结构稳定计算方法是计算技术不具备的情况下，方便手工计算的一种简化方法，有明确的理想化假定，也比较粗糙。近年来，国内外钢结构设计越来越多地倾向于直接考虑结构和构件的初始缺陷和初始应力、结构的 $P\text{-}\Delta$ 效应和构件的 $P\text{-}\delta$ 效应等几何非线性影响以及材料的非线性特性，进行钢结构直接分析设计，本章将结合实际工程案例介绍相关计算方法。

4.1　钢结构的特点与设计方法

钢结构是使用钢材构件承受荷载的结构形式[1]。主要用于工业厂房、大跨度结构、高耸结构、多高层民用建筑、可拆卸结构、轻钢结构和钢筋混凝土组合结构等。

4.1.1　钢结构的特点

钢结构采用钢板、热轧型钢或冷加工成型的薄壁型钢制造而成。与其他材料的结构相比，钢结构有如下一些特点[2]：

1. 材料强度高，塑性和韧性好

钢材与其他建筑材料诸如混凝土、砖石、木材相比，强度要高得多。因此，特别适用于跨度大或荷载大的构件和结构。钢材还具有塑性和韧性好的特点。塑性好使结构一般条件下不会因为超载而突然断裂。同时，良好的吸能能力和延性还使钢结构具有优越的抗震性能。

另外，由于钢材的强度高，一般构件截面较小而且壁薄，受压时需要特别注意构件的稳定要求，强度有时不能充分发挥。通常，钢构件拉杆的极限承载力高于压杆，这与混凝土抗压强度远高于抗拉强度形成鲜明对比。

2. 材质均匀，比较符合力学计算的假定

钢材内部组织比较接近于均质和各向同性材料，而且在一定的应力幅度内几乎是完全弹性的。因此，钢结构的实际受力情况比较符合力学计算结果。钢材在冶炼和轧制过程中质量可以严格控制，材质波动较小。

3. 制造简便，施工周期短

钢结构所用的材料单纯而且是成材，加工比较简便并且能使用机械操作。因此，大量的钢结构一般在专业化的金属结构厂做成构件，精确度较高。构件在工地拼装，采用安装简便的普通螺栓和高强度螺栓连接，有时在地面拼装和焊接成较大的单元再行吊装，能够缩短施工周期。少量的钢结构和轻钢屋架，也可以在现场就地制造。此外，对已建成的钢结构比较容易改建和加固，用螺栓连接的结构还可以根据需要进行拆迁。

4. 质量轻

由于钢材的强度与密度之比要比混凝土大得多，钢材的密度虽比混凝土、砖石等材料大，但钢结构却比钢筋混凝土结构更轻。以同样的跨度承受同样荷载，钢屋架的质量仅为钢筋混凝屋架的1/3～1/4，冷弯薄壁型钢屋架甚至接近1/10，为吊装提供了便利条件。

屋盖结构的质量轻，对抵抗地震作用有利。质轻的屋盖结构对可变荷载的变动比较敏感，荷载超额的不利影响比较大。受有积灰荷载的结构如不注意及时清灰，可能会造成事故。风吸荷载可能造成钢屋架的拉、压杆反号，设计时不能忽视。设计沿海地区的房屋结构，如果对飓风作用下的风吸荷载估计不足，则屋面系统有被掀起的危险。

5. 耐腐蚀性能差

钢材耐腐蚀的性能比较差，必须对结构注意防护。尤其是暴露在大气中的结构，如桥梁，更应特别注意，这使维护费用比钢筋混凝土结构高。不过在没有侵蚀性介质的一般厂房中，构件经过彻底除锈并涂上合格的油漆，锈蚀问题并不严重。近年来出现的耐候钢具有较好的抗锈性能，已经逐步推广应用。

6. 耐热但不耐火

钢材长期经受100℃辐射热时，强度没有多大变化，具有一定的耐热性能；但温度达150℃以上时，就须用隔热层加以保护。钢材不耐火，重要的结构必须注意采取防火措施。例如，利用蛭石板、蛭石喷涂层或石膏板等加以防护。防护使钢结构造价提高。

4.1.2 常见钢结构倒塌失效模式

1. 结构的整体失稳

结构的整体失稳指作用在结构上的外荷载尚未达到按强度计算得到的结构破坏荷载时，结构已不能继续承担荷载并产生较大的变形，整个结构偏离原来的平衡位置而倒塌。

结构在荷载作用下处于平衡位置，微小的外界扰动会使其偏离平衡位置，若外界扰动去除后，结构仍能恢复到初始平衡位置，则说明结构是稳定的；若结构不能恢复到初始的平衡位置，且偏离越来越远，说明结构是不稳定的；若结构不能恢复到初始平衡位置，但停留在新的平衡位置，则结构处于临界平衡状态，或称为随遇平衡。

结构失稳的类别有：

（1）欧拉屈曲，也称为第一类失稳、分支型失稳。在临界状态前，结构保持初始的平衡位置，在达到临界状态（屈曲）时，结构从初始的平衡位置过渡到无限接近的新的平衡位置，平衡状态出现分岔。如理想的轴压直杆的屈曲就属于欧拉屈曲。

（2）极值型失稳，也称为第二类失稳、压溃。该类失稳没有平衡分岔现象，结构变形随荷载的增加而增加，直到结构不能承受增加的外荷载。压弯杆件的失稳属于这一类失稳现象。

（3）屈曲后的极值型失稳，也称为屈曲后强度失稳。该类失稳开始有平衡分岔线性，但屈曲后并不立即破坏，有较显著的屈曲后强度，能继续承载，直到极值型失稳。如薄壁构件中的受压翼缘板和腹板的失稳现象[6]。

（4）有限干扰型失稳，也称为不稳定分岔屈曲。与屈曲后极限型失稳相反，结构屈曲后承载力迅速下降，若结构有初始缺陷时将不会出现屈曲现象而直接进入承载力较低的极值型失稳。如承受轴向荷载圆柱壳的失稳现象。

（5）跳跃型失稳。结构由初始平衡位置突然跳到另一个平衡位置，在跳跃的过程中出现较大的位移。如承受均布压力的球型扁壳的失稳。

2. 结构的局部失稳

结构的局部失稳指结构在保持整体稳定的条件下，结构中的局部构件或构件中的板件不能承受外荷载而失去稳定状态。受压板件的失稳属于屈曲后极值失稳，即板件屈曲后仍有较大的承载能力进入屈曲后强度阶段。局部失稳后仍有屈曲后强度的结构和构件，虽能继续承载，但其整体失稳时的极限承载力将受到局部失稳的影响而降低。局部失稳的屈曲荷载与板件的宽厚比有关。

3. 结构的塑性破坏（内力塑性重分布引起的破坏）

在不发生整体失稳和局部失稳的条件下，内力随荷载的增加而增加，当截面内力达到截面的承载力并使结构形成机构时，结构就丧失承载力而破坏，称为结构的强度破坏。结构强度破坏时会出现明显的变形，因此又称为塑性破坏（延性破坏）。纯粹的强度破坏很少，因为结构破坏过程中的明显变形一般会引起其他类型的破坏发生。

在杆系结构中，结构的强度破坏一般由受拉或受弯构件的强度破坏所引起，受压构件一般发生失稳破坏。

4. 结构的疲劳破坏（损伤累计破坏和脆性断裂破坏）

疲劳断裂是微观裂缝在连续重复荷载作用下不断扩展直至断裂的脆性破坏。出现疲劳断裂时，截面上的应力低于材料的抗拉强度，甚至屈服强度。同时，疲劳破坏属于脆性破坏，塑性变形极小，因此是一种没有明显变形的突然破坏，危险性较大。

4.1.3 倒塌案例

1907 年加拿大劳伦斯河上，魁北克大桥（图 4.1-1），因压杆失稳导致整座大桥倒塌，该桥梁为跨越魁北克河的三跨伸臂桥，两边跨各长 152.4m，中间跨长 548.64m。钢桥格

图 4.1-1 魁北克大桥

构式下弦压杆的角钢缀条过于柔弱（其总面积仅为弦杆截面面积的1.1%），这样柔弱的受压承载力远小于它实际所承受的压力，缀条在压力作用下失去稳定性，导致承载能力丧失，未能起到缀条将分肢连接成可靠整体的作用。未被可靠连接的分肢不能有效发挥承载作用，在压力作用下失稳，最终导致整个结构破坏。这是典型的局部失稳导致结构整体破坏的典型案例。钢桥原设计中间跨跨度为487.68m，但后来设计师Cooper认为河床中部水流湍急，若将两支墩分别向岸边移动，修建桥墩的费用会节省很多，于是将主跨跨度调整为548.64m，跨度增加了12.5%。这一变更使该桥成为当时世界上跨度最大的伸臂桥。设计师主观地认为这样做（指中间跨加大跨度）没有问题，因此对桥梁内力及其引起的效应改变没有重新计算[3]。

1978年1月18日，美国康涅狄格州哈特福德一座空间网架结构的体育馆，在雨雪荷载作用下，部分压杆出现屈曲，随后破坏迅速扩展，整个结构瞬间坠毁落地[5]。据调查，当时的荷载仅相当于设计荷载的一半。在设计中只考虑了压杆的弯曲屈曲，没有考虑扭转屈曲，更没考虑到因支撑偏心而发生的弯扭屈曲，结果受压杆因弯扭失稳而破坏，进而造成整个结构失稳垮塌，如图4.1-2所示。

1990年2月，辽宁省某重型机械厂计量楼增层会议室14.4m跨的轻钢梭形屋架腹杆平面外出现半波屈曲，致使屋盖迅速塌落（图4.1-3），造成42人死亡、179人受伤（当时正有305人在开会）。该轻钢梭形屋架适用于屋面荷载较小的情况，因为轻钢结构要求“轻对轻”（即荷载轻、自重轻），但是由于设计人员对此原则未能掌握，误用了重型屋盖，使钢屋架腹杆受到的实际力要大于按轻型屋盖确定的构件承载能力，而且还错用了计算长度系数，导致受压腹杆的平面外实际计算长度系数$\lambda_y>300$，如此纤细的受压腹杆不仅在稳定承载力上无法满足实际承载需要，而且从构造上也已经远远超过规范限值（受压构件长细比容许值为150，受拉杆为300）。

图4.1-2　哈特福德体育馆倒塌现场

图4.1-3　轻钢梭形屋架支撑的屋盖发生倒塌

2018年5月4日7点59分左右，福建省莆田市一在建钢结构办公楼轰然坍塌，如图4.1-4所示，造成5人死亡、2人重伤。坍塌的直接原因是钢结构H型钢柱稳定承载力严重不足，钢结构制作、安装质量存在严重缺陷，在砌筑墙体时导致结构失稳而整体坍塌。

2020年3月7日19时14分，位于福建省泉州市鲤城区的欣佳酒店所在建筑物发生坍塌事故，造成29人死亡、42人受伤，直接经济损失5794万元。经调查，事故的直接原因是，事故责任单位违法增加夹层将建筑物由原四层改建成七层，达到极限承载能力并处于坍塌临界状态，加之事发前对底层支承钢柱违规加固焊接作业引发钢柱失稳破坏，导致建筑物整体坍塌。

图 4.1-4 在建钢结构办公楼坍塌

4.1.4 钢结构的设计方法

长期以来，钢结构设计主要采用计算长度系数法进行，该方法采用一阶分析求解结构内力，按弹性稳定理论确定杆件的计算长度，然后将各杆件隔离出来，单独进行压弯构件稳定承载力验算。在实际工程应用中，由于计算长度系数法涉及诸如约束判断、模型简化、系数取值等与工程师主观判断相关的因素较多而有待进步[7]。

1. 一阶弹性分析方法[8]

侧移不敏感结构可以只进行一阶弹性分析，此时在构件设计时需要考虑计算长度系数[9]。一阶弹性分析属于线弹性的分析方法。在假定荷载作用下，结构几何状态改变不影响结构的刚度，同时不考虑材料屈服和刚度变化的影响。

在计算阶段，一阶弹性分析方法以结构整体为对象直接进行线弹性计算得到各构件内力。在设计阶段，以单根构件为对象，考虑构件的计算长度系数和稳定系数，进行构件的稳定性设计。稳定性设计流程如下：

(1) 基于弹性稳定理论，根据构件的约束条件确定构件计算长度系数。根据压杆稳定欧拉公式，典型欧拉压杆计算长度系数如表 4.1-1 所示。计算长度系数实质是把不同约束条件的杆件转换为两端铰接的杆件进行稳定性计算，例如，对于两端固定杆件，轴压力作用下，上下两个反弯点之间的距离即为构件的计算长度。对于实际结构中的构件，其计算长度系数的判断较为复杂，根据结构上下端杆件的相对刚度以及结构属于有侧移还是无侧移框架确定杆件的计算长度系数，如图 4.1-5～图 4.1-7 所示，其中 $k_1=\dfrac{K_C+K_1}{K_C+K_1+K_{11}+K_{12}}$，$k_2=\dfrac{K_C+K_2}{K_C+K_2+K_{21}+K_{22}}$。

(2) 确定杆件轴心受压稳定系数 φ。稳定系数 φ 为临界应力与钢材屈服强度之比[10]，与构件长细比、钢材屈服强度有关，可由《钢结构设计标准》GB 50017—2017 附录 D 求得（图 4.1-8）。受压稳定系数 φ 是由柱的最大强度理论用柱挠曲线法算出的 96 条 φ-λ 曲线（柱子曲线）归纳确定。在计算柱子曲线时考虑了影响杆件稳定性的主要因素，包括：1/1000 的初始弯曲、残余应力、材料屈服等[11]。

典型欧拉压杆计算长度系数计算　　**表 4.1-1**

约束情况	两端铰支	下端固定 上端自由	下端固定 上端铰支	两端固定
上端约束	UX,UY	—	UX,UY	UX,UY,RX,RY,RZ
挠曲线形状				
下端约束	UX,UY,UZ	ALL	ALL	ALL
长度因数 μ	1.0	2.0	0.7	0.5
计算公式	$F_{cr}=\frac{\pi^2 EI}{(\mu L)^2}$			
解析解	13061	3265	26655	52244
ABAQUS	12882	3258	25858	49282
SAUSG-Delta	12872	3257	25818	49119

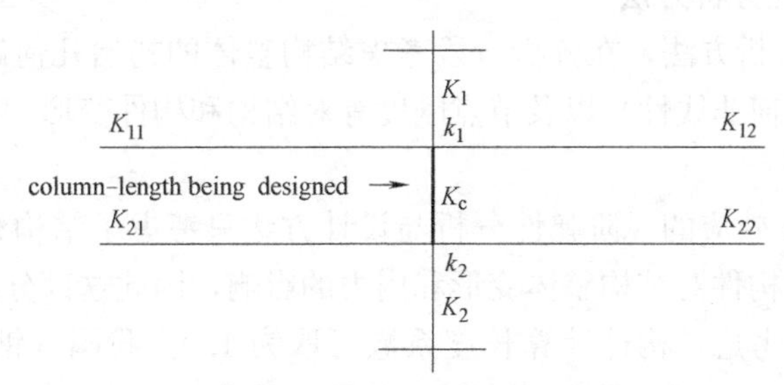

图 4.1-5　杆件约束条件

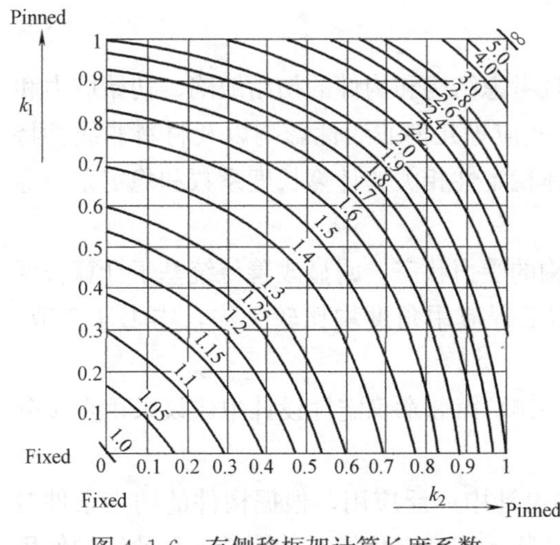

图 4.1-6　有侧移框架计算长度系数

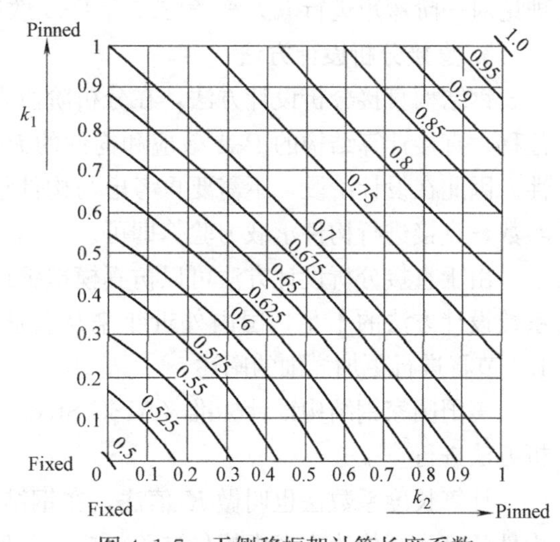

图 4.1-7　无侧移框架计算长度系数

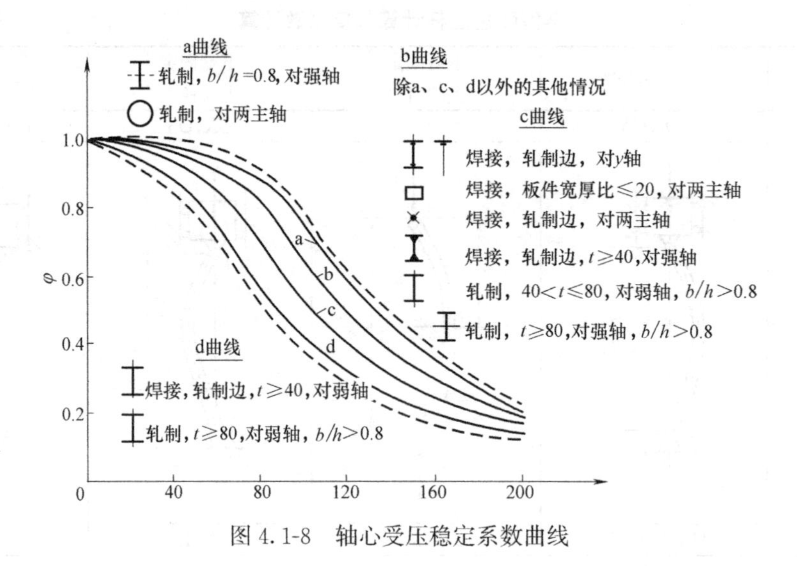

图 4.1-8　轴心受压稳定系数曲线

（3）根据稳定系数计算构件稳定应力。

$$\frac{N}{\varphi A f}\leqslant 1.0 \qquad (4.1\text{-}1)$$

式中　φ——轴心受压构件的稳定系数。

2. 二阶 *P*-*Δ* 弹性分析方法

二阶 P-Δ 弹性分析方法，在分析阶段考虑结构整体的初始几何缺陷、结构在荷载作用下的变形影响（几何非线性）以及节点刚度等对结构和构件变形和内力产生的影响，计算得到各构件内力。

采用仅考虑 P-Δ 效应的二阶弹性分析与设计方法只考虑了结构整体层面上的二阶效应的影响，并未涉及构件对结构整体变形和内力的影响，因此这部分的影响还需要在设计阶段通过稳定系数来考虑，构件计算长度系数可取为 1.0。我国《钢结构设计标准》GB 50017—2017 提供了一种近似的考虑二阶 P-Δ 效应的分析方法，该方法通过近似的二阶理论对一阶弯矩进行放大来考虑二阶 P-Δ 效应。

3. 直接分析设计方法

钢结构直接分析设计方法，在分析阶段直接考虑结构和构件的初始缺陷、初始应力和位移，直接计算结构的 P-Δ 效应和构件的 P-δ 效应等几何非线性影响以及材料非线性特性。因此在设计阶段，不需要再考虑与构件整体稳定性相关的计算长度系数和稳定系数等参数，直接进行构件承载力验算即可。

由于直接分析设计方法可以仿真模拟钢结构的受力状态，明显改善传统基于计算长度系数设计方法的不足，国内外近年来从科研和工程应用角度均比较关注，本书 4.3 节、4.4 节将进行更加详细的阐述。

美国国家钢结构设计标准（AISC Steel 360-16）第 3 章稳定性设计中建议采用直接分析方法进行[4]。

计算长度系数法也叫做 K 值法，在钢结构设计中广泛应用，根据构件的约束条件对构件长度进行修改来考虑构件二阶效应、几何缺陷、刚度退化等。计算长度系数法的使用存在一些限制：

（1）不能用于稳定敏感结构，不适用于结构二阶效应系数大于 1.5 的结构；

（2）需要计算所有受压构件的计算长度系数；

（3）计算长度并不真实存在，力学上不直接也不直观；

（4）K 值与加载方式有关。

4.2　钢结构的非线性分析方法

4.2.1　钢结构初始缺陷

在力学分析中，一般将结构和构件进行理想化处理，直杆的轴线都是几何学的直线；垂直于地面的柱子不仅是直的，而且没有任何偏斜；构件的长度完全符合设计尺寸，不存在误差等。实际工程中的构件，显然不可能完全符合这些理想化的条件。钢结构的施工和验收规范对构件出厂时的初弯曲、柱子安装时的倾斜率等都规定了允许偏差值。

分析和设计钢结构时，需要考虑初始几何缺陷的影响。直杆的初弯曲，对构件受拉和受压的影响有所不同，微弯的杆件受拉时，矢度逐渐减小直至消失；受压时则正好相反，压力愈大则弯曲愈大，杆件的弯矩也随之增大。静定的杆系结构，当杆件长度有偏差时，组装后只是形状略有偏离，超静定结构则将产生初始内力。

进行钢结构直接分析设计或者对大跨空间钢结构进行整体稳定性分析时，需要考虑结构的初始缺陷，包括整体缺陷和构件缺陷。整体缺陷的定义方式，可以采用重力加载变形结果或者选择相应的屈曲模态进行定义，根据整体缺陷代表值的最大值，对所选方式的变形进行放大作为结构的整体缺陷。整体缺陷代表值的最大值，按照《钢结构设计标准》GB 50017—2017 的规定，默认取为结构高度的 1/250。对于网壳结构，可以按照《空间网格结构技术规程》JGJ 7—2010 的规定，取为网壳跨度的 1/300。构件缺陷定义按照《钢结构设计标准》GB 50017—2017 的规定定义。

对钢结构初始缺陷定义的主要内容如下：

结构整体初始几何缺陷模式可按最低阶整体屈曲模态采用。框架及支撑结构整体初始几何缺陷代表值的最大值 Δ_0，可取为 $H/250$，H 为结构总高度。框架及支撑结构整体初始几何缺陷代表值也可按式（4.2-1）确定，如图 4.2-1 所示；或可通过在每层柱顶施加假想水平力 H_{ni} 等效考虑，假想水平力可按式（4.2-2）计算，施加方向应考虑荷载的最不利组合，如图 4.2-2 所示。

$$\Delta_i=\frac{h_i}{250}\sqrt{0.2+\frac{1}{n_s}} \tag{4.2-1}$$

$$H_{ni}=\frac{G_i}{250}\sqrt{0.2+\frac{1}{n_s}} \tag{4.2-2}$$

式中　Δ_i——所计算第 i 楼层的初始几何缺陷代表值（mm）；

n_s——结构总层数，当 $\sqrt{0.2+\frac{1}{n_s}}<\frac{2}{3}$ 时取此根号值为 $\frac{2}{3}$；当 $\sqrt{0.2+\frac{1}{n_s}}>1.0$ 时，取此根号值为 1.0；

h_i——所计算楼层的高度（mm）；

G_i——第 i 楼层的总重力荷载设计值（N）。

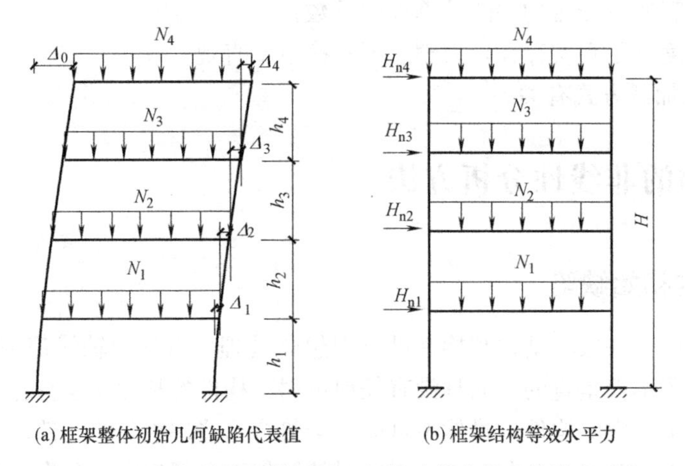

图 4.2-1　框架结构整体初始几何缺陷代表值及等效水平力

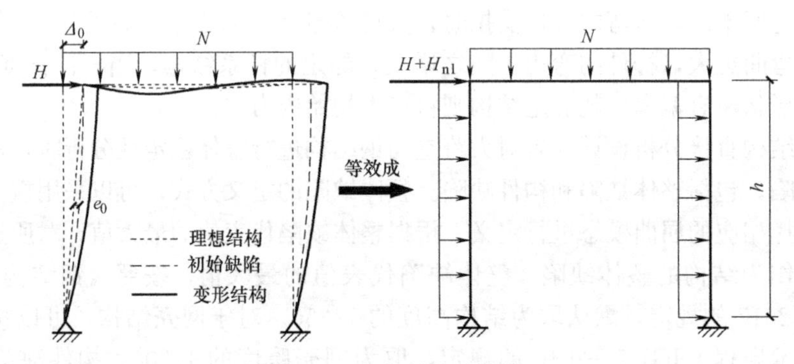

图 4.2-2　框架结构计算模型

构件的初始缺陷代表值可按式（4.2-3）计算确定，该缺陷值包括了残余应力的影响，如图 4.2-3（a）所示。构件的初始缺陷也可采用假想均布荷载进行等效简化计算，假想均布荷载可按式（4.2-4）确定，如图 4.2-3（b）所示。

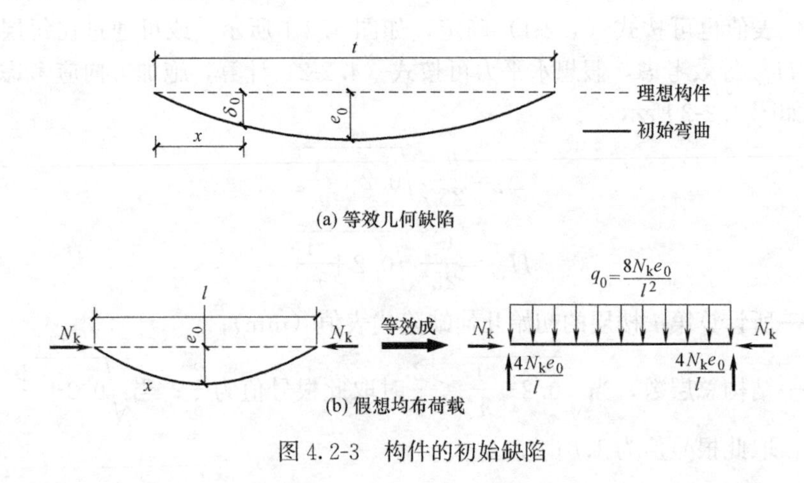

图 4.2-3　构件的初始缺陷

$$\delta_0 = e_0 \sin \frac{\pi x}{l} \tag{4.2-3}$$

$$q_0 = \frac{8N_k e_0}{l^2} \tag{4.2-4}$$

式中　δ_0——离构件端部 x 处的初始变形值（mm）；

e_0——构件中点处的初始变形值（mm）；

x——离构件端部的距离（mm）；

l——构件的总长度（mm）；

q_0——等效均布荷载（N/mm）；

N_k——构件承受的轴力标准值（N）。

构件初始弯曲缺陷值$\frac{e_0}{l}$，当采用直接分析不考虑材料非线性发展时，可按表 4.2-1 取构件综合缺陷代表值；当采用直接分析考虑材料非线性发展时，应考虑构件初始缺陷。

构件综合缺陷代表值　　**表 4.2-1**

截面分类	二阶分析采用的$\frac{e_0}{l}$值
a类	1/400
b类	1/350
c类	1/300
d类	1/250

4.2.2　线性屈曲分析原理

线性屈曲分析功能主要用于求解由桁架、梁单元或者壳单元构成的结构临界荷载系数和分析对应的屈曲模态。在一定变形状态下结构的静力平衡方程式可以写成下列形式：

$$KU + K_G U = P \tag{4.2-5}$$

式中　K——结构的弹性刚度矩阵；

K_G——结构的几何刚度矩阵；

U——结构的整体位移向量；

P——结构的外力向量。

结构的几何刚度矩阵可通过将各个单元的几何刚度矩阵集成而得。几何刚度矩阵表示结构在变形状态下的刚度变化，与施加的荷载有直接的关系。一般情况下，构件受到压力时，刚度有减小的倾向；反之，受到拉力时，刚度有增大的倾向。各个单元的几何刚度矩阵由以下方法求得：

$$\begin{aligned} K_G &= \sum k_G \\ k_G &= F\bar{k}_G \end{aligned} \tag{4.2-6}$$

式中　$\bar{k}_G$——单元标准几何刚度矩阵；

F——单元内力。

梁单元的标准几何刚度矩阵如下：

$$\bar{k}_{G}=\begin{bmatrix}0 & & & & & & & & & & & \\ 0 & \frac{6}{5L} & & & & & & & & & & \\ 0 & 0 & \frac{6}{5L} & & & & & & & & symm. & \\ 0 & 0 & 0 & 0 & & & & & & & & \\ 0 & 0 & \frac{1}{10} & 0 & \frac{2L}{15} & & & & & & & \\ 0 & \frac{1}{10} & 0 & 0 & 0 & \frac{2L}{15} & & & & & & \\ 0 & 0 & 0 & 0 & 0 & 0 & 0 & & & & & \\ 0 & -\frac{6}{5L} & 0 & 0 & 0 & \frac{1}{10} & 0 & \frac{6}{5L} & & & & \\ 0 & 0 & 0 & 0 & \frac{1}{10} & 0 & 0 & 0 & \frac{6}{5L} & & & \\ 0 & 0 & -\frac{6}{5L} & 0 & 0 & 0 & 0 & 0 & 0 & 0 & & \\ 0 & 0 & -\frac{1}{10} & 0 & -\frac{L}{30} & 0 & 0 & 0 & \frac{1}{10} & 0 & \frac{2L}{15} & \\ 0 & \frac{1}{10} & 0 & 0 & 0 & -\frac{L}{30} & 0 & \frac{1}{10} & 0 & 0 & 0 & \frac{2L}{15}\end{bmatrix}$$

几何刚度矩阵 K_{G} 可以表示为荷载系数 α 和受荷载作用的结构的几何刚度矩阵 $\overline{K}_{G}$ 的乘积：

$$K_{G}=\lambda\overline{K}_{G} \tag{4.2-7}$$

$$(K+\lambda\overline{K}_{G})U=P \tag{4.2-8}$$

若结构处于不稳定状态，其平衡方程必须有特殊解，即等价刚度矩阵的行列式等于 0 时，发生屈曲（失稳）。这样，屈曲分析就可以归结为求解特征值的问题：

$$|K+\lambda\overline{K}_{G}|=0 \tag{4.2-9}$$

通过特征值分析求得的解有特征值和特征向量，特征值就是临界荷载系数，特征向量是对应于临界荷载的屈曲模态。临界荷载可以用已知的初始值与临界荷载系数的乘积计算得到。临界荷载和屈曲模态意味着所输入的临界荷载作用到结构时，结构发生与屈曲模态相同形态的屈曲。例如，当初始荷载为 10kN 的结构进行屈曲分析时，求得临界荷载系数为 5，表明此结构物受 50kN 的荷载时发生屈曲。

实际上，结构不管是几何方面还是材料方面都呈现非线性性质，建立在结构初始构形上的线性屈曲分析在实际应用中是有一些局限性的。

4.2.3 钢结构几何非线性计算原理

在线弹性力学分析中，假定位移与应变关系是线性的且应变为小量，由此可以得到线性几何方程。考虑位移与应变的非线性关系或采用大应变理论则都属于几何非线性问题，亦即非线性问题包括了大位移小应变以及大位移大应变等问题，此时均导致几何运动方程成为非线性。SAUSG 软件研究的几何非线性问题主要是大位移（大转动）小应变问题。

如图 4.2-4 所示一变形体在 $t_0=0$ 时有构形 A_0，变形体中一质点 P_0 的坐标为（x_{10}，x_{20}，x_{30}），在 $t=t_n$ 时，物体有运动构形 A_n，质点 P_0 运动至 P_n，在时间 $t_{n+1}=t_n+\Delta t_n$ 时，物体运动有构形 A_{n+1}，质点运动至 P_{n+1}，对于变形体及其上的质点运动状态，可以随不同的坐标选取以下两种描述方法：

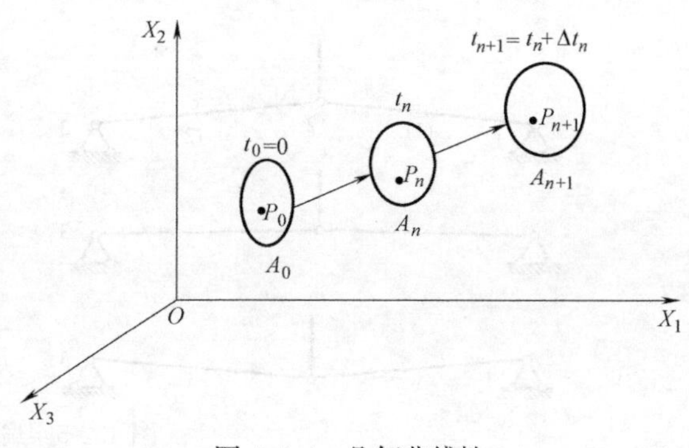

图 4.2-4　几何非线性

（1）Lagrange 法——用各质点在初始位置的坐标作为独立变量进行描述。即以变形前的初始构形为基准，然后确定它与变形构形间的相对变形，导出的应变张量称为 Green 应变张量。

（2）Euler 法——用各质点位置的即时坐标或我们需要的时刻的坐标作为独立变量进行描述。即以变形构形为基准，然后确定其与初始构形间的相对变形，由此导出的应变张量称为 Almansi 应变张量。

现在用得最为广泛的是拉格朗日列式，分为 T.L 列式法和 U.L 列式法两种。

（1）全拉格朗日列式法（ T.L 列式法，Total Lagrangian Formulation）。选取 $t_0=0$ 时刻未变形物体的构形 A_0 作为参照构形进行分析。

（2）修正的拉格朗日列式法（ U.L 列式法，Updated Lagrangian Formulation）。选取 t_n 时刻的物体构形 A_n 为参照构形。由于 A_n 随计算而变化，因此其构形和坐标值也是变化的，即与 t 有关。t_n 为非线性增量求解时增量步的开始时刻。

在 T.L 列式法中，采用初始时刻各单元局部坐标系，在整个求解过程中，它是不变的；而在 U.L 列式法中，采用上一级荷载增量末单元局部坐标系，在每一个荷载增量内它是变化的。SAUSG 软件采用的是修正的拉格朗日列式法（U.L 列式法），每时步更新节点坐标及单元局部坐标系。

4.2.4　经典双非线性算例

1. 扁拱算例

算例来源：清华大学陆新征《钢筋混凝土有限元》课件。

扁拱模型如图 4.2-5 所示，两端铰接杆长 $L=3$m，拱高 $H=0.1$m，圆钢管截面，外径 0.4m，壁厚 0.02m，截面面积 $A=0.0238761\text{m}^2$，Q390 钢材，弹性模量 $E=206$GPa，拱顶施加向下位移 0.25m。要求绘制拱顶竖向位移与反力曲线。取半边结构，受力分析如下：

$$L'=\sqrt{(H-x)^2+(\sqrt{L^2-H^2})}=\sqrt{L^2-2Hx+x^2}$$

$$N=EA\varepsilon=EA\frac{L-L'}{L}$$

$$F=N\sin\theta,\text{其中},\sin\theta=\frac{H-x}{L'}$$

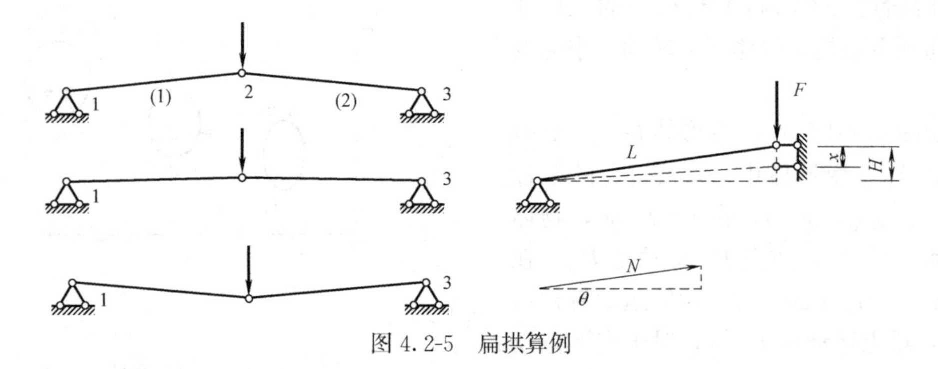

图 4.2-5　扁拱算例

OCTAVE 代码如下：

```
H=0.1;
L=3;
A=0.0238761;
E=206000000;
x=0:0.01:0.25;
F=x;
for i=1:(length(x))
    L1=sqrt(L*L-2*H*x(i)+x(i)*x(i));
    F(i)=(H-x(i))/L1*E*A*(L-L1)/L;
end
% 绘制荷载位移曲线
figure
plot(x,2*F);
```

运行得荷载位移曲线，如图 4.2-6 所示。

在 SAUSG 软件中建立扁拱模型，如图 4.2-7 所示。

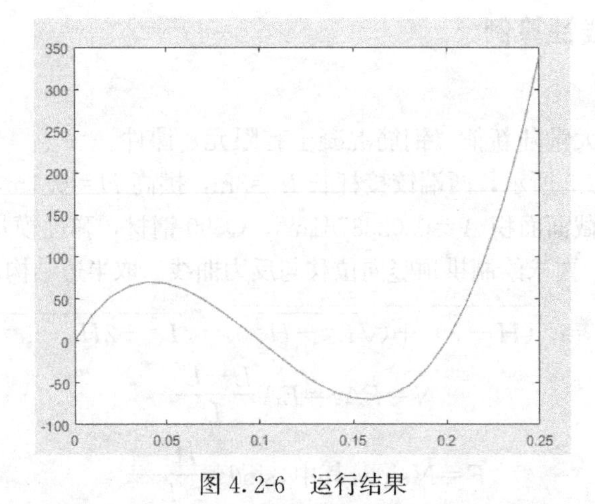

图 4.2-6　运行结果

每根杆件只划分一个单元，采用中心差分方法，考虑几何非线性，拱顶线性施加位移−0.25m，分析时长20s，得拱顶位移与反力曲线如图4.2-8所示。

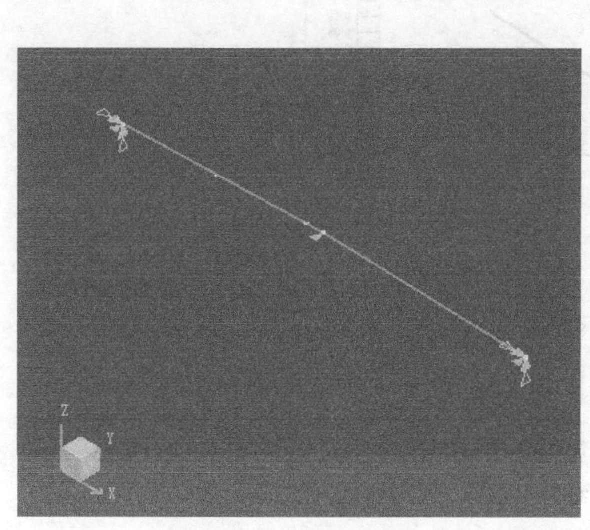

图4.2-7　SAUSG模型

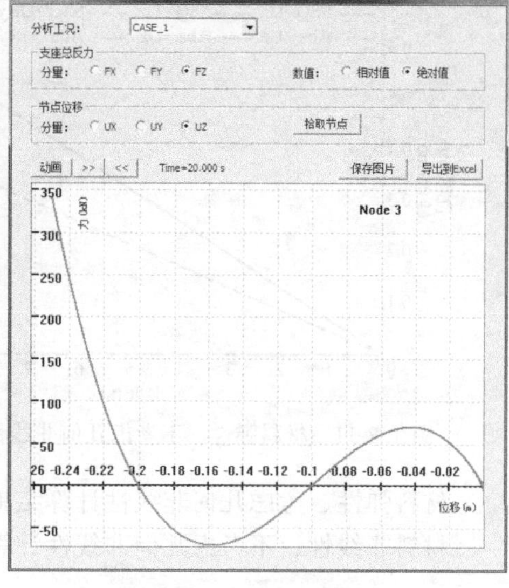

图4.2-8　荷载-位移曲线

将理论解与SAUSG曲线导出绘制在一张图上（图4.2-9），可见SAUSG考虑几何非线性的计算结果与理论解完全一致。

2. 单柱弯曲算例

圆钢管柱，外径0.1m，壁厚0.005m，Q345钢材，柱底固定，柱顶施加弯矩50kN·m，线性增大荷载，加载时长10s，采用中心差分方法计算（图4.2-10）。

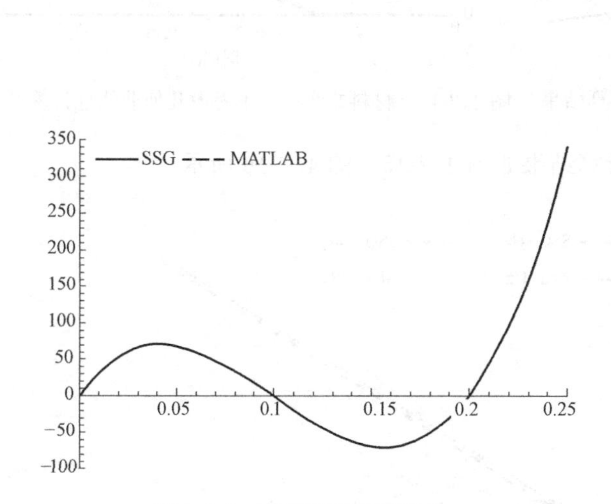

图4.2-9　荷载位移曲线对比

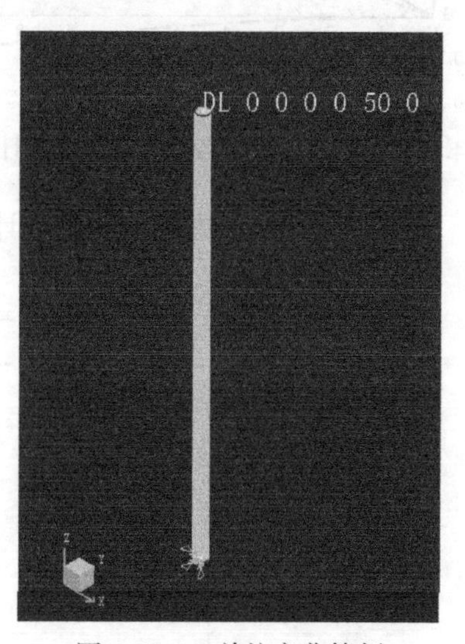

图4.2-10　单柱弯曲算例

材料弹性、不考虑几何非线性计算结果如图4.2-11所示。

转角理论解：$URy=\dfrac{ML}{EI}=\dfrac{50\times3}{(2.06\times10^{8})\times(1.68812\times10^{-6})}=0.431341\text{rad}$，可见软

件计算结果与理论解相同（图 4.2-12）。

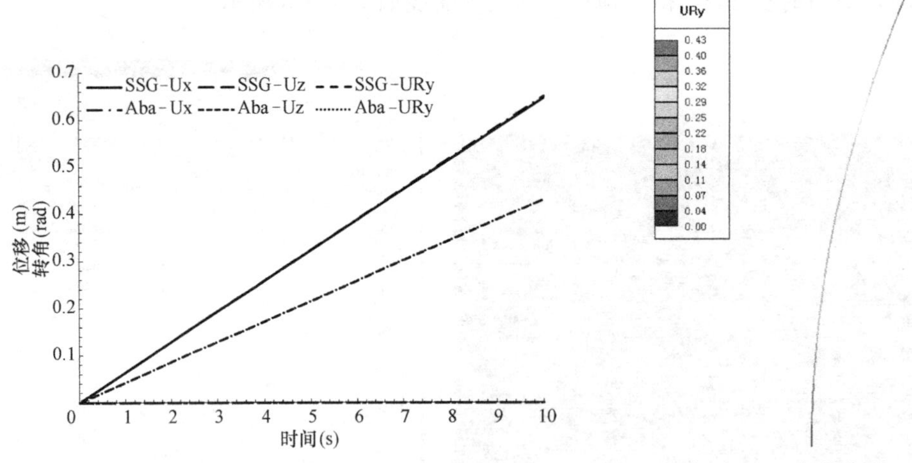

图 4.2-11　材料弹性、不考虑几何非线性计算结果　　图 4.2-12　弯曲变形

材料弹性、考虑几何非线性计算结果如图 4.2-13 所示。

材料非线性、不考虑几何非线性计算结果如图 4.2-14 所示。

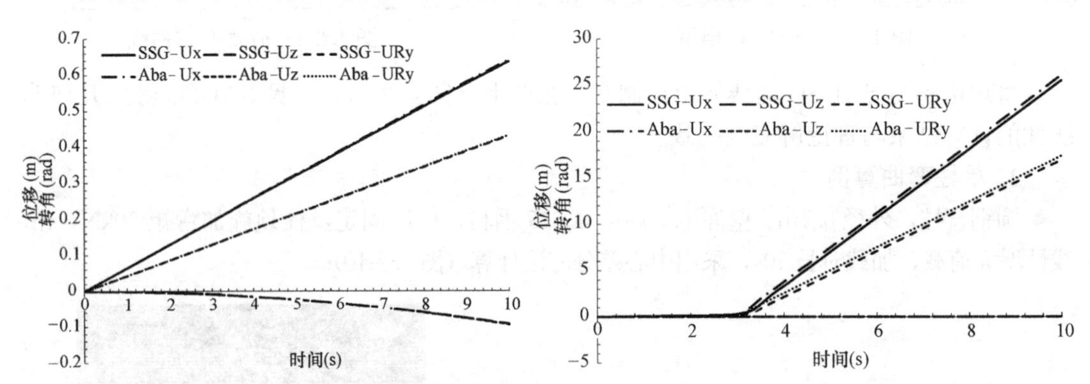

图 4.2-13　材料弹性、考虑几何非线性计算结果　图 4.2-14　材料非线性、不考虑几何非线性计算结果

材料非线性、考虑几何非线性计算结果如图 4.2-15、图 4.2-16 所示。

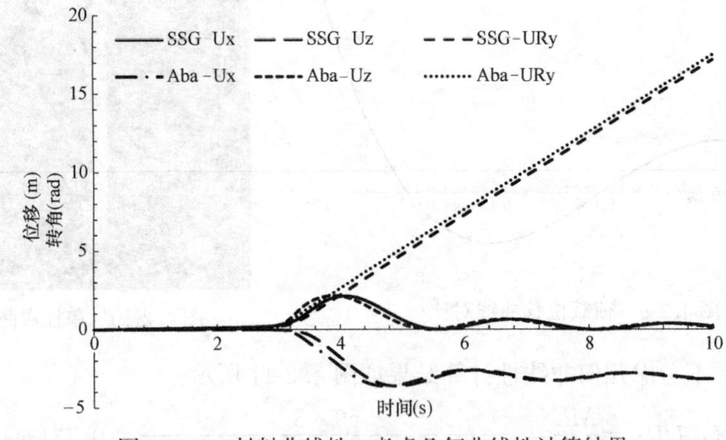

图 4.2-15　材料非线性、考虑几何非线性计算结果

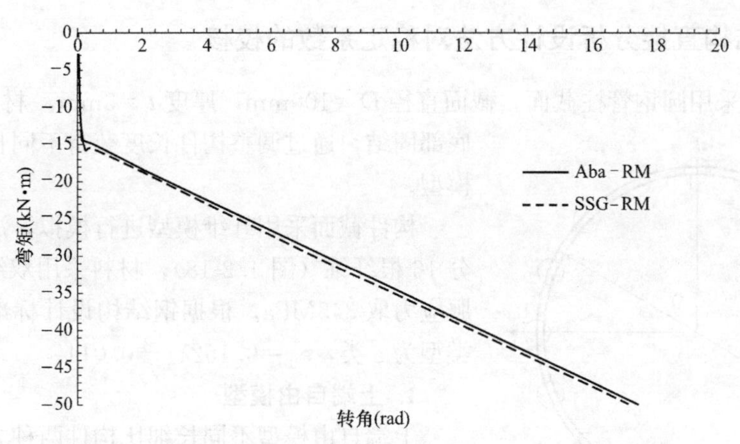

图 4.2-16　材料非线性、考虑几何非线性弯矩转角曲线对比

结构各时刻位移云图如图 4.2-17 所示。

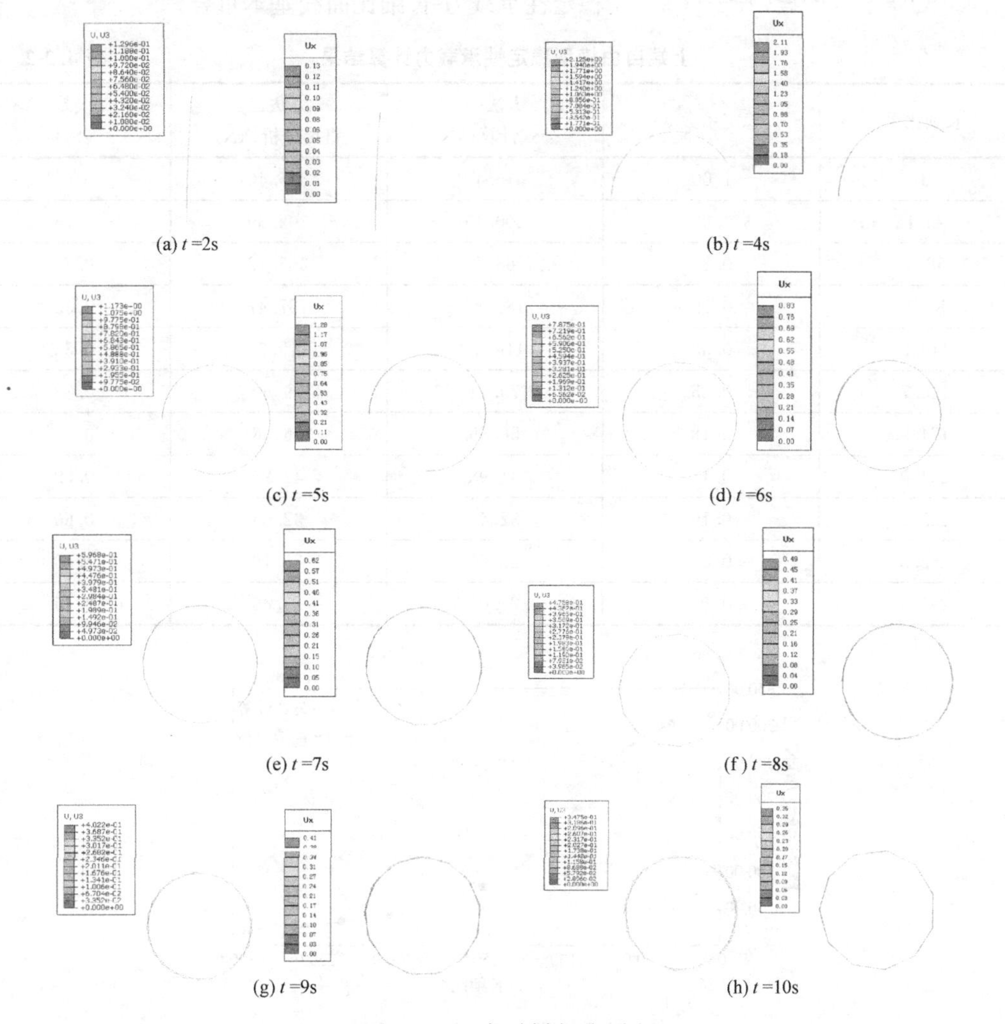

(a) t=2s　(b) t=4s

(c) t=5s　(d) t=6s

(e) t=7s　(f) t=8s

(g) t=9s　(h) t=10s

图 4.2-17　各时刻变形云图

4.2.5 钢结构直接分析设计方法对稳定系数的校核

计算模型采用圆钢管柱截面，截面直径 $D=100\text{mm}$，厚度 $t=3\text{mm}$，材料取 Q345，底部固结，通过调整构件长度获得不同长细比的分析模型。

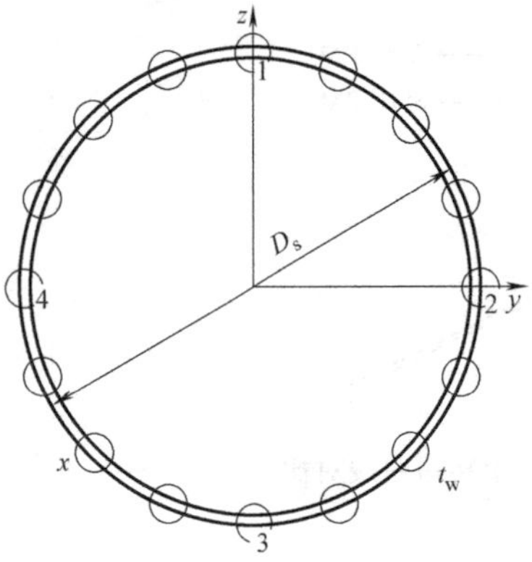

图 4.2-18 截面纤维划分

构件截面采用纤维模型进行模拟，沿截面均匀划分 16 根纤维（图 4.2-18），材料采用双线性本构，屈服应力取 345MPa。根据钢结构设计标准，圆形截面类型为 a 类，$\varepsilon_0=0.152\lambda_n-0.014$。

1. 上端自由模型

上端自由模型不同长细比构件两种方法计算结果对比如表 4.2-2 和图 4.2-19 所示。可以看出，上端自由模型两种方法计算结果接近，误差均不超过 3%，稳定性承载力-长细比曲线基本重合。

上端自由模型稳定性承载力计算结果　　表 4.2-2

长细比 λ	稳定系数 ϕ	方法一 公式计算(kN)	方法二 直接分析(kN)	误差 (%)
0	1.00	315.40	315.40	0
29.1	0.95	300.19	302.39	0.73
58.3	0.84	263.75	265.72	0.75
87.4	0.59	186.88	187.47	0.32
116.6	0.38	118.83	119.21	0.32
145.7	0.25	79.44	79.69	0.32
174.9	0.18	56.39	56.66	0.49
204.0	0.13	41.98	42.23	0.59
233.2	0.10	32.44	32.63	0.60
262.3	0.08	25.80	26.19	1.53
291.5	0.07	21.00	21.45	2.15

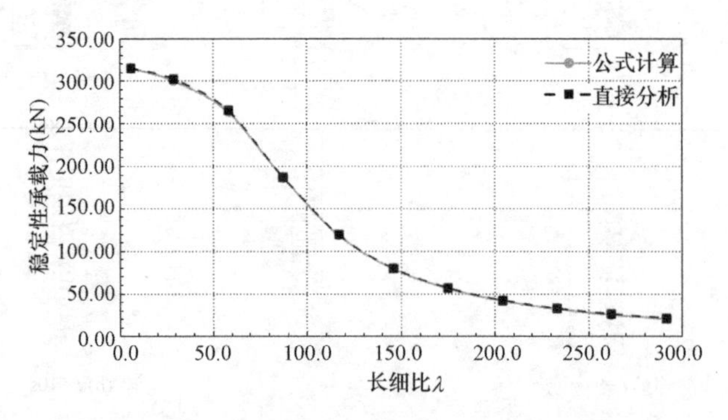

图 4.2-19　上端自由模型稳定性承载力-长细比曲线

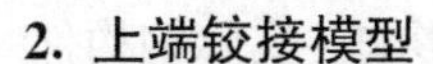

2. 上端铰接模型

上端铰接模型不同长细比构件两种方法计算结果对比如表 4.2-3 和图 4.2-20 所示。可以看出，上端铰接模型两种方法计算结果在长细比 60～120 之间误差较大，直接分析结果小于公式计算结果，与《钢结构设计标准》确定稳定系数时所采用的强度理论及计算假定有关。

上端铰接模型稳定性承载力计算结果 表 4.2-3

长细比 λ	稳定系数 ϕ	方法一 公式计算(kN)	方法二 直接分析(kN)	误差 (%)
0	1.00	315.40	315.40	0
20.4	0.97	306.71	300.00	2.19
40.8	0.92	289.32	267.64	7.49
61.2	0.82	257.86	222.73	13.62
81.6	0.65	203.84	171.87	15.68
102.0	0.47	148.68	128.37	13.66
122.4	0.35	109.07	97.30	10.79
142.8	0.26	82.46	75.01	9.04
163.2	0.20	64.26	59.62	7.22
183.6	0.16	51.38	48.38	5.85
204.0	0.13	41.98	39.75	5.32
224.4	0.11	34.93	33.41	4.33
244.8	0.09	29.50	28.48	3.47
265.2	0.08	25.25	24.56	2.71
285.6	0.07	21.85	21.47	1.74
306.0	0.06	19.09	18.90	1.00

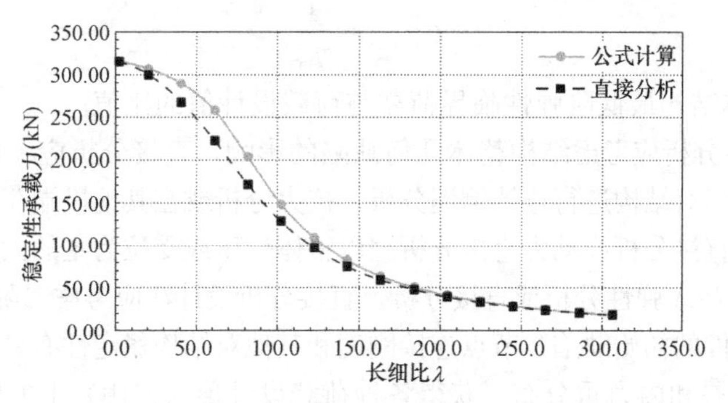

图 4.2-20 上端铰接模型稳定性承载力-长细比曲线

3. 小节

本节采用直接分析设计方法对《钢结构设计标准》GB 50017—2017 中轴心受压杆件的稳定系数进行了复核，得到的初步结论如下：

（1）实际钢结构设计时为了简化计算过程，采用了稳定系数修正一阶分析结果的方式进行稳定承载力计算，稳定系数的准确性受到前提假定的限制，存在改进空间；

（2）钢构件初始缺陷的定义方式和大小对稳定承载力存在一定影响，实际钢构件一般处于弹性支座约束状态下，并非简单处于有侧移或无侧移状态，准确得到钢构件的计算长度系数也存在困难，这些需要采用直接分析设计方法进行改善。

4.3 钢结构的直接分析设计方法

4.3.1 直接分析设计方法规范规定

《钢结构设计标准》GB 50017—2017 中的关于直接分析设计方法的规定[8]：

直接分析设计方法（direct analysis method of design）直接考虑对结构稳定性和强度性能有显著影响的初始几何缺陷、残余应力、材料非线性、节点连接刚度等因素，以整个结构体系为对象进行二阶非线性分析的设计方法。

结构内力分析可采用一阶弹性分析、二阶 $P\text{-}\Delta$ 弹性分析或直接分析，应根据下列公式计算的最大二阶效应系数 $\theta_{i,\max}^{\mathrm{II}}$ 选择适当的结构分析方法。当 $\theta_{i,\max}^{\mathrm{II}}\leqslant 0.1$ 时，可采用一阶弹性分析；当 $0.1<\theta_{i,\max}^{\mathrm{II}}\leqslant 0.25$ 时，宜采用二阶 $P\text{-}\Delta$ 弹性分析或采用直接分析；当 $\theta_{i,\max}^{\mathrm{II}}>0.25$ 时，应增大结构的侧移刚度或采用直接分析。

1. 规则框架结构的二阶效应系数可按下式计算：

$$\theta_{i,\max}^{\mathrm{II}}=\frac{\sum N_i\cdot\Delta u_i}{\sum H_{ki}\cdot h_i} \tag{4.3-1}$$

式中 $\sum N_i$——所计算 i 楼层各柱轴心压力设计值之和（N）；

$\sum H_{ki}$——产生层间侧移 Δu 的计算楼层及以上各层的水平力标准值之和（N）；

h_i——所计算 i 楼层的层高（mm）；

Δu_i——$\sum H_{ki}$ 作用下按一阶弹性分析所求得的计算楼层的层间侧移（mm）。

2. 一般结构的二阶效应系数可按下式计算：

$$\theta_{i,\max}^{\mathrm{II}}=\frac{1}{\eta_{\mathrm{cr}}} \tag{4.3-2}$$

式中 η_{cr}——整体结构最低阶弹性临界荷载与荷载设计值的比值。

二阶 $P\text{-}\Delta$ 弹性分析应考虑结构整体几何缺陷的影响，直接分析应考虑初始几何缺陷和残余应力的影响。当对结构进行连续倒塌分析、抗火分析或在其他极端荷载作用下的结构分析时，可采用静力直接分析或动力直接分析。以整体受压或受拉为主的大跨度钢结构的稳定性分析应采用二阶 $P\text{-}\Delta$ 弹性分析或直接分析。直接分析设计法应考虑二阶 $P\text{-}\Delta$ 和 $P\text{-}\delta$ 效应，同时考虑结构和构件的初始缺陷、节点连接刚度和其他对结构稳定性有显著影响的因素，允许材料的非线性发展和内力重分布，获得各种荷载设计值（作用）下的内力和标准值（作用）下的位移，同时在分析的所有阶段，各结构构件的设计均应符合相关承载力验算要求。

直接分析不考虑材料非线性发展时，结构分析应限于第一个塑性铰的形成，对应的荷载水平不应低于荷载设计值，不允许进行内力重分布。直接分析法按二阶非线性分析时宜采用塑性铰法或塑性区法。塑性铰形成的区域，构件和节点应有足够的延性以便内力重分布，允许一个或者多个塑性铰产生，构件的极限状态应根据设计目标及构件在整个结构中的作用确定。直接分析法按二阶非线性分析时，钢材的应力-应变关系可为理想弹塑性，屈服强度可取本标准规定的强度设计值；钢结构构件截面应为双轴对称截面或单轴对称截面，塑性铰处截面板件宽厚比等级应为 S1、S2 级，其出现的截面或区域应保证有足够的转动能力。当结构采用直接分析设计法进行连续倒塌分析时，结构材料的应力-应变关系宜考虑应变率的影响；进行抗火分析时，应考虑结构材料在高温下的应力-应变关系对结构和构件内力产生的影响。

结构和构件采用直接分析设计法进行分析和设计时，计算结果可直接作为承载力极限状态和正常使用极限状态下的设计依据，应按下列公式进行构件截面承载力验算：

（1）当构件有足够侧向支撑防止侧向失稳时：

$$\frac{N}{Af}+\frac{M_{x}^{\mathrm{II}}}{M_{cx}}+\frac{M_{y}^{\mathrm{II}}}{M_{cy}}\leqslant 1.0 \tag{4.3-3}$$

（2）当构件可能产生侧向失稳时：

$$\frac{N}{Af}+\frac{M_{x}^{\mathrm{II}}}{\varphi_{b}W_{x}f}+\frac{M_{y}^{\mathrm{II}}}{M_{cy}}\leqslant 1.0 \tag{4.3-4}$$

（3）当截面板件宽厚比等级不符合 S2 级要求时，构件不允许形成塑性铰，受弯承载力设计值应按式（4.3-5）、式（4.3-6）确定：

$$M_{cx}=\gamma_{x}W_{x}f \tag{4.3-5}$$

$$M_{cy}=\gamma_{y}W_{y}f \tag{4.3-6}$$

（4）当截面板件宽厚比等级符合 S2 级要求时，不考虑材料非线性发展时，受弯承载力设计值按式（4.3-5）、式（4.3-6）确定，按二阶非线性分析时，受弯承载力设计值应按式（4.3-7）、式（4.3-8）确定：

$$M_{cx}=W_{px}f \tag{4.3-7}$$

$$M_{cy}=W_{py}f \tag{4.3-8}$$

采用塑性铰法进行直接分析设计时，除应考虑初始缺陷外，当受压构件所受轴力大于 $0.5Af$ 时，其弯曲刚度还应乘以刚度折减系数 0.8。采用塑性区法进行直接分析设计时，应按不小于 1/1000 的出厂加工精度考虑构件的初始几何缺陷，并考虑初始残余应力。

大跨度钢结构体系的稳定性分析宜采用直接分析法。结构整体初始几何缺陷模式可按最低阶整体屈曲模态采用，最大缺陷值可取 $L/300$，L 为结构跨度。

4.3.2 直接分析设计方法实现

采用直接分析设计法时，分析和设计阶段是不可分割的。两者既有同时进行的部分（如初始缺陷应在分析的时候引入），也有分开的部分（如分析得到应力状态，再采用设计准则判断是否塑性）。两者在非线性迭代中不断进行修正、相互影响，直至达到设计荷载水平下的平衡为止。这也是直接分析法区别于一般非线性分析方法之处，传统的非线性强调了分析却忽略了设计上的很多要求，因而其结果是不可以“直接”作为设计依据的。

由于直接分析设计法已经在分析过程中考虑了一阶弹性设计中计算长度所要考虑的因素，故不再需要进行基于计算长度系数的稳定性验算。

对于一些特殊荷载下的结构分析，比如连续倒塌分析、抗火分析等，因涉及几何非线性、材料非线性，采用一阶弹性分析或者二阶 P-Δ 弹性分析并不能得到正确的内力结果，应采用直接分析设计法进行结构分析和设计。

直接分析设计方法作为一种全过程的非线性分析方法，不允许进行荷载效应的叠加，而应采用荷载组合进行非线性求解。

直接分析设计法以结构整体为对象，直接进行二阶非线性分析，求得结构在特定荷载作用下结构体系的极限承载力和失效模式，相比传统方法更为精确。

4.3.3 SAUSG-Delta 软件实现

SAUSG-Delta 软件在原有 SAUSG 软件材料和几何非线性计算核心基础上，实现了钢结构的直接分析设计功能。从非线性分析结果角度，与权威非线性分析软件计算结果吻合程度令人满意；从设计角度，解决了钢结构直接分析设计方法实现的诸多难点，如初始缺陷定义、分析工况定义以及快速而可靠地完成双重非线性分析等，更加便于工程师使用。

1. 工况组合

SAUSG-Delta 软件默认生成恒荷载、活荷载、风荷载以及地震作用等工况。可以通过“新建”或“删除”按钮自定义工况，例如温度荷载工况、应变荷载工况或其他自定义荷载工况，例如雪荷载工况、不利布置工况等，如图 4.3-1 和图 4.3-2 所示。

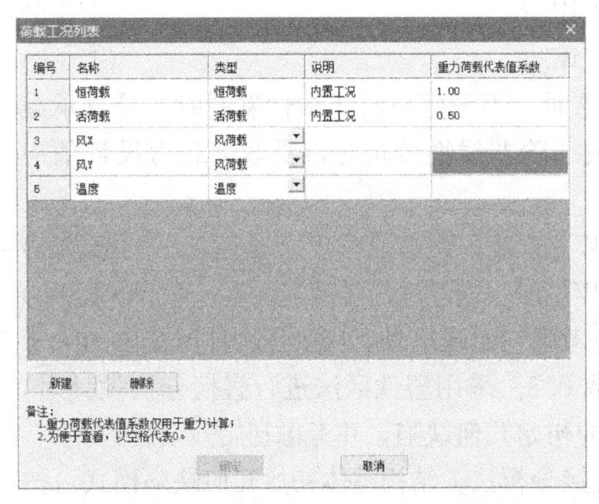

图 4.3-1 SAUSG-Delta 软件工况定义

规范组合 导出组合 读入组合

编号	恒荷载	活荷载	风X	风Y	地震
1	1.00	1.50			
2	1.00		1.50		
3	1.00			1.50	
4	1.00		-1.50		
5	1.00			-1.50	
6	1.00	1.50	0.90		
7	1.00	1.50		0.90	
8	1.00	1.50	-0.90		
9	1.00	1.50		-0.90	
10	1.00	1.05	1.50		
11	1.00	1.05		1.50	
12	1.00	1.05	-1.50		
13	1.00	1.05		-1.50	
14	1.20	0.60	0.30		1.30
15	1.20	0.60		0.30	1.30
16	1.20	0.60	0.30		-1.30
17	1.20	0.60		0.30	-1.30

增加 删除

备注：为便于查看，以空格代表0。

确定 取消

图 4.3-2 SAUSG-Delta 软件工况组合

可以选择是否考虑《建筑结构可靠性设计统一标准》GB 50068—2018，该选项对于恒载、活载以及风荷载的分项系数都有影响，各分项系数取值如表 4.3-1 所示。

建筑结构的作用分项系数 **表 4.3-1**

作用分项系数	当作用效应对承载力不利时	当作用效应对承载力有利时
永久作用 γ_G	1.3	≤1.0
预应力作用 γ_P	1.3	≤1.0
可变作用 γ_Q	1.5	0

2. 初始缺陷定义

软件可自动识别截面分类，并根据规范要求自动生成构件初始缺陷代表值。构件缺陷采用构件假想位移定义，根据初始缺陷代表值以正弦曲线的形式定义构件初始变形，见图 4.3-3 和表 4.2-1。

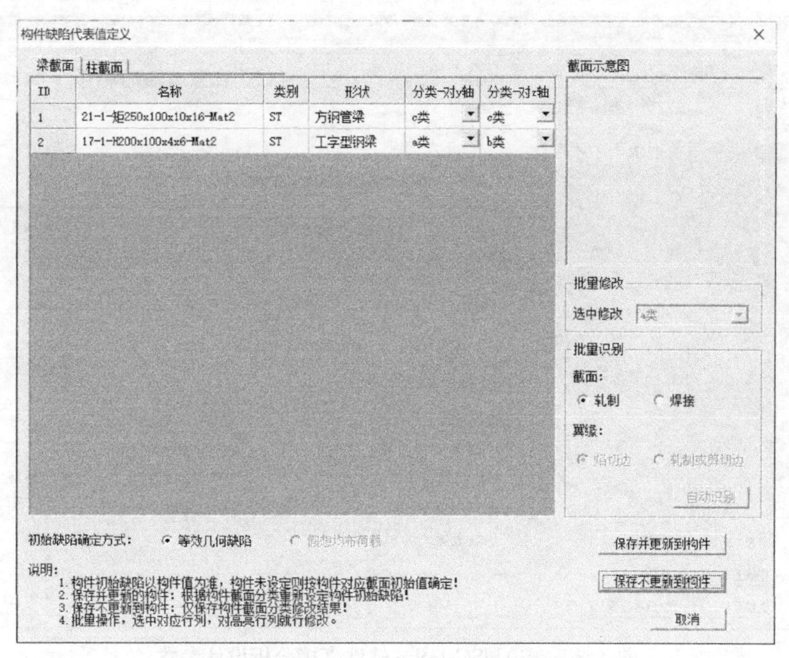

图 4.3-3　SAUSG-Delta 软件初始缺陷定义

3. 线性屈曲分析

选择相应的荷载工况，并在荷载工况后边的组合系数中输入相应的数字，SAUSG-Delta 软件会根据荷载及组合系数进行屈曲分析，如图 4.3-4 所示。

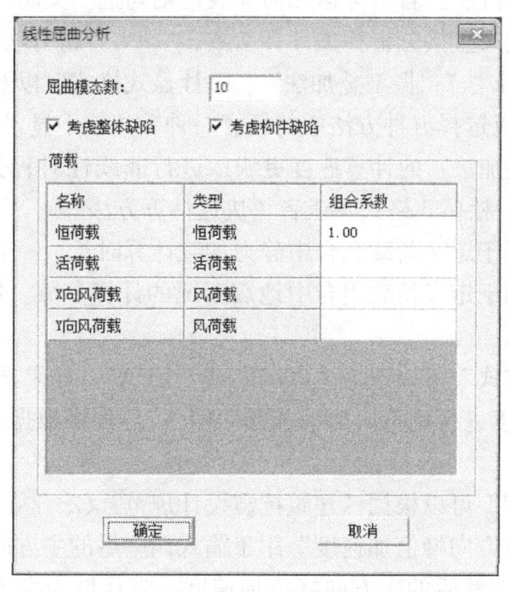

图 4.3-4　SAUSG-Delta 软件线性屈曲分析

4. 直接分析

定义直接分析工况，并进行直接分析设计。SAUSG-Delta 软件可以根据用户定义的工况组合自动生成分析工况，计算参数均采用默认值，如图 4.3-5 所示。

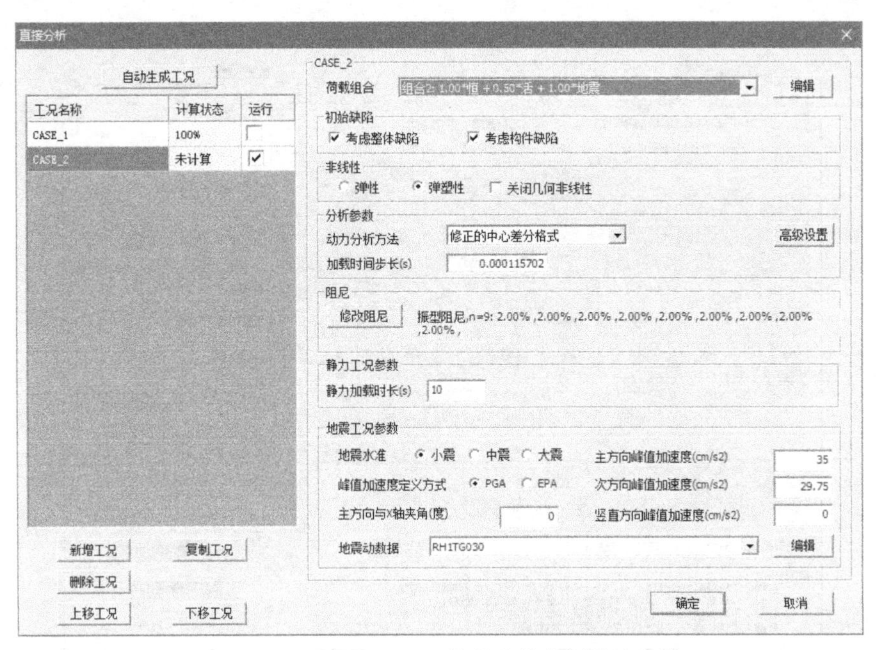

图 4.3-5　SAUSG-Delta 软件直接分析设计参数

【初始缺陷】用于选择是否考虑整体缺陷和构件缺陷。整体缺陷通过菜单“整体缺陷”进行定义，构件缺陷则是通过菜单“属性→缺陷”进行定义。

【非线性】用于选择是否考虑材料非线性和几何非线性。若考虑材料非线性则点击“弹塑性”，否则选择“弹性”。若不考虑几何非线性则勾选“关闭几何非线性”选项。

【分析参数】用于定义直接分析相关计算参数。“动力分析方法”包括“修正的中心差分格式”“隐式 Newmark 法”“振型叠加法”“王-杜显式格式”以及“快速估算方法”。进行弹性时程分析时，可以选择五种方法中的任意一种，相较于显式算法，隐式算法（隐式 Newmark 法以及振型叠加法）的计算速度更快；进行非线性时程分析时，仅能选择“修正的中心差分格式”“王-杜显式格式”或者“快速估算方法”。

【静力工况参数】用于定义荷载组合中静力加载计算时长，一般可取 10s。

【地震工况参数】用于定义荷载组合中地震工况的计算参数。地震水准可以选择“小震”“中震”和“大震”。

“峰值加速度定义方式”可以选择“PGA”或“EPA”，如果选择“PGA”，程序根据所选地震动的峰值加速度进行调整，如果选择“EPA”，程序根据所选地震动的有效峰值加速度进行调整。

“主方向峰值加速度”可以根据《建筑抗震设计规范》GB 50011—2010 进行定义。考虑双向地震加载时，“主方向峰值加速度”用于输入调整后的主方向峰值加速度，“次方向峰值加速度”用于输入调整后的次方向峰值加速度，默认取为主方向峰值加速度的 0.85 倍。“竖直方向峰值加速度”用于输入竖直方向的峰值加速度，默认值为 0，即不考虑竖向地震。只有当结构中有大跨度或长悬臂构件，或者结构有特殊要求时才需要考虑竖向地震，此时竖直方向峰值加速度可按照规范取为主方向峰值加速度的 0.65 倍。

“主方向与 X 轴夹角”可以用于设置主方向地震动与整体坐标系 X 轴方向的夹角。

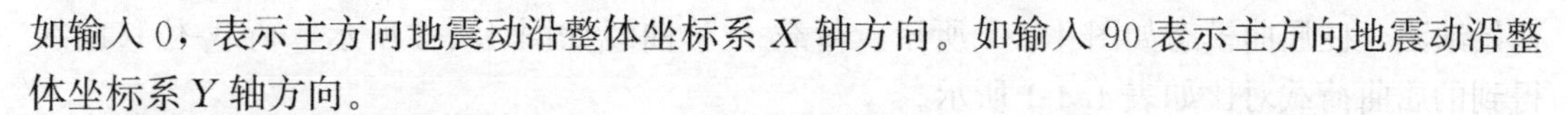

如输入 0，表示主方向地震动沿整体坐标系 X 轴方向。如输入 90 表示主方向地震动沿整体坐标系 Y 轴方向。

5. 非线性屈曲分析

在 SAUSG-Delta 软件“非线性屈曲分析”菜单中，定义荷载组合值系数以及荷载放大系数，加载时长一般设置为 30s，进行非线性屈曲分析，计算得到的荷载-位移全过程曲线如图 4.3-6 所示。

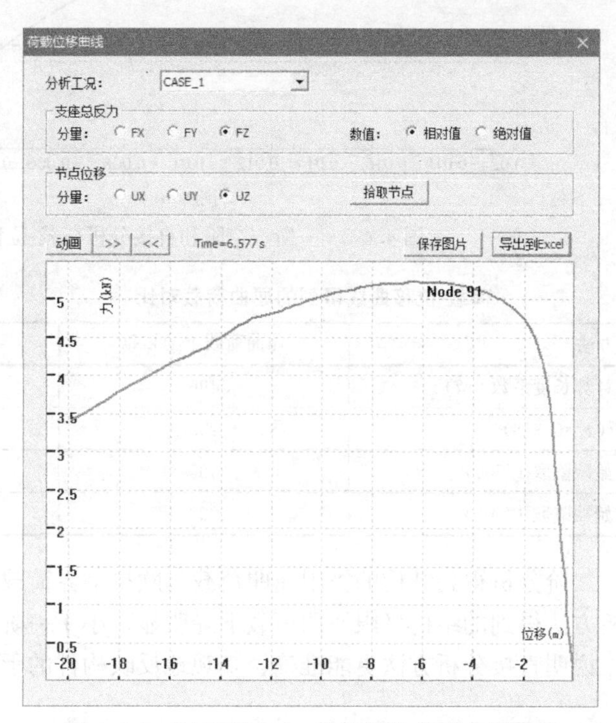

图 4.3-6　SAUSG-Delta 软件荷载-位移曲线显示

4.4　钢结构的直接分析设计算例研究

4.4.1　轴向力作用下的柱

采用圆钢管柱截面，截面尺寸为 100mm×3mm，材料为 Q345，一端固定一端铰接。采用欧拉公式计算构件轴向受压下的临界荷载，并分别采用一阶分析、二阶分析和直接分析方法求解轴向临界屈曲荷载。

采用欧拉公式计算，柱轴向稳定承载力为：

$$P_{\mathrm{cr}}=\frac{\pi^2 EI}{(\mu L)^2}=\frac{3.14^2\times 2.06\mathrm{e}8\times 1.07625\mathrm{e}-6}{(0.7\times 3)^2}=496\mathrm{kN}$$

杆件长细比为 $\lambda=\frac{\mu L}{i}=\frac{0.7\times 3}{0.034}=61.2$，$\varepsilon_{\mathrm{k}}=\sqrt{\frac{235}{345}}=0.825$，根据《钢结构设计标准》GB 50017 表 D.0.1 杆件稳定系数 $\varphi=0.818$，则构件一阶分析稳定承载力为 $N^{\mathrm{I}}=\varphi Af=258\mathrm{kN}$。

采用 SAUSG-Delta 软件进行二阶分析和考虑材料非线性的直接分析，并考虑 1/500

初始缺陷，柱屈曲模态如图 4.4-1 所示，荷载-位移曲线如图 4.4-2 所示，荷载-位移曲线得到的屈曲荷载对比如表 4.4-1 所示。

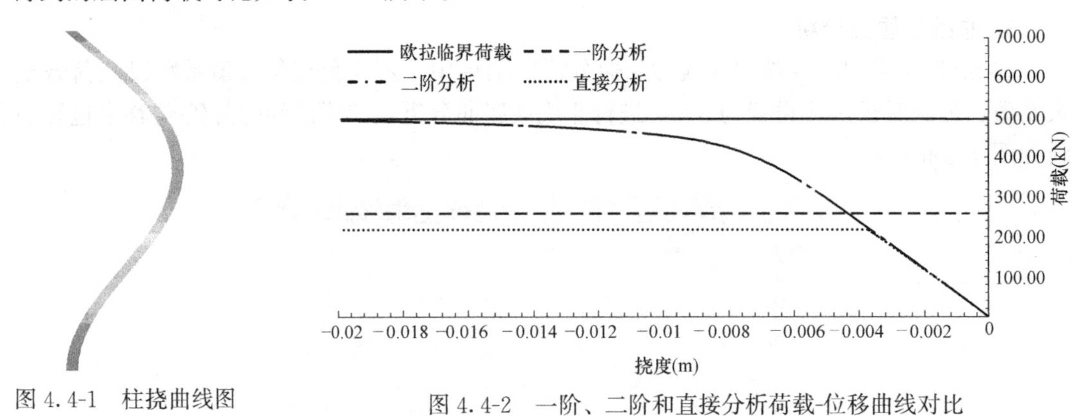

图 4.4-1　柱挠曲线图

图 4.4-2　一阶、二阶和直接分析荷载-位移曲线对比

荷载-位移曲线得到的屈曲荷载对比　　**表 4.4-1**

方法	屈曲荷载 P_{cr}(kN)	误差(%)
欧拉临界荷载(计算长度系数 0.7)	496	0
一阶分析(φ=0.818)	258	−52.0
二阶分析(初始缺陷取 1/500)	490	−1.2
直接分析(初始缺陷取 1/500)	223	−45.0

分析结果表明，二阶分析得到结构的极限屈曲荷载与欧拉临界荷载基本一致，考虑材料非线性的直接分析方法得到的结构极限屈曲荷载下降明显，小于一阶分析基于稳定系数得到的稳定承载力，说明直接分析方法更能准确、直观地反映构件的承载能力，一阶分析方法存在一定误差。

4.4.2　钢框架算例

1. 模型概况

本算例为一层框架支撑结构，层高 3m，跨度 3m。柱和斜撑采用方钢管柱，截面尺寸为 100mm×100mm×5mm×5mm，材料为 Q345，梁采用 H 型钢，截面尺寸为 150mm×300mm×5mm×5mm，材料为 Q345。结构三维模型如图 4.4-3 所示。

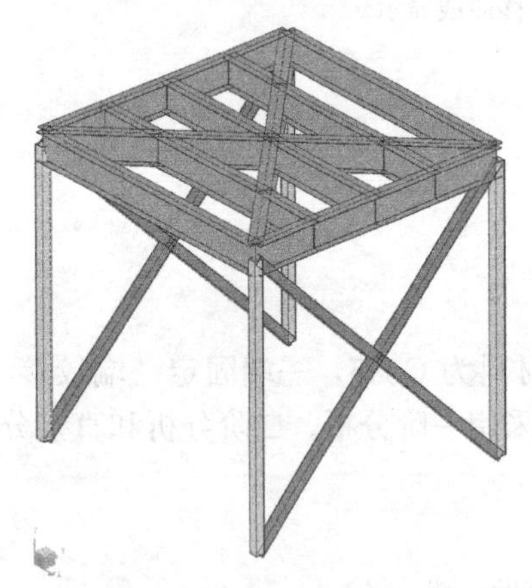

图 4.4-3　结构算例模型图

2. 线性屈曲分析

以 1.0DL 荷载模式进行线性屈曲分析，得到结构第一阶屈曲因子为 2.49，为 X 向侧向屈曲模态，如图 4.4-4（b）所示。

3. 初始缺陷

结构整体初始缺陷按照第一阶屈曲模态定义，整体缺陷代表值最大值取 3/250＝0.012m，结构构件初始缺陷如表 4.4-2 所示。

结构整体缺陷、构件缺陷和两者叠加变形如图 4.4-5 所示：

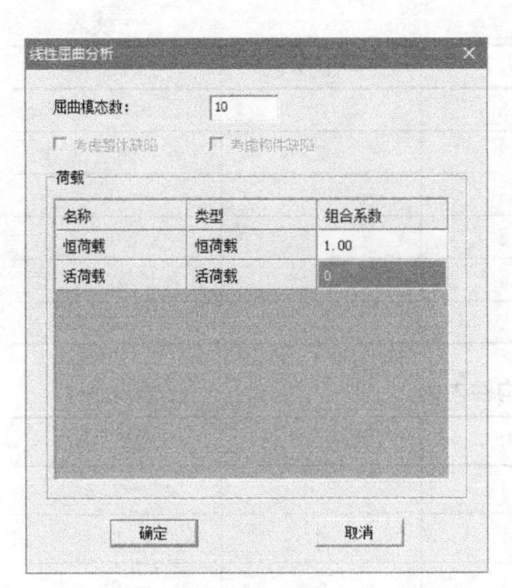

(a) 线性屈曲参数

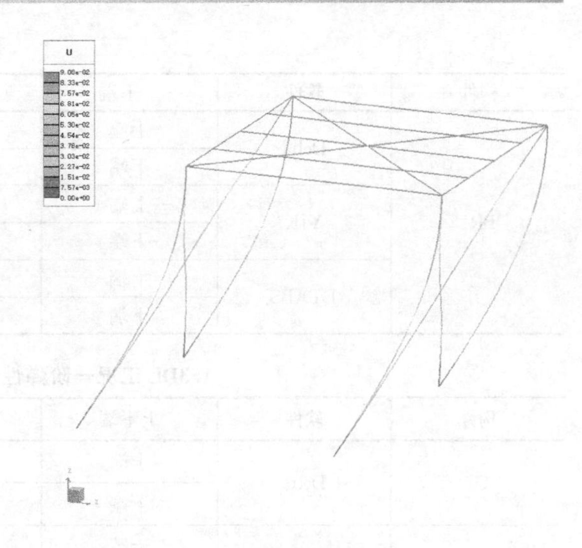

(b) 线性屈曲模态

图 4.4-4　线性屈曲分析

结构构件初始缺陷类型设定　　**表 4.4-2**

名称	类别	形状	分类-对 Y 轴	分类-对 Z 轴
□100×100×5×5	ST	方钢管柱	b 类	b 类
H150×300×5×5	ST	工字形钢梁	a 类	b 类

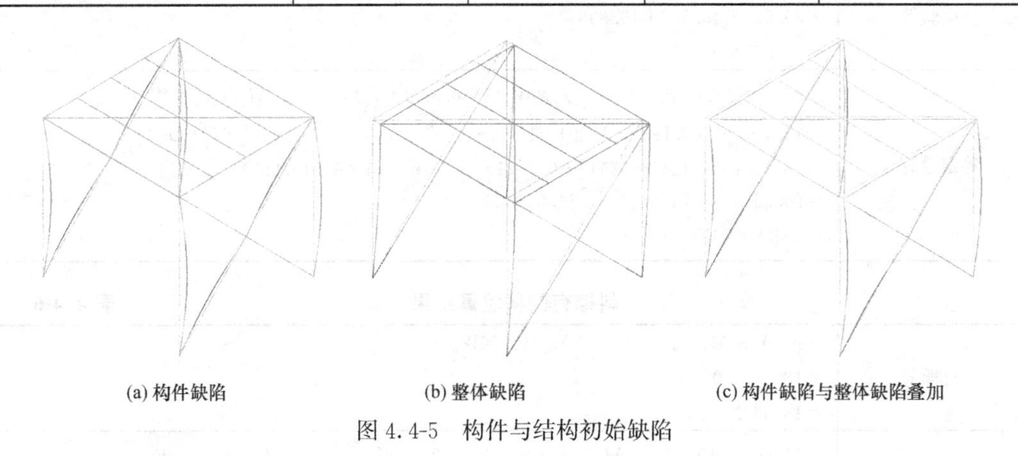

(a) 构件缺陷　　(b) 整体缺陷　　(c) 构件缺陷与整体缺陷叠加

图 4.4-5　构件与结构初始缺陷

4. 一阶弹性分析

1.0DL 和 1.3DL 工况一阶弹性分析构件内力分别如表 4.4-3、表 4.4-4 所示。

1.0DL 工况一阶弹性分析构件内力　　**表 4.4-3**

构件	软件	上下端	轴力	弯矩 M_y	弯矩 M_z
C1	Delta	上端	58.3	2.3	−0.3
		下端	58.3	0	0
	YJK	上端	58.5	2.1	0.9
		下端	58.5	0	0
	ETABS	上端	58.0	2.1	0.9
		下端	58.5	0	0

续表

构件	软件	上下端	轴力	弯矩 M_y	弯矩 M_z
BR1	Delta	上端	26.5	0	0
		下端	27.2	0	0
	YJK	上端	26.5	0	0
		下端	27.2	0	0
	ETABS	上端	26.4	0	0
		下端	27.2	0	0

1.3DL 工况一阶弹性分析构件内力 **表 4.4-4**

构件	软件	上下端	轴力	弯矩 M_y	弯矩 M_z
C1	Delta	上端	75.1	2.6	−1.2
		下端	75.7	0	0
BR1	Delta	上端	34.3	0	0
		下端	34.9	0	0

按有侧移框架计算，结果如表 4.4-5、表 4.4-6 所示，框架柱计算长度系数为 2.03，计算得到结构强度应力为 102.67MPa，稳定应力为 294.90MPa。

框架柱有侧移验算结果 **表 4.4-5**

强度验算	$N/A_n+M_x/(\gamma_x\times W_{nx})+M_y/(\gamma_y\times W_{ny})$ $=39.526+43.202+19.939$ $=102.67\text{N/mm}^2$
稳定验算	$N/(\varphi_x\times A)+\beta_{mx}\times M_x/[\gamma_x\times W_x(1-0.8N/N'_{Ex})]+\eta\beta_{ty}\times M_y/(\varphi_{by}\times W_y)$ $=75.1\times10^3/(0.1922\times1900)+1\times2.6\times10^6/[1.05\times5.732\times10^4\times(1-0.8\times$ $75.1\times10^3/142820.525)]+0.7\times1\times1.2\times10^6/(1\times57316.667)$ $=205.67346+74.571946+14.655423$ $=294.90083\text{N/mm}^2$

斜撑有侧移验算结果 **表 4.4-6**

强度验算	$N/A_n+M_x/(\gamma_x\times W_{nx})+M_y/(\gamma_y\times W_{ny})$ $=18.368+0+0$ $=18.368\text{N/mm}^2$
稳定验算	$N/(\varphi_x\times A)+\beta_{mx}\times M_x/[\gamma_x\times W_x(1-0.8N/N'_{Ex})]+\eta\beta_{ty}\times M_y/(\varphi_{by}\times W_y)$ $=34.9\times103/(0.668\times1900)+1\times0\times10^6/[1.05\times5.732\times10^4\times(1-0.8\times$ $34.9\times10^3/1178564.861)]+0.7\times1\times0\times10^6/(1\times57316.667)$ $=27.496409+0+0$ $=27.496409\text{N/mm}^2$

按无侧移框架计算，结果如表 4.4-7 所示，框架柱计算长度系数为 0.732，计算得到结构强度应力为 102.67MPa，稳定应力为 120.94MPa。

框架柱无侧移验算结果 **表 4.4-7**

强度验算	$N/A_n+M_x/(\gamma_x\times W_{nx})+M_y/(\gamma_y\times W_{ny})$ $=39.526+43.202+19.939$ $=102.67\text{N/mm}^2$

续表

稳定验算	$N/(\varphi_x \times A)+\beta_{mx} \times M_x/[\gamma_x \times W_x(1-0.8N/N'_{Ex})]+\eta\beta_{ty} \times M_y/(\varphi_{by} \times W_y)$ $= 75.1\times103/(0.6524\times1900)+1\times2.6\times10^6/[1.05\times5.732\times10^4\times(1-0.8\times$ $75.1\times10^3/1098400.037)]+0.7\times1\times1.2\times10^6/(1\times57316.667)$ $=60.587784+45.701708+14.655423$ $=120.94491\text{N/mm}^2$

5. 直接分析设计

考虑结构初始缺陷、几何非线性和材料非线性，对工况组合（1.3DL）进行直接分析。该工况下构件均未屈服，如图 4.4-6 所示。

基于直接分析设计的内力，对构件进行承载力验算，结果如表 4.4-8～表 4.4-10 所示，计算得到构件应力为 94.5MPa。

分析结果表明，采用直接分析法，构件应力明显小于一阶弹性分析的稳定应力。

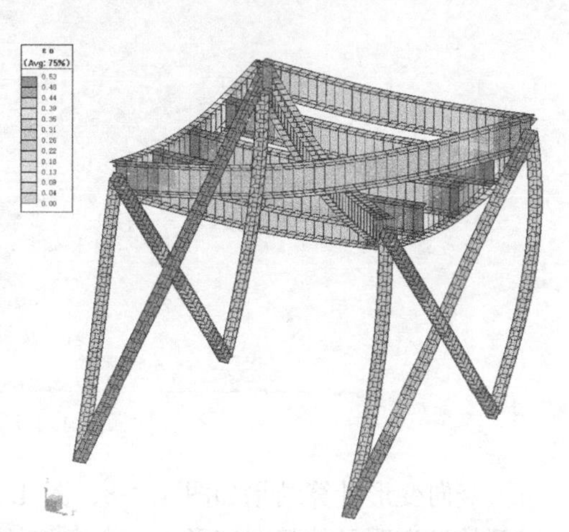

图 4.4-6　直接分析方法钢材塑性发展程度

6. 非线性屈曲分析

在 SAUSG-Delta 软件中定义 3 种分析工况，各工况计算参数如表 4.4-11 所示，工况 2 计算参数定义对话框如图 4.4-7 所示。

基于直接分析设计内力的验算结果　　**表 4.4-8**

构件	软件	上下端	轴力	弯矩 M_y	弯矩 M_z
C1	Delta	上端	72.2	3.2	0.2
		下端	72.7	0	0
BR1	Delta	上端	36.4	0	0
		下端	37.4	0	0

框架柱验算结果　　**表 4.4-9**

强度验算	$N/A_n+M_x/(\gamma_x \times W_{nx})+M_y/(\gamma_y \times W_{ny})$ $=38+53.172+3.3232$ $=94.495\text{N/mm}^2$

斜撑验算结果　　**表 4.4-10**

强度验算	$N/A_n+M_x/(\gamma_x \times W_{nx})+M_y/(\gamma_y \times W_{ny})$ $=19.684+0+0$ $=19.684\text{N/mm}^2$

各工况计算参数　　**表 4.4-11**

	材料非线性	几何非线性	构件缺陷	整体缺陷
工况 1	否	否	0	0
工况 2	否	是	1/350	屈曲模态 1
工况 3	否	是	1/1000	屈曲模态 1

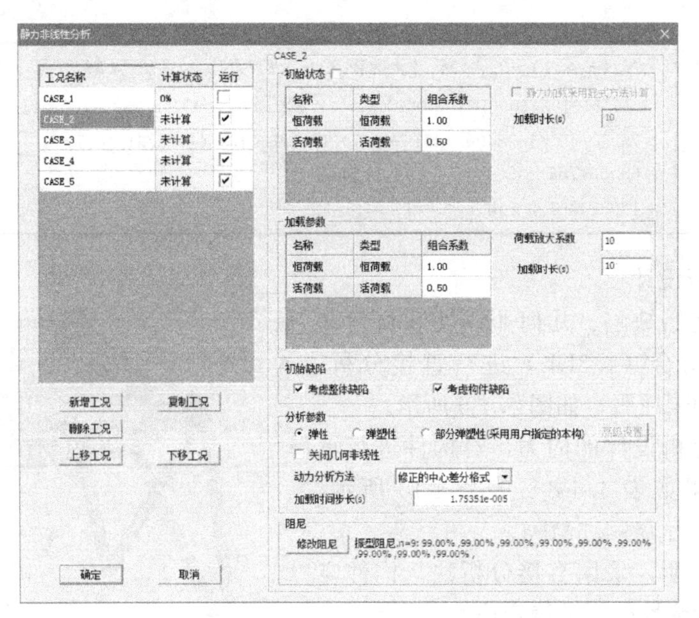

图 4.4-7　工况 2 计算参数

竖向变形计算结果如图 4.4-8、图 4.4-9 所示，考虑初始缺陷时结构在 3 倍加载系数时开始发生明显的竖向变形，不考虑初始缺陷工况基本保持线性。

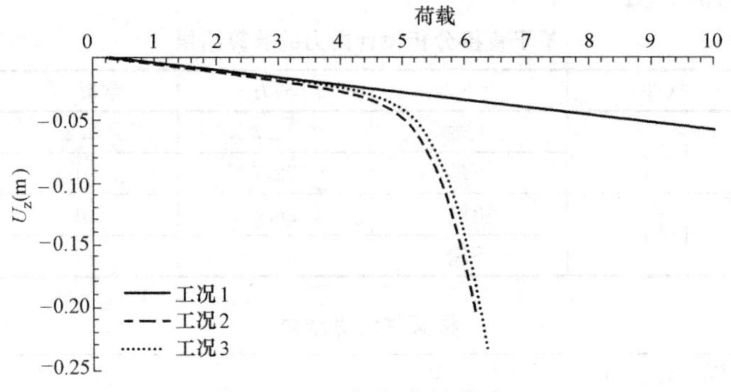

图 4.4-8　荷载-位移曲线

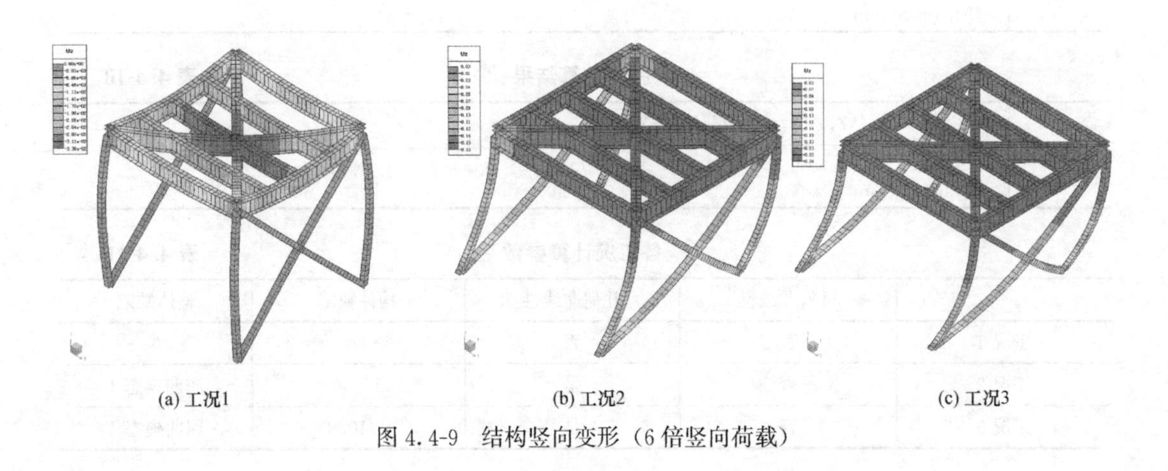

图 4.4-9　结构竖向变形（6 倍竖向荷载）

框架柱内力变化如图 4.4-10 所示，结果表明结构初始缺陷会影响结构的屈曲承载力。

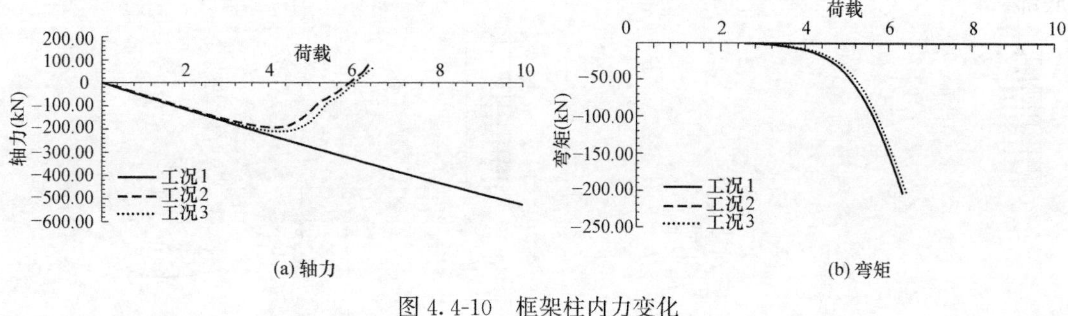

图 4.4-10　框架柱内力变化

7. 算例总结

分析结果表明，采用直接分析法，构件应力明显小于一阶弹性分析的稳定应力。通过非线性屈曲分析可以看出，随着构件结构荷载增加，结构二阶效应逐渐增大，当结构荷载系数达到 4 以上，框架柱弯矩增大明显，结构开始发生失稳并直至失稳破坏。

4.4.3　空间结构算例分析

1. 模型概况

本结构为钢结构构筑物，抗震设防烈度为 7 度，Ⅱ类场地，基本风压为 0.7kN/m^2，地面粗糙度为 B。构件截面尺寸为方钢管截面，截面尺寸为 100mm×250mm×16mm×10mm（图 4.4-11）。结构三维模型如图 4.4-12 所示。

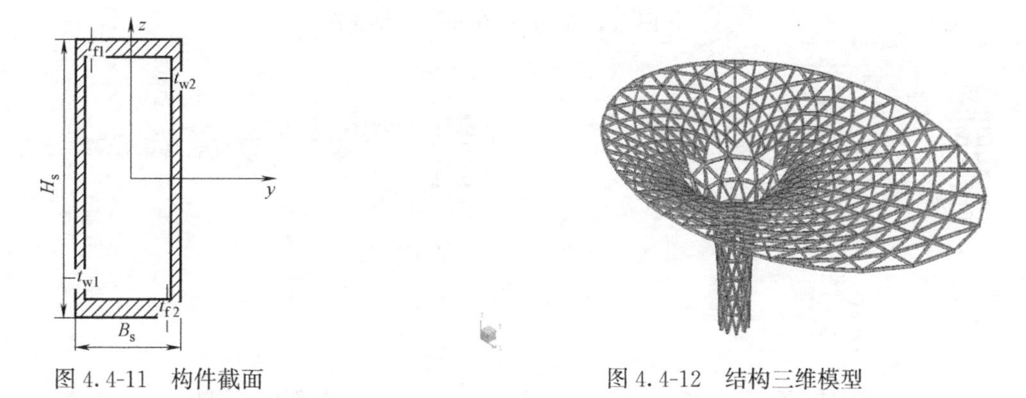

图 4.4-11　构件截面　　图 4.4-12　结构三维模型

2. 初始缺陷

构件缺陷代表值为 1/300，采用正弦曲线形式定义，构件缺陷云图如图 4.4-13 所示。

整体缺陷采用结构一阶屈曲模态定义，缺陷代表值取 0.07m，结构整体缺陷如图 4.4-14 所示。

3. 重力荷载工况

1.30 恒+1.50 活工况下，结构直接分析变形和应力云图如图 4.4-15 所示，钢构件最大应力为 191MPa。

4. 风荷载工况

1.30 恒+1.05 活+1.50 风工况下，结构直接分析应力和塑性应变云图如图 4.4-16

所示，钢构件最大应力为349MPa，已经进入塑性，最大塑性应变为0.001，出现在结构底部。

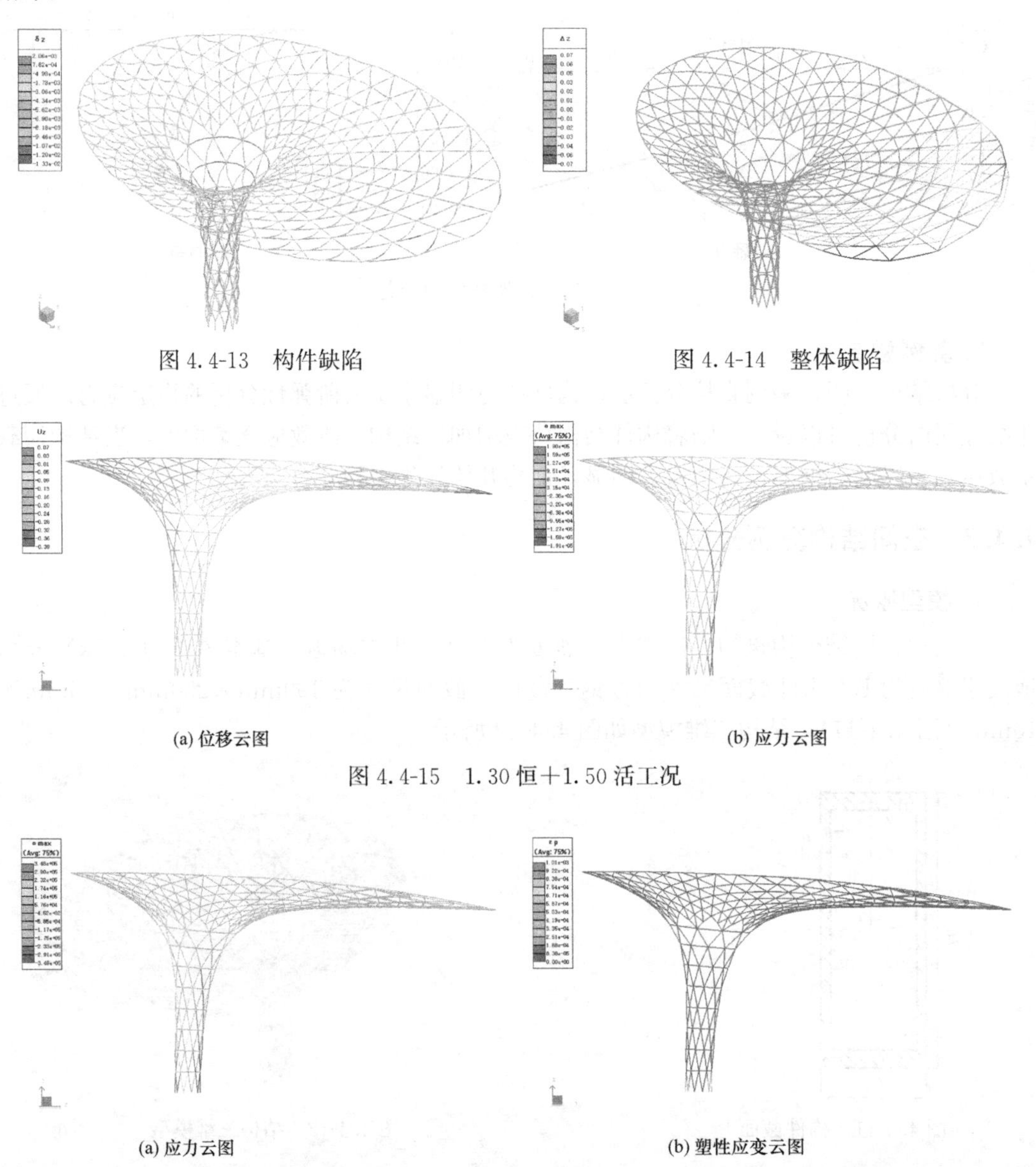

图4.4-13　构件缺陷

图4.4-14　整体缺陷

(a) 位移云图

(b) 应力云图

图4.4-15　1.30恒+1.50活工况

(a) 应力云图

(b) 塑性应变云图

图4.4-16　1.30恒+1.05活+1.5风工况

5. 地震工况

地震分析工况先进行1.30DL+0.5LL静力加载，在静力加载的基础上施加地震动。构件应力如图4.4-17所示。静力荷载作用下结构最大应力为128MPa，全工况包络应力为145MPa。

6. 非线性屈曲

进行非线性屈曲分析，分别不考虑材料非线性（工况1）和考虑材料非线性（工况2），采用1.0恒载+0.5活载加载模式，工况参数如图4.4-18所示。

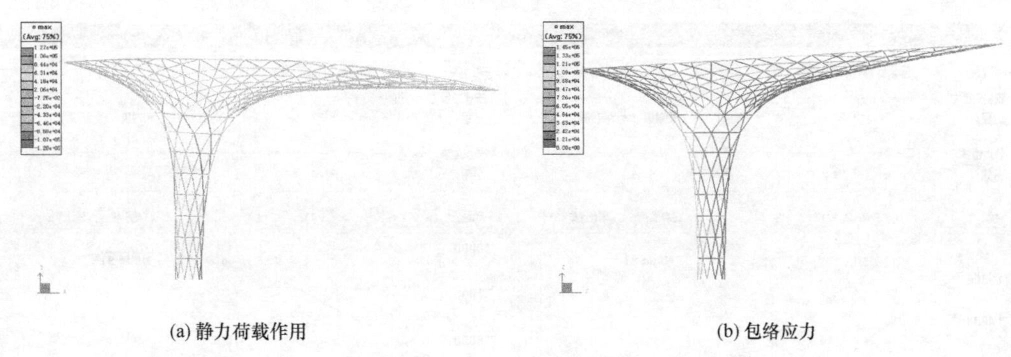

(a) 静力荷载作用　　(b) 包络应力

图 4.4-17　构件应力

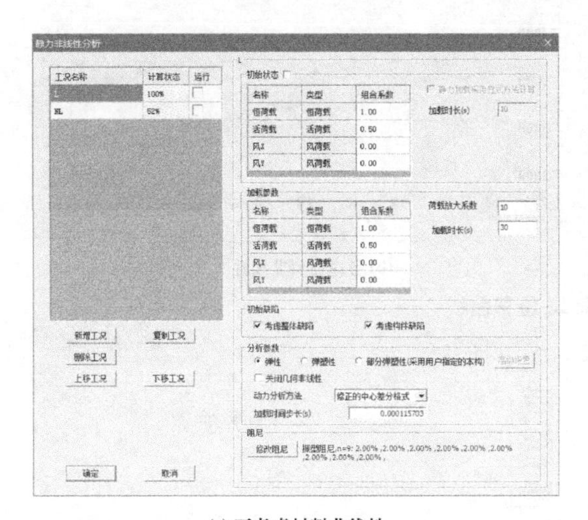

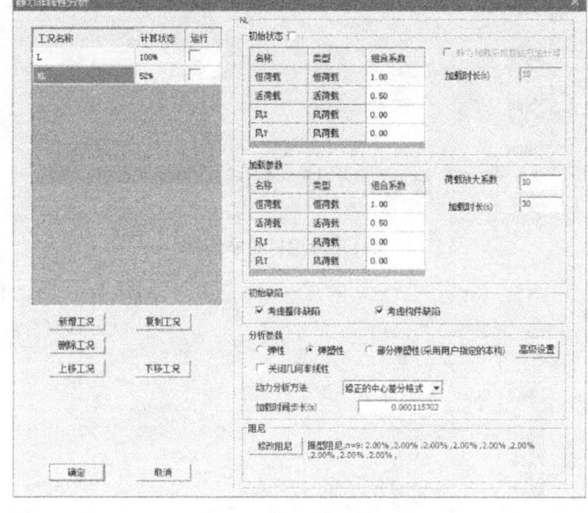

(a) 不考虑材料非线性　　(b) 考虑材料非线性

图 4.4-18　非线性屈曲工况

非线性屈曲工况加载曲线如图 4.4-19 所示。结果表明，在考虑材料非线性的条件下可以得到结构的非线性极限荷载。

结构各加载时刻结构变形如图 4.4-20 所示，考虑材料非线性工况在荷载增加到 5 倍时发生明显屈曲变形。

7. 算例总结

空间型钢结构由于结构自重较小，在结构设计中一般由静力荷载或风荷载控制，地震作用产生的应力一般较小，不起控制作用。对于空间布置复杂的钢结构，在难以准确确定构件计算长度系数时，采用直接分析方法可以直接得到构件的非线性内力，并对结构的承载力进行校核，可以保证结构的设计安全。当考虑结构材料非线性和几何非线性进行非线性屈曲分析时，可以得到结构的极限承载力，比线性屈曲分析结果更加准确。

4.4.4　整体几何初始缺陷对网壳结构直接分析的影响

为了研究网壳结构整体初始缺陷对结构整体稳定系数和构件内力的影响程度，以某网壳模型为例，分别根据不同的缺陷形态和缺陷代表值定义结构初始缺陷，采用钢结构直接分析设计软件 SAUSG-Delta 进行直接分析，并对分析结果进行讨论。

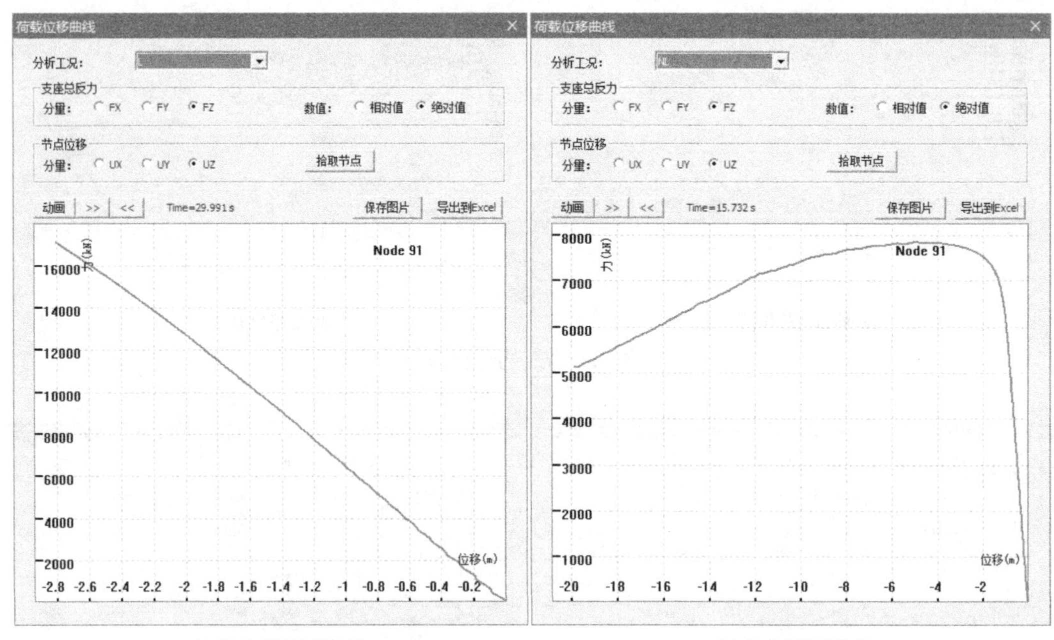

(a) 不考虑材料非线性　　(b) 考虑材料非线性

图 4.4-19　荷载-位移曲线

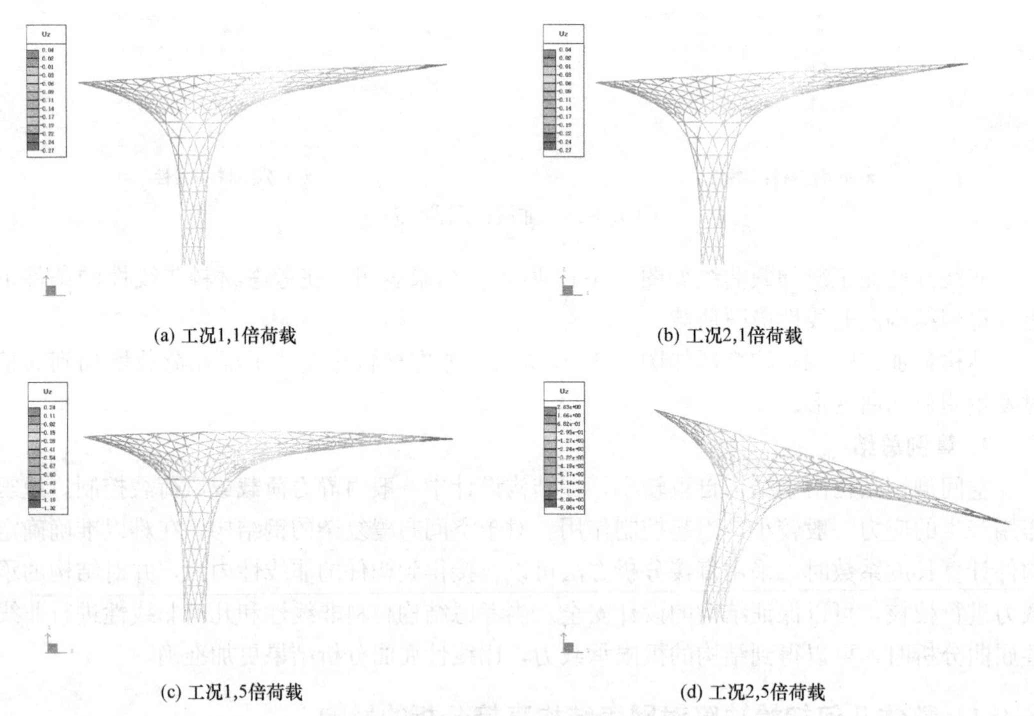

(a) 工况1,1倍荷载　　(b) 工况2,1倍荷载

(c) 工况1,5倍荷载　　(d) 工况2,5倍荷载

图 4.4-20　结构变形图

1. 模型概况

本结构为椭圆形网壳结构（图 4.4-21），长轴最大支座间距为 89m，短轴最大支座间距为 45.5m，主要构件参数如表 4.4-12 所示。

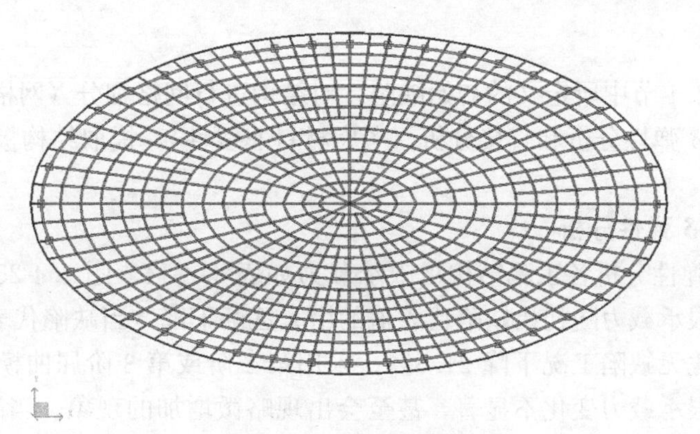

图 4.4-21　分析模型

主要构件参数　　　　**表 4.4-12**

构件类型		截面类型	尺寸(mm)	材质
径线构件		方钢管	700×250×12×12	Q345
纬线构件	支座	方钢管	800×300×16×16	Q345
	其他	方钢管	680×250×8×8	Q345

2. 线性屈曲分析

以 1.0DL＋1.0LL 作为初始荷载工况进行线性屈曲分析，结构前三阶整体屈曲模态如图 4.4-22～图 4.4-24 所示。

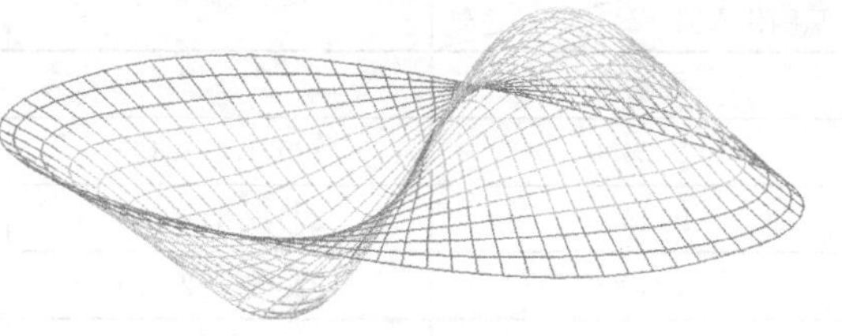

图 4.4-22　1 阶屈曲模态（屈曲因子 6.08）

3. 初始缺陷

分别根据结构 1 阶、2 阶和 3 阶屈曲模态定义结构整体缺陷形态，缺陷代表值分别取 $L/3000$、$L/1000$、$L/1500$、$L/600$ 和 $L/300$ 进行直接分析，各分析模型及工况名称定义如表 4.4-13 所示。

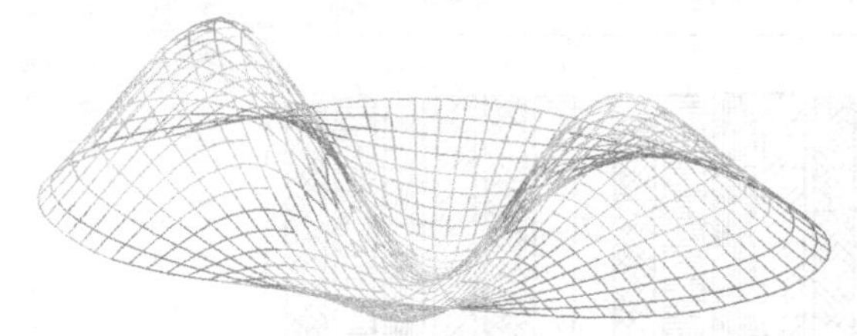

图 4.4-23　2 阶屈曲模态（屈曲因子 9.71）

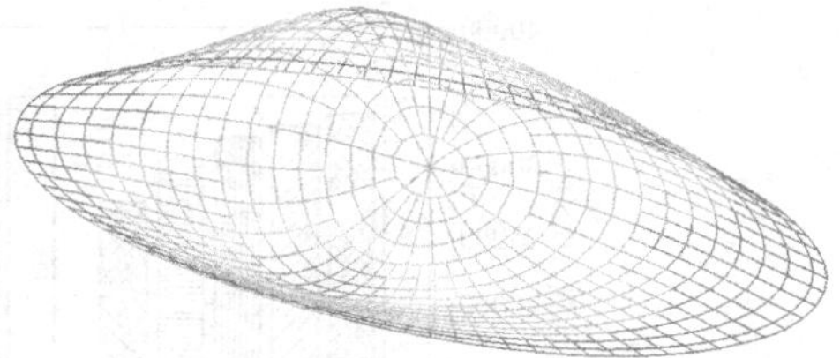

图 4.4-24　3 阶屈曲模态（屈曲因子 10.00）

分析模型及工况名称定义　　　　**表 4.4-13**

模型工况编号		模型 O	模型 A	模型 B	模型 C
缺陷形态		无缺陷	1 阶屈曲模态	2 阶屈曲模态	3 阶屈曲模态
初始缺陷代表值	0	O			
	$L/3000$		A1	B1	C1
	$L/1500$		A2	B2	C2
	$L/600$		A3	B3	C3
	$L/300$		A4	B4	C4

4. 计算分析

分别基于4.2.1节中所定义的初始缺陷，对结构进行网格细分（网格尺寸0.4m）。分别进行二阶 P-Δ-δ 弹性分析和直接分析（考虑材料非线性），提取结构极限承载力和构件内力进行分析。

5. 二阶 P-Δ-δ 弹性分析

二阶 P-Δ-δ 弹性分析各工况结构极限承载力如表4.4-14、图4.4-25所示。1阶屈曲模态模型结构极限承载力随初始缺陷代表值的增大逐渐下降，当缺陷代表值为 $L/300$ 时，其极限承载力相比无缺陷工况下降21.5%；采用第2阶或第3阶屈曲模态定义结构整体缺陷时，结构极限承载力变化不显著，甚至会出现略微增加的现象。当缺陷代表值为 $L/300$ 时，其极限承载力相比无缺陷工况分别下降5.7%和1.8%。

二阶 P-Δ-δ 弹性分析结果表明在不考虑结构初始缺陷的情况下，结构安全系数为3.12，当结构取 $L/300$ 初始缺陷时，结构安全系数下降为2.52，均与线性屈曲分析得到的屈曲因子6.08有较大差距。说明对于空间网壳结构，通过线性屈曲分析确定结构二阶效应大小会存在较大误差。

二阶 P-Δ-δ 弹性分析各工况结构极限承载力（kN）　　表4.4-14

缺陷形态 / 缺陷代表值	1阶屈曲模态	2阶屈曲模态	3阶屈曲模态
无缺陷	34892.6(3.21)		
$L/3000$	33901.4(3.12)	35014.7(3.22)	34892.1(3.21)
$L/1500$	32942.1(3.03)	35092.0(3.23)	34881.8(3.21)
$L/1000$	32066.5(2.95)	35121.4(3.23)	34857.0(3.21)
$L/600$	30464.9(2.81)	34953.5(3.22)	34743.7(3.20)
$L/300$	27385.0(2.52)	32918.4(3.03)	34258.8(3.15)

注：括号内为安全系数。

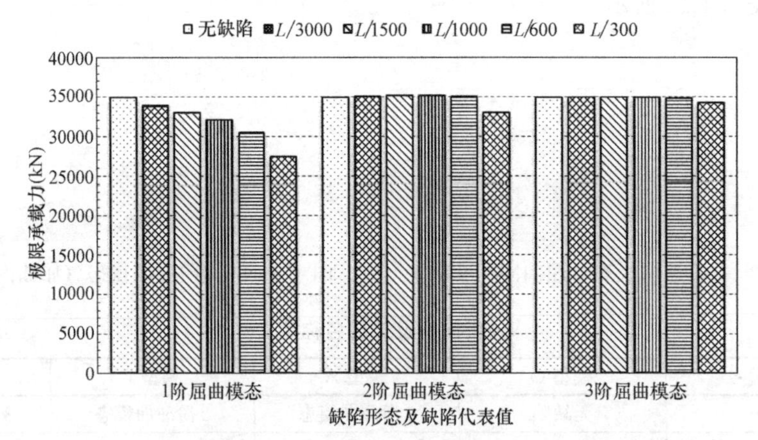

图4.4-25　二阶 P-Δ-δ 弹性分析各工况结构极限承载力对比

6. 直接分析

直接分析各工况结构极限承载力如表4.4-15、图4.4-26所示，与二阶 P-Δ-δ 弹性分析结果变化规律类似。1阶屈曲模态模型结构极限承载力随初始缺陷代表值的增大逐渐下降，当缺陷代表值为 $L/300$ 时，其极限承载力相比无缺陷工况下降 19.5%；采用第 2 阶或第 3 阶屈曲模态定义结构整体缺陷时，结构极限承载力变化不显著，当缺陷代表值取为 $L/300$ 时，其极限承载力相比无缺陷工况分别下降 6.7%和 3.8%。

直接分析相比二阶 P-Δ-δ 弹性分析，结构极限承载力下降 15%左右。

直接分析各工况结构极限承载力（kN）　　**表 4.4-15**

缺陷代表值＼缺陷形态	1 阶屈曲模态	2 阶屈曲模态	3 阶屈曲模态
无缺陷	29743.5(2.74)		
$L/3000$	29060.2(2.68)	29974.8(2.76)	29737.8(2.74)
$L/1500$	28407.6(2.62)	30216.4(2.78)	29703.6(2.74)
$L/1000$	27752.8(2.56)	30297.6(2.79)	29625.9(2.73)
$L/600$	26501.3(2.44)	30082.4(2.77)	29386.4(2.71)
$L/300$	23942.4(2.20)	27737.0(2.55)	28611.7(2.63)

注：括号内为安全系数。

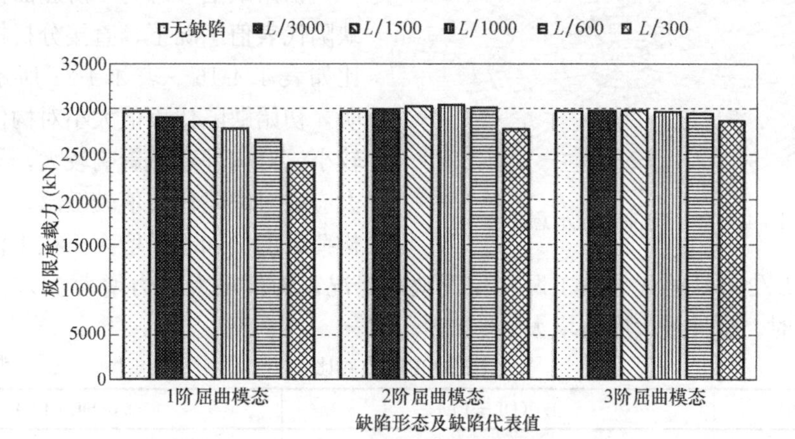

图 4.4-26　直接分析各工况结构极限承载力对比

7. 失稳形态

缺陷代表值取 $L/300$ 时，采用直接分析计算，不同缺陷形态工况下结构失稳过程存在区别。

A4 工况（1 阶屈曲模态）结构失稳临界状态变形如图 4.4-27 所示，网壳过渡区构件最先发生较大塑性应变导致网壳结构发生整体屈曲。

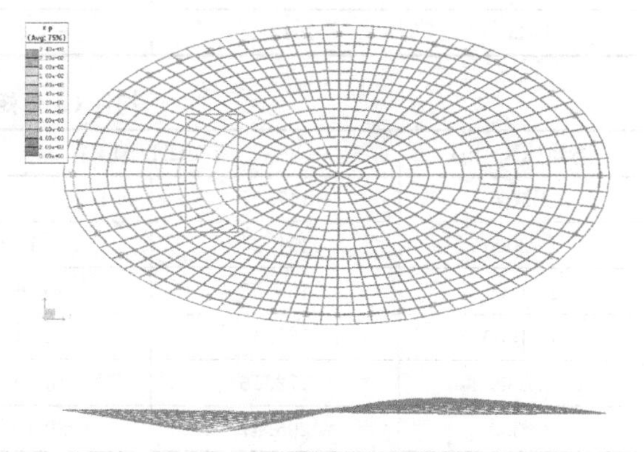

图 4.4-27　A4 工况结构失稳临界状态变形

B4 工况（2 阶屈曲模态）结构失稳临界状态变形如图 4.4-28 所示，网壳跨中构件最先发生较大塑性应变导致网壳结构发生整体屈曲。

C4 工况（3 阶屈曲模态）结构失稳临界状态变形如图 4.4-29 所示，网壳过渡区构件最先发生较大塑性应变导致网壳结构发生整体屈曲，与 A4 工况不同之处在于，屈曲构件处于结构 45°方向。

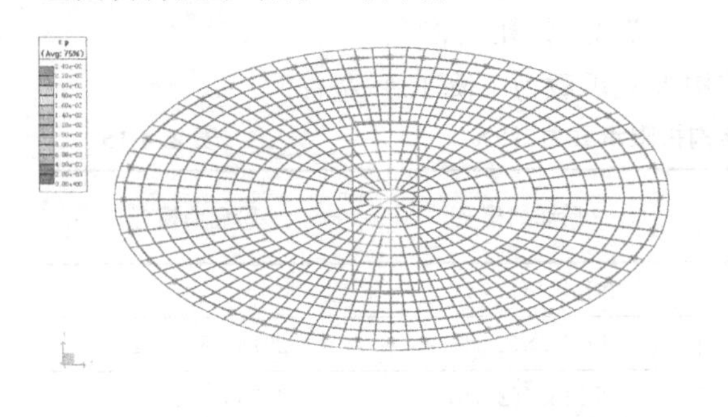

图 4.4-28　B4 工况结构失稳临界状态变形

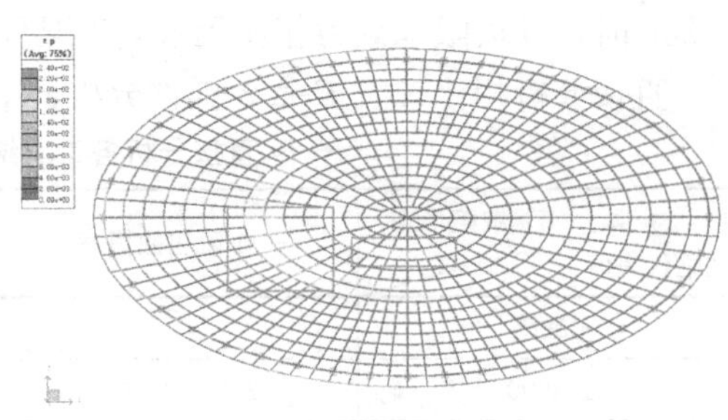

图 4.4-29　C4 工况结构失稳临界状态变形

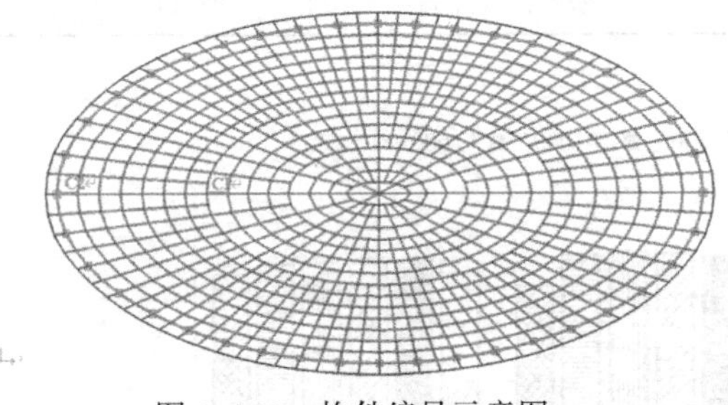

图 4.4-30　构件编号示意图

8. 内力对比（图 4.4-30）

初始缺陷形态为 1 阶屈曲模态，不同缺陷代表值工况下，直接分析构件内力对比如表 4.4-16～表 4.4-21 所示。结果表明，初始缺陷代表值大小对构件轴力影响较小，对构件弯矩影响较大，导致构件最大应力对缺陷代表值较敏感，并且随着结构荷载的增加差异增大。在 1 倍的静力荷载作用下，$L/300$ 缺陷代表值工况相比无缺陷工况，构件最大应力增大 11.6%，当荷载增大到 2 倍时，构件最大应力增大 28.46%。

构件 C1 轴力对比　　表 4.4-16

轴力(kN)	1.0(DL+LL)		2.0(DL+LL)	
无缺陷	1713.03	0	3610.56	0
$L/3000$	1708.16	−0.28%	3622.71	0.34%
$L/1500$	1702.02	−0.64%	3631.37	0.58%
$L/1000$	1694.72	−1.07%	3636.73	0.72%
$L/600$	1678.48	−2.02%	3639.75	0.81%
$L/300$	1642.89	−4.09%	3618.40	0.22%

构件 C1 弯矩对比　　表 4.4-17

弯矩(kN·m)	1.0(DL+LL)		2.0(DL+LL)	
无缺陷	147.17	0	375.01	0
$L/3000$	151.84	3.17%	394.32	5.15%
$L/1500$	156.53	6.36%	413.46	10.25%
$L/1000$	161.49	9.73%	433.85	15.69%
$L/600$	172.16	16.98%	479.78	27.94%
$L/300$	205.47	39.61%	642.98	71.46%

构件 C1 应力对比　　**表 4.4-18**

最大应力(MPa)	1.0(DL+LL)		2.0(DL+LL)	
无缺陷	112	0	253	0
L/3000	113	0.89%	259	2.37%
L/1500	115	2.68%	265	4.74%
L/1000	116	3.57%	270	6.72%
L/600	118	5.36%	283	11.86%
L/300	125	11.61%	325	28.46%

构件 C2 轴力对比　　**表 4.4-19**

轴力(kN)	1.0(DL+LL)		2.0(DL+LL)	
无缺陷	691.6	0	1466.0	0
L/3000	692.7	0.16%	1479.8	0.94%
L/1500	693.6	0.29%	1492.3	1.79%
L/1000	694.3	0.39%	1504.4	2.62%
L/600	696.1	0.65%	1530.6	4.41%
L/300	708.1	2.39%	1602.7	9.32%

构件 C2 弯矩对比　　**表 4.4-20**

弯矩(kN·m)	1.0(DL+LL)		2.0(DL+LL)	
无缺陷	128.8	0	285.1	0
L/3000	130.1	1.01%	291.6	2.28%
L/1500	131.4	2.02%	298.1	4.56%
L/1000	132.8	3.11%	304.9	6.94%
L/600	136.0	5.59%	319.7	12.14%
L/300	147.0	14.13%	352.0	23.47%

构件 C2 应力对比　　**表 4.4-21**

最大应力(MPa)	1.0(DL+LL)		2.0(DL+LL)	
无缺陷	56.0	0	122.0	0
L/3000	56.4	0.71%	124.0	1.64%
L/1500	56.7	1.25%	126.0	3.28%
L/1000	57.1	1.96%	128.0	4.92%
L/600	58.0	3.57%	133.0	9.02%
L/300	61.2	9.29%	143.0	17.21%

9. 算例总结

以上分析结果表明，对于空间网壳结构，结构二阶 P-Δ-δ 弹性分析和直接分析极限承载力和构件内力受整体缺陷形态和缺陷代表值影响显著，结论如下：

（1）采用不同初始缺陷形态，结构失稳模式存在区别；采用结构第一阶屈曲模态作为结构初始缺陷形态，结构极限承载力最低，与《钢结构设计标准》GB 50017 中的相关规定一致；

（2）采用二阶 $P\text{-}\Delta\text{-}\delta$ 弹性分析和直接分析得到的结构安全系数均小于线性屈曲分析结果，对于空间结构应采用直接分析方法或二阶 $P\text{-}\Delta\text{-}\delta$ 弹性分析方法计算结构安全系数，若结构二阶效应明显，应采用直接分析法计算；

（3）整体缺陷代表值对构件弯矩影响较大，对构件轴力影响较小，构件最大应力随着整体缺陷代表值的增大而增加。

4.5 小结

（1）由于钢材具有材料强度高、质量轻便、施工便利等优点，钢构件在大跨度结构、超高层结构设计中具有显著优势。

（2）由于钢结构受力过程中二阶效应较明显，在钢结构设计中需要特别注意钢结构稳定性的设计，主要设计方法有：一阶分析设计方法、二阶分析设计方法和直接分析设计方法。

（3）钢结构直接分析设计方法直接考虑对结构稳定性和强度性能有显著影响的初始几何缺陷、残余应力、材料非线性、几何非线性、节点连接刚度等因素，以整个结构体系为对象进行二阶非线性分析，对于复杂钢结构设计具有显著优势，可以弥补一阶分析方法的不足。

（4）SAUSG-Delta 钢结构直接分析设计软件可考虑结构初始缺陷、几何非线性和材料非线性，准确模拟结构在多种工况作用下的反应，保证结构的安全。

参 考 文 献

[1] 魏明钟. 钢结构 [M]. 武汉：武汉理工大学出版社，2002.

[2] 陈绍蕃. 钢结构基础 [M]. 北京：中国建筑工业出版社，2000.

[3] 丁北斗，吕恒林，李贤，周列武. 基于重要杆件失效网架结构连续倒塌动力试验研究 [J]. 振动与冲击. 2015 (23)：106-114.

[4] ANSI/AISC 360-16 Specification for Structural Steel Buildings.

[5] 喻莹. 基于有限质点法的空间钢结构连续倒塌破坏研究 [D]. 杭州：浙江大学，2010.

[6] Starossek U. Typology of progressive collapse [J]. Engineering Structures, 2007, 29 (9): 2302-2307.

[7] 王文彬. 美国钢结构规范二阶分析法介绍 [J]. 建筑结构，2013：43 (增刊)：509-511.

[8] 中华人民共和国住房和城乡建设部. 钢结构设计标准：GB 50017—2017 [S]. 北京：中国建筑工业出版社，2017.

[9] 但泽义. 钢结构设计手册 [M]. 北京：中国建筑工业出版社，2018.

[10] 魏明钟. 轴心受压钢构件的稳定系数和截面分类 [J]. 钢结构，1991 (2)：24-30.

[11] 罗邦富. 新订《钢结构设计规范》(GBJ 17—88) 内容介绍 [J]. 钢结构，1989 (1)：1-19.

第5章　基于非线性分析的消能减震结构设计

消能减震结构是指在结构中设置阻尼器，通过阻尼器耗散地震能量，从而减轻结构的地震反应和损伤，保证建筑结构满足预定的抗震性能目标的结构。相比于传统的抗震结构，消能减震结构中不同结构构件的功能明确，更有利于提高结构的抗震性能，与相应的抗震结构比较，消能减震结构可减少地震响应 20%～40%[1]。

对于新建建筑，采用消能减震技术可以减小主体结构截面尺寸，同时提高结构抗震安全度，某些情况下可以降低造价。对于既有建筑采用消能减震技术进行抗震加固，可以简化施工、降低造价。近年来，我国相继推出了消能减震结构设计相关规范，国家政策也开始引导推广[1～4]。

5.1　消能减震结构设计方法现状

消能减震结构的设计方法与普通抗震结构设计方法存在比较明显的区别，由于阻尼器的存在以及不同阻尼器的力学原理和受力特点的显著差异，消能减震结构的设计难度是相对较高的，如不能正确反映阻尼器的作用，消能减震设计不但无法达到保证结构安全和优化的目的，还可能适得其反。

目前，消能减震结构设计的一个关键性指标是确定阻尼器附加给整体结构的阻尼比。按现行国家标准规范的规定，阻尼器附加阻尼比的确定采用的是基于算例试算结果的经验公式，既有一定的工程适用性，也有一定的粗糙性，值得继续深入研究和不断发展。

5.1.1　消能减震结构的基本原理

对于非线性体系，动力学方程式为：

$$m\ddot{u}(t)+c\dot{u}(t)+f_{\mathrm{s}}(u,\dot{u})=-m\ddot{u}_{\mathrm{g}}(t) \tag{5.1-1}$$

对上式进行积分，即可得到能量平衡方程：

$$\int_0^u m\ddot{u}(t)\mathrm{d}u+\int_0^u c\dot{u}(t)\mathrm{d}u+\int_0^u f_{\mathrm{s}}(u,\dot{u})\mathrm{d}u=-\int_0^u m\ddot{u}_{\mathrm{g}}(t)\mathrm{d}u \tag{5.1-2}$$

能量平衡方程左侧分别为动能、弹性阻尼耗能、构件滞回耗能。

其中 E_{K} 为动能：

$$E_{\mathrm{K}}=\int_0^u m\ddot{u}(t)\mathrm{d}u \tag{5.1-3}$$

地震动加载结束时，结构趋于静止，动能趋近于零。

弹性阻尼耗能 E_D：

$$E_D=\int_0^u c\dot{u}(t)\mathrm{d}u \tag{5.1-4}$$

初始设定的弹性阻尼比所耗散的能量，一般混凝土结构为5%阻尼比对应的阻尼耗能，钢结构为2%阻尼比对应的阻尼耗能。

构件滞回耗能：

$$E_S+E_{DD}+E_{VD}=\int_0^u f_s(u,\dot{u})\mathrm{d}u \tag{5.1-5}$$

式中　E_{VD}——速度型阻尼器耗能；

E_{DD}——位移型阻尼器耗能；

E_S——普通构件的应变能，应变能包括弹性应变能和塑性应变能；弹性应变能在地震动加载结束时，自行恢复趋近于零。

外力做功 E_I：

$$E_I=\int_0^u m\ddot{u}_g(t)\mathrm{d}u \tag{5.1-6}$$

即为地震输入的能量；

由此可知，地震作用下结构的能量平衡方程为：

$$E_K+E_D+E_S+E_{DD}+E_{VD}=E_I \tag{5.1-7}$$

从能量守恒的角度，地震输入的能量最终将转化为动能、阻尼耗能、构件滞回耗能等。如果位移型阻尼器及速度型阻尼器的耗能增加，则主体结构的塑性变形耗能将减少，从而起到了减轻主体结构损伤的作用。

图5.1-1为消能减震结构的地震影响系数曲线示意图，可以看出，速度型阻尼器一般只增加附加阻尼比进而降低地震影响系数；位移型阻尼器一般不仅提供附加阻尼比，还提供一定的刚度，此时结构周期虽变短，但整体地震影响系数仍然可以减小。

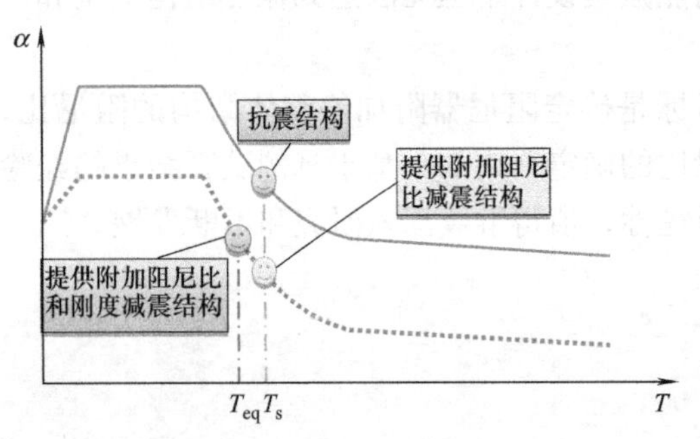

图5.1-1　消能减震结构的地震影响系数曲线示意图

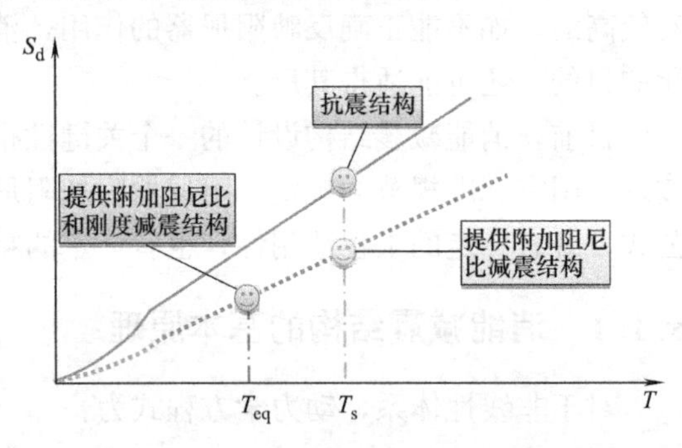

图5.1-2　消能减震结构位移谱示意图

图5.1-2是消能减震结构位移谱示意图，可以看出，速度型阻尼器及位移型阻尼器提供给结构的附加阻尼会降低结构的位移反应；位移型阻尼器还会附加刚度，刚度的增加会使结构周期缩短，也会降低结构的位移反应；即减震结构不仅可以降低结构的加速度响应，还可以同时控制结构的位移响应。

5.1.2　消能减震结构的设计流程

与抗震结构不同，消能减震结构需要考虑阻尼器特性对主体结构的影响。结构的总刚

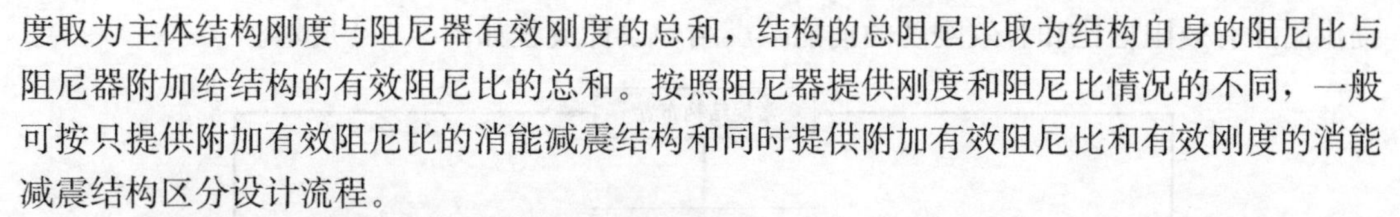

度取为主体结构刚度与阻尼器有效刚度的总和，结构的总阻尼比取为结构自身的阻尼比与阻尼器附加给结构的有效阻尼比的总和。按照阻尼器提供刚度和阻尼比情况的不同，一般可按只提供附加有效阻尼比的消能减震结构和同时提供附加有效阻尼比和有效刚度的消能减震结构区分设计流程。

1. 只提供附加有效阻尼比的消能减震结构

此种消能减震结构常见于只采用黏滞阻尼器进行消能减震设计的结构。黏滞阻尼器是速度相关型阻尼器，内部一般采用油等黏滞流体提供阻尼，理论上黏滞阻尼器不提供静刚度，只提供附加有效阻尼比，主体结构的周期及振型不受阻尼器的影响而变化。只提供附加有效阻尼比的消能减震结构设计流程如图 5.1-3 所示。

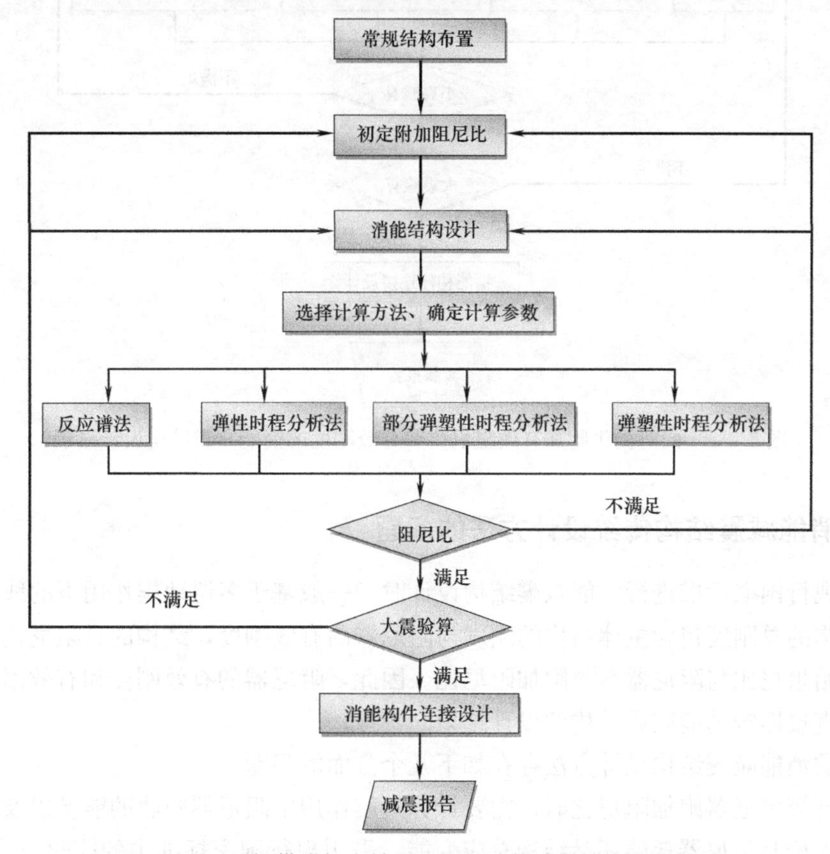

图 5.1-3　只提供附加有效阻尼比的消能减震结构设计流程

2. 同时提供附加有效阻尼比和有效刚度的消能减震结构

此种消能减震结构常见于采用黏弹性阻尼器或金属屈服型阻尼器进行消能减震设计的结构。与黏滞阻尼器不同，黏弹性阻尼器内部的黏弹性体同时会提供有效附加阻尼和有效刚度。金属屈服型阻尼器一般也会同时提供有效附加阻尼和有效刚度，与黏弹性阻尼器不同的是，在不同地震烈度下，个别位置的金属屈服型阻尼器可能不会屈服，因此金属屈服型消能减震结构可能会出现个别或部分阻尼器只提供有效刚度不提供有效附加阻尼的情况。

因为阻尼器提供了有效刚度，主体结构的周期及振型会受阻尼器的影响而变化。同时提供附加有效阻尼比和有效刚度的消能减震结构设计流程如图 5.1-4 所示。

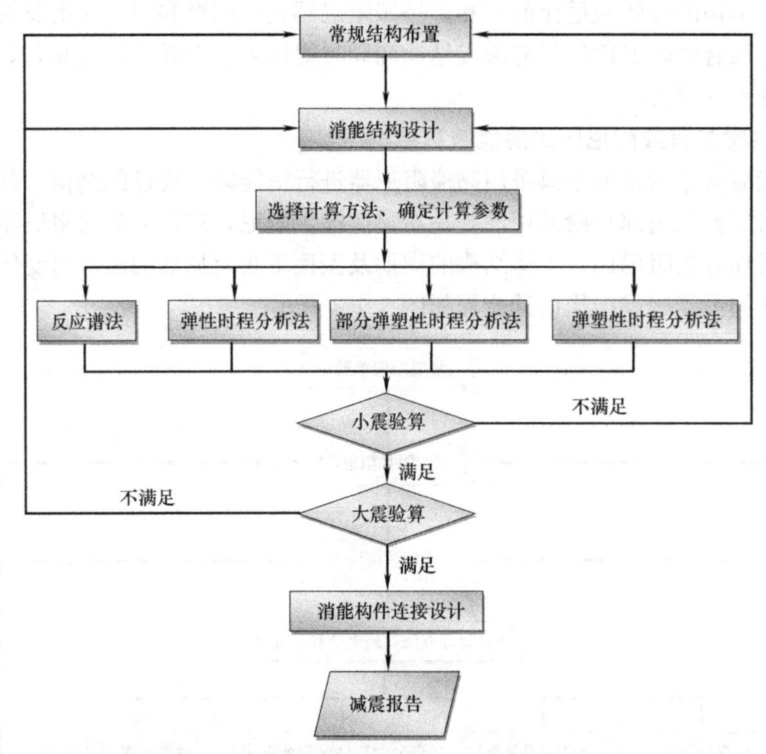

图 5.1-4　同时提供附加有效阻尼比和有效刚度的消能减震结构设计流程

5.1.3　消能减震结构传统设计方法的问题

按照现行国家标准进行消能减震结构设计时，一般基于多遇地震作用下的线弹性分析结果。结构的总刚度包含主体结构的刚度与阻尼器的有效刚度，结构的总阻尼比包含结构自身的初始阻尼比与阻尼器有效附加阻尼比。因此，阻尼器的有效刚度和有效附加阻尼比的确定将直接影响消能减震结构的设计结果。

目前的消能减震结构设计方法存在如下几个方面的问题：

（1）计算阻尼器附加阻尼比时，需要计算地震作用下阻尼器吸收的能量以及结构的总应变能，无论是阻尼器耗能还是结构总应变能，采用现行国家标准中的简化方法计算时，都是根据阻尼器和结构产生的最大变形或最大内力来计算。不同的阻尼器在地震作用下，这些参数一般不会同时达到最大值，导致阻尼器附加阻尼比的计算存在一定误差。

（2）非线性动力分析结果表明，地震作用下阻尼器附加给结构的刚度及附加阻尼比随时间不断变化，采用固定刚度，难以准确反映阻尼器的刚度变化和耗能情况。

（3）阻尼器对于结构不同振型、不同位置以及不同响应的影响程度不同，通过指定一个整体结构的阻尼器附加阻尼比，难以准确反映阻尼器对结构的影响。

现行规范方法是在特定历史阶段提出的简化算法，对于消能减震结构的发展起到了一定的促进作用。但随着计算机软、硬件技术水平的提高，消能减震结构的分析与设计方法也应随之进步。

5.2　基于非线性分析的消能减震结构等效弹性设计方法

《建筑消能减震技术规程》JGJ 297—2013[1] 规定：消能减震结构的总阻尼比应为主体结构阻尼比和阻尼器附加给主体结构的阻尼比的总和，结构阻尼比应根据主体结构处于弹性或非线性工作状态分别确定。同样，消能减震结构的总刚度为主体结构刚度与阻尼器刚度总和。《建筑消能减震技术规程》JGJ 297—2013 和《建筑结构抗震规范》GB 50011—2010[2] 规定：当主体结构处于弹性阶段时，消能减震结构可以采用等效线性方法进行计算。当主体结构进入到非线性状态时，需要对整体结构进行非线性分析。

消能减震结构具有天然的非线性特性，非线性分析可以考虑消能器的非线性性质，采用非线性分析结果进行等效设计，无疑较弹性分析进行等效更加真实，是改进传统消能减震设计方法的第一步。同时，采用非线性时程分析进行计算，使考虑主体结构在完全弹性、部分非线性及完全考虑非线性的三种情况设计流程统一，标准化了减震设计流程。

因此基于非线性分析的计算结果，改进传统设计方法，是既符合传统消能减震结构设计习惯和流程，同时也实现了一定技术进步的设计方法。

5.2.1　基于非线性分析的消能减震结构附加阻尼比计算

1. 规范等效线性算法

位移相关型阻尼器按照等效线性方法计算结构的附加阻尼比，如下式所示[1]：

$$\xi_{\mathrm{a}}=\sum_{j}\frac{W_{\mathrm{c}j}}{4\pi W_{\mathrm{s}}} \tag{5.2-1}$$

式中　ξ_{a}——消能减震结构的附加有效阻尼比；

$W_{\mathrm{c}j}$——第 j 个阻尼器在结构预期层间位移 Δu_j 下往复循环一周所消耗的能量；

W_{s}——设置阻尼器的结构在预期位移下的总应变能。

对于阻尼器耗能 $W_{\mathrm{c}j}$，位移相关性阻尼器在水平地震作用下往复循环一周所消耗的能量，可按下式计算：

$$W_{\mathrm{c}j}=A_j \tag{5.2-2}$$

式中　A_j——第 j 个阻尼器的恢复力滞回环在相对水平位移Δu_j 时的面积。

速度相关性阻尼器在水平地震作用下往复循环一周所消耗的能量，可按下式计算：

$$W_{\mathrm{c}j}=\lambda F_{\mathrm{d}j\max}\Delta u_j \tag{5.2-3}$$

式中　λ——按表 5.2.1 建议取值；

$F_{\mathrm{d}j\max}$——第 j 个阻尼器在相应地震作用下的最大阻尼力；

Δu_j——第 j 个阻尼器在相应地震作用下的相对水平位移。

非线性黏滞消能器参考值　　**表 5.2-1**

阻尼指数 α	λ
0.25	3.7
0.5	3.5
0.75	3.3
1	3.1

对于结构总应变能 W_s，计及扭转影响时，消能减震结构在水平地震作用下的总应变能，可按下式进行计算：

$$W_s=\frac{1}{2}\sum F_i u_i \tag{5.2-4}$$

式中 F_i——质点 i 的水平地震作用标准值；

u_i——质点 i 对应于水平地震作用标准值的位移。

2. 基于非线性分析的累积能量比方法

对于非线性体系，如果已知结构初始阻尼比，则根据非线性动力分析中应变能、阻尼器耗能与结构初始阻尼比之间比例关系，计算得到阻尼器的附加阻尼比，如下式所示：

$$\text{阻尼器附加阻尼比}=\frac{\text{阻尼器耗能}}{\text{初始弹性阻尼耗能}}\times 5\%(\text{或 }2\%) \tag{5.2-5}$$

5.2.2 基于非线性分析的消能减震结构等效刚度计算

对于消能器等效刚度的计算，常见于采用位移型阻尼器及屈曲约束撑等措施的消能减震结构，这些减震措施可增加结构刚度。规范等效线性算法与非线性时程分析方法均采用图 5.2-1 所示割线刚度计算方法。

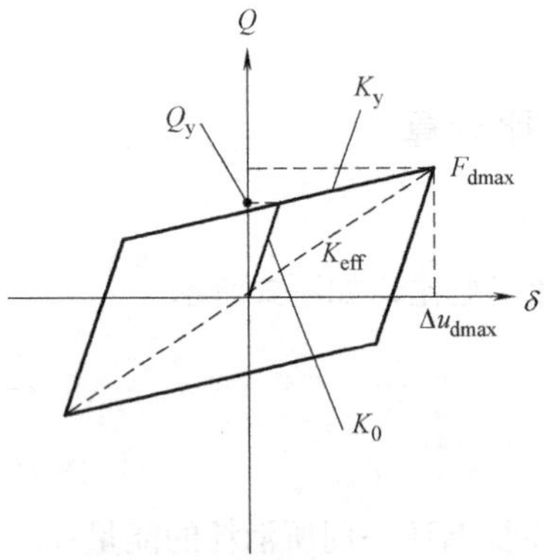

图 5.2-1 位移型阻尼器等效刚度计算

与弹性等效计算方式不同，非线性时程分析可以考虑不同阻尼器在地震作用下真实的双向最大变形和不同阻尼器发生最大变形的不同时刻，理论上可以通过包络方式给出最合理的设计结果，但限于工程设计操作难度，一般所有阻尼器皆采用最大变形计算等效刚度。

可以看出，相对于有效阻尼比这一整体参数，有效刚度因为其分散性，采用等效弹性设计的思路限制了设计准确性的提高。

5.3 消能减震结构直接分析设计方法

5.3.1 计算方法

将基于非线性时程分析结果计算的等效刚度及等效附加阻尼比，代回到弹性设计软件进行等效弹性设计，可以充分考虑消能器在地震作用下的非线性性质，是对传统设计方法的改进，具有了一定的技术进步。但是，结构在地震作用下，消能器与整体结构是实时发生作用的，消能器的等效刚度及等效阻尼比也是实时变化的。因此，只有在整个地震过程中，实时考虑消能器的作用，才能真正准确得到结构的整体响应，得到更加准确的设计结果。

减震结构的直接分析设计法通过非线性时程方法对消能减震结构进行整体分析，采用时程分析得到的构件内力进行配筋设计，并将配筋结果进行包络作为最终的设计结果。直

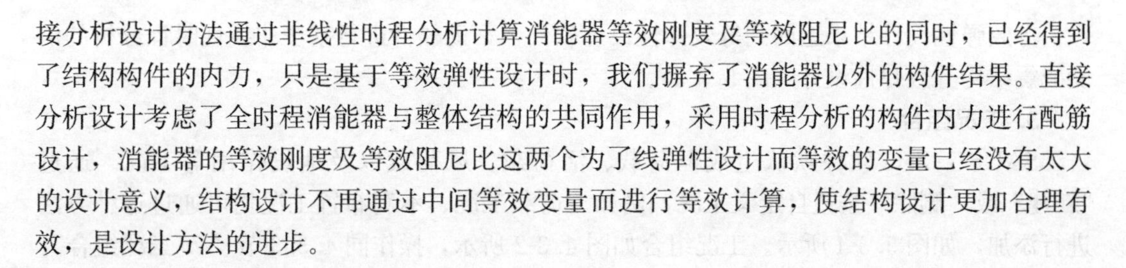

接分析设计方法通过非线性时程分析计算消能器等效刚度及等效阻尼比的同时，已经得到了结构构件的内力，只是基于等效弹性设计时，我们摒弃了消能器以外的构件结果。直接分析设计考虑了全时程消能器与整体结构的共同作用，采用时程分析的构件内力进行配筋设计，消能器的等效刚度及等效阻尼比这两个为了线弹性设计而等效的变量已经没有太大的设计意义，结构设计不再通过中间等效变量而进行等效计算，使结构设计更加合理有效，是设计方法的进步。

5.3.2　计算流程

消能减震结构直接分析设计计算流程如图 5.3-1 所示。

5.3.3　SAUSG 软件实现

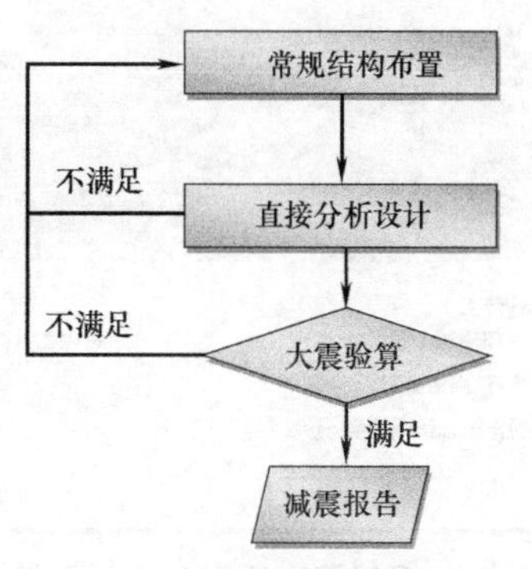

图 5.3-1　消能减震结构直接分析设计计算流程

基于 SAUSG 非线性计算内核，实现了减震结构直接分析设计软件 SAUSG-Zeta。SAUSG-Zeta 是专业的减震结构设计软件，帮助工程师快速、高效地完成减震设计，SAUSG-Zeta 软件的一些特色功能可以快速实现消能减震结构的等效弹性设计和直接分析设计。

1. 消能构件组

消能减震结构常常需要进行消能器及连接件的建模。常规的设计软件需要通过不同的构件建模组合成消能组件，降低了建模的效率。SAUSG-Zeta 软件可以通过消能构件组进行消能组件的快速建模，如图 5.3-2 所示。

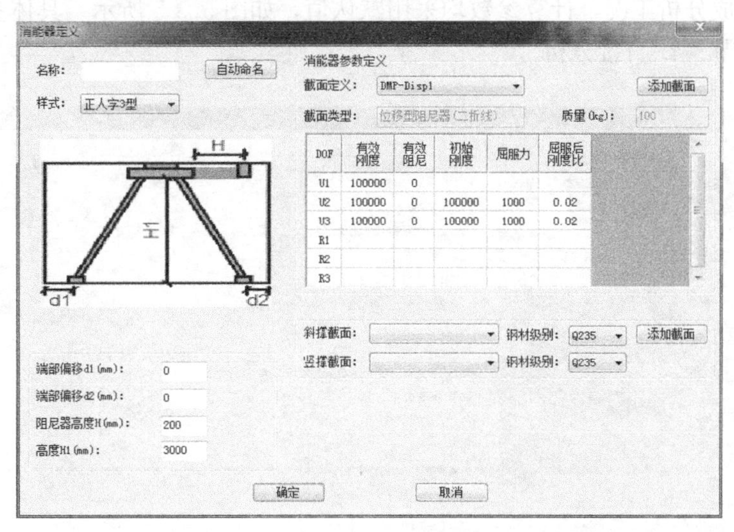

图 5.3-2　SAUSG-Zeta 软件消能构件组

2. 等效弹性设计

SAUSG-Zeta 软件提供的等效弹性设计模块可以帮助工程师快速完成多工况的非线性时程分析，并得到整体结构的基于时程累积能量比法的附加阻尼比及基于规范公式算法的附加阻尼比；同时得到基于时程分析的消能器的等效刚度和等效阻尼比。

等效弹性设计结果返回到等效弹性设计软件，帮助软件进行基于非线性时程分析的消能减震结构等效弹性设计（图 5.3-3）。

3. 工况组合

SAUSG-Zeta 软件默认生成恒荷载、活荷载、风荷载以及地震作用等工况。通过“新建”或“删除”按钮自定义工况，例如雪荷载工况、不利布置工况均可通过这种方法进行添加，如图 5.3-4 所示。工况组合如图 4.3-2 所示，操作同 4.3.3 节“1. 工况组合”。

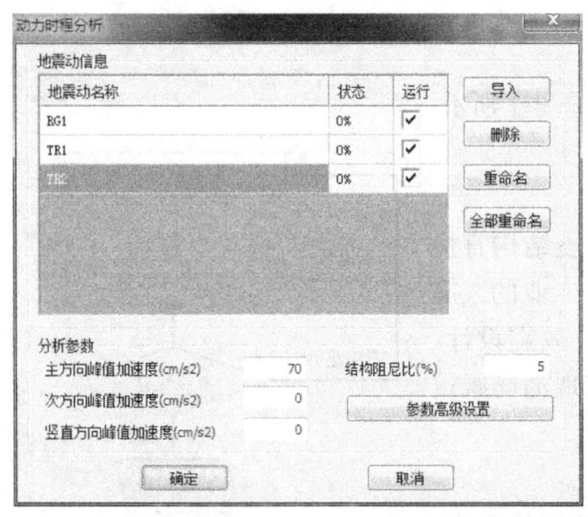

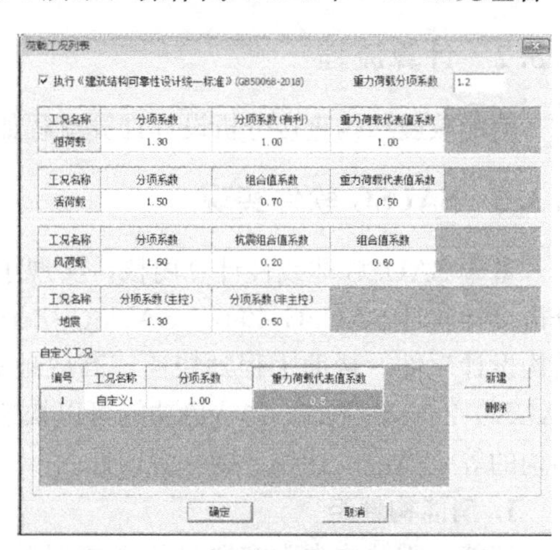

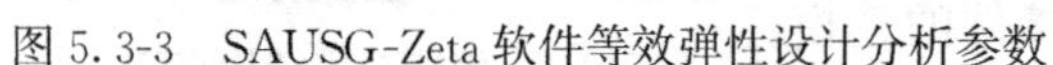
图 5.3-3　SAUSG-Zeta 软件等效弹性设计分析参数　　　图 5.3-4　SAUSG-Zeta 软件工况定义

4. 直接分析

定义直接分析工况，并进行直接分析设计。SAUSG-Zeta 软件可以根据用户定义的工况组合自动生成分析工况，计算参数均采用默认值，如图 5.3-5 所示。具体参数功能介绍可参考 4.3.3 节“4. 直接分析”。

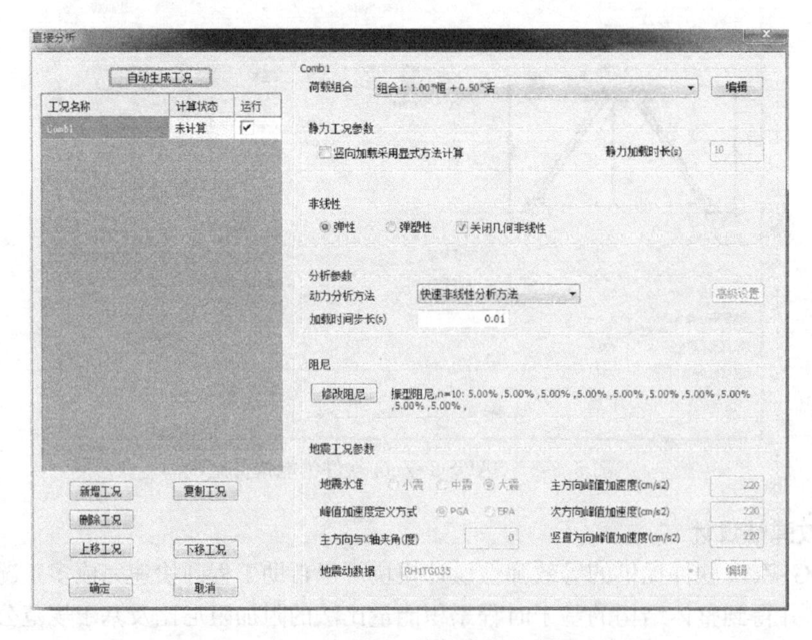

图 5.3-5　SAUSG-Zeta 软件直接分析设计参数

5. 罕遇地震验算

SAUSG-Zeta 软件提供的罕遇地震验算功能，可以快速验算消能器在罕遇地震作用下的极限荷载和极限位移（图 5.3-6）。

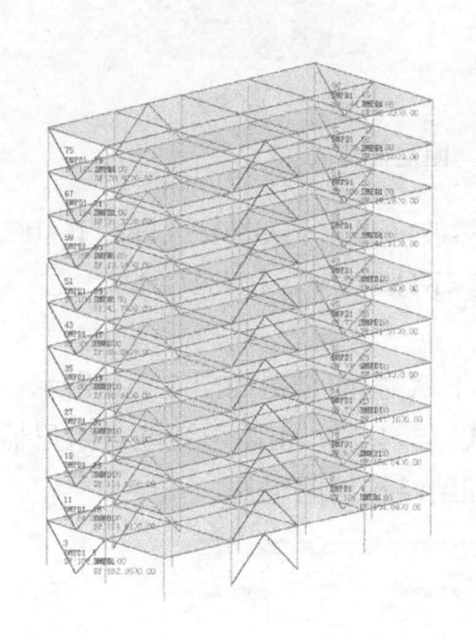

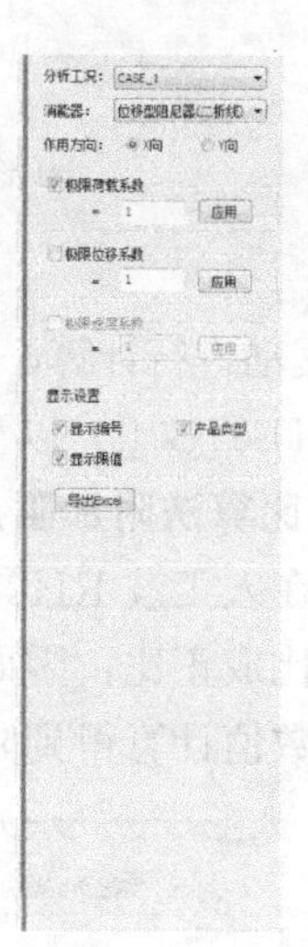

图 5.3-6　SAUSG-Zeta 软件罕遇地震验算

5.4　消能减震结构不同设计方法算例分析

5.4.1　速度型减震结构

1. 项目简介

某速度型减震结构如图 5.4-1 所示，阻尼器采用速度型阻尼器。结构共 8 层，顶部高度为 31.2m，结构形式为框架-剪力墙结构体系，设防烈度为 8 度（0.20g），设计地震分组第二组，场地类别为Ⅱ类。结构共设置阻尼器 125 个，包含图 5.4-2 所示的两种形式。阻尼系数为 1400kN・(s/m)$^{0.5}$，阻尼指数为 0.5。

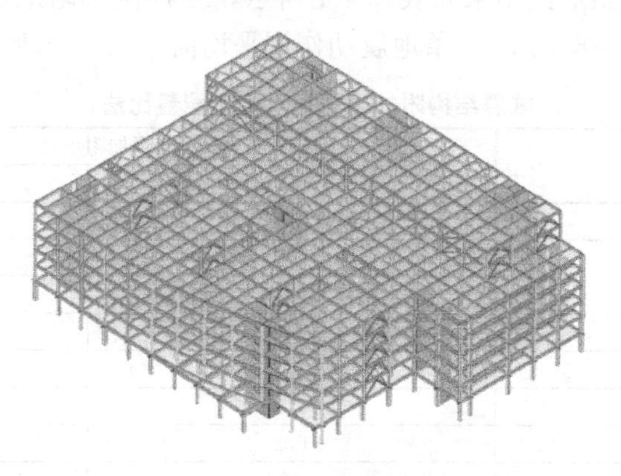

图 5.4-1　某速度型减震结构

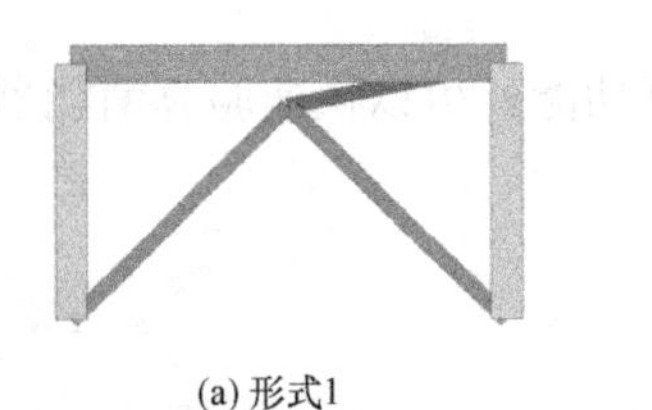

(a) 形式1

(b) 形式2

图 5.4-2　阻尼器形式

选取 7 条地震动进行计算，包括 5 条天然波（TH030TG040、TH051TG040、TH057TG040、TH076TG040、TH086TG040）以及 2 条人工波（RH2TG040、RH3TG040）。

2. 累积能量比算法附加阻尼比计算

该减震结构在人工波 RH2TG040 作用下 X 向能量图如图 5.4-3 所示。由于能量耗散与其对应的阻尼比成正比，因而可以根据式（5.4-1），由阻尼耗能、阻尼器耗能以及结构本身阻尼比三个数值计算得到阻尼器所附加给结构的阻尼比。

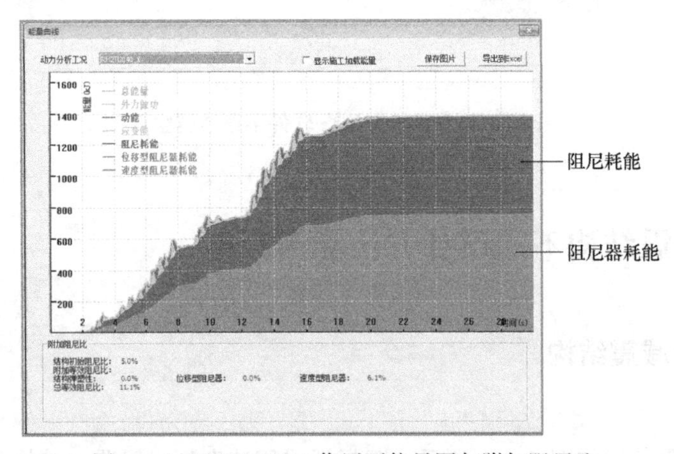

图 5.4-3　RH2TG040 作用下能量图与附加阻尼比

$$\xi_{\mathrm{a}}=\frac{\text{阻尼器耗能}}{\text{阻尼耗能}}\times 5\% \tag{5.4-1}$$

7 条地震动作用下阻尼比结果如表 5.4-1 所示，X 向附加阻尼比为 5.6%～6.2%，Y 向附加阻尼比为 5.9%～6.3%。7 条地震动作用平均值为 5.96%和 6.1%。

减震结构附加阻尼比（累积能量比法）　　**表 5.4-1**

地震动	附加阻尼比	
	X 向(%)	Y 向(%)
RH2TG040	6.1	6.2
RH3TG040	6.2	6.3
TH030TG040	5.9	5.9
TH051TG040	5.9	6.1
TH057TG040	5.6	5.9
TH076TG040	5.8	5.9
TG040TG040	6.2	6.3
平均值	5.96	6.1

按照能量比算法，每一个时刻都对应一个附加阻尼比，其随时间变化曲线如图 5.4-4

所示。不同时刻附加阻尼比不同，最终时刻结构各部分能量趋于稳定，计算得到的附加阻尼比为 6.1%。如果按照规范最大变形原则确定，最大位移发生在 13.16s，此时附加阻尼比为 6.38%。所有时刻附加阻尼比的平均值为 6.1%。

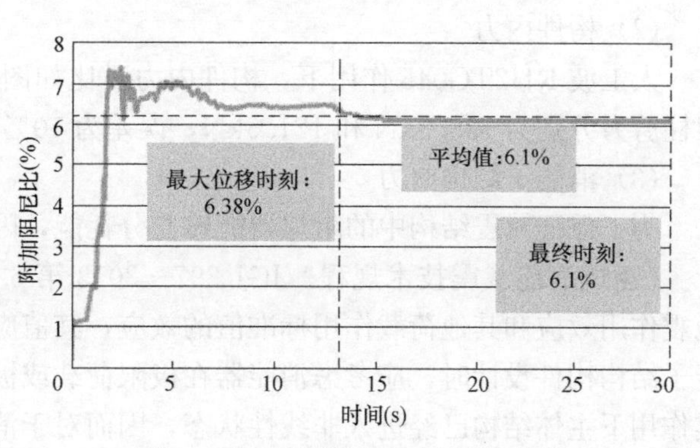

图 5.4-4　附加阻尼比时程变化曲线

3. 规范算法附加阻尼比计算

减震结构在地震作用下的总应变能按照《建筑抗震设计规范》GB 50011—2010 式（12.3.4-2）计算，两个方向的总应变能分别为 160.96J 和 147.58J。阻尼器耗散能量按照《建筑消能减震技术规程》JGJ 297—2013 式（6.3.2-4）进行计算，X 向和 Y 向地震动作用下阻尼器耗散能量分别为 105.76J 和 101.95J。按照《建筑抗震设计规范》GB 50011—2010 式（12.3.4-1）计算附加阻尼比，X 向和 Y 向附加阻尼比分别为 5.23%和 5.50%，略小于采用能量算法计算结果。

4. 直接分析设计与规范等效设计方法对比

采用直接分析设计模型（模型 1）与等效设计模型（模型 2）进行结果对比。直接分析设计模型自动考虑阻尼器的非线性特性。由于速度型阻尼器在地震作用下主要提供附加阻尼比而不提供刚度。因此，可根据小震时程分析计算得到的附加阻尼比，在减震结构模型基础上，删除阻尼器即可生成等效设计模型。

（1）楼层剪力与层间位移角

各条地震动作用下楼层剪力基本一致，天然波 TH030TG040 作用下，基底剪力误差值最大，约为 8%，如图 5.4-5 所示。

各条地震动作用下层间位移角基本一致，天然波 TH086TG040 作用下，最大层间位移角误差值最大，约为 5%，如图 5.4-6 所示。

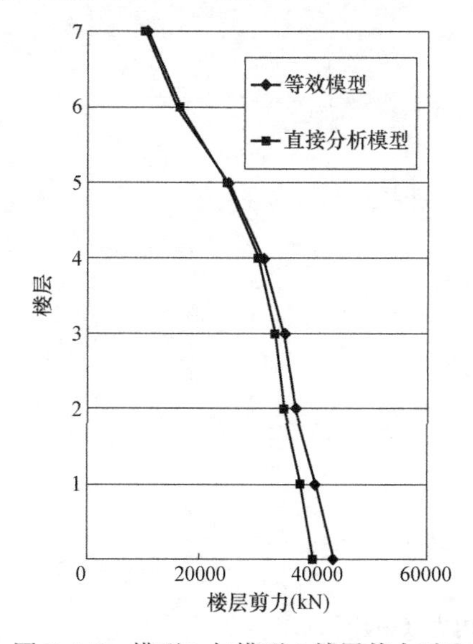

图 5.4-5　模型 1 与模型 2 楼层剪力对比

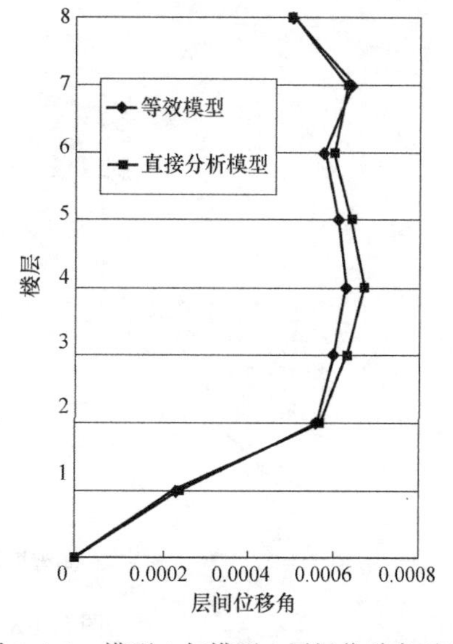

图 5.4-6　模型 1 与模型 2 层间位移角对比

（2）构件内力

人工波 RH2TG045 作用下，构件内力对比如图 5.4-7 所示，模型 1 和模型 2 左侧框架柱剪力分别为 135.8kN 和 121.5kN，误差为 10%左右。

（3）消能子结构内力

为了保证减震结构中的阻尼器能够充分耗能，因而消能子结构宜按照重要构件进行设计。《建筑消能减震技术规程》JGJ 297—2013 第 6.4.2 条规定，消能子结构应考虑罕遇地震作用效应和其他荷载作用标准值的效应，其值应小于构件极限承载力。同时在进行消能子结构构件设计时，应考虑消能器在极限荷载或极限速度下的阻尼力作用。由于罕遇地震作用下主体结构已经进入非线性状态，因而对于消能子结构的设计应该采用非线性分析方法（图 5.4-8）。

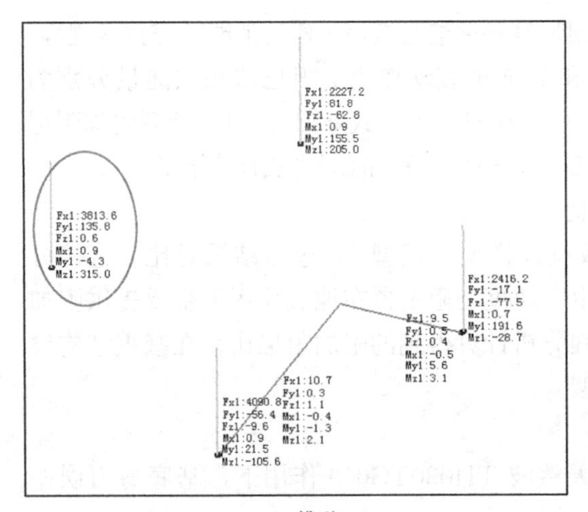

(a) 模型1

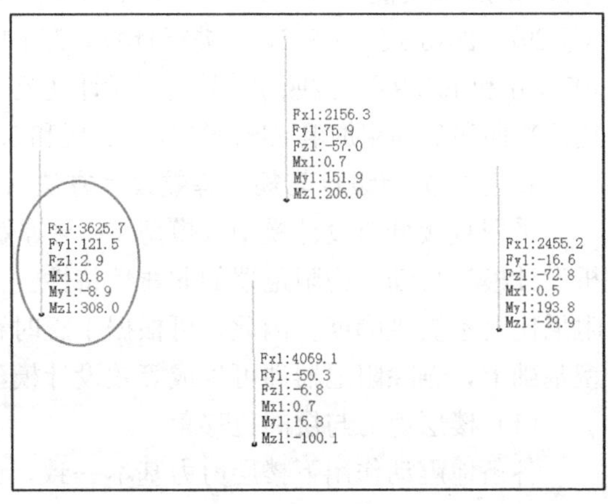

(b) 模型2

图 5.4-7 构件内力对比（剪力最大时刻）

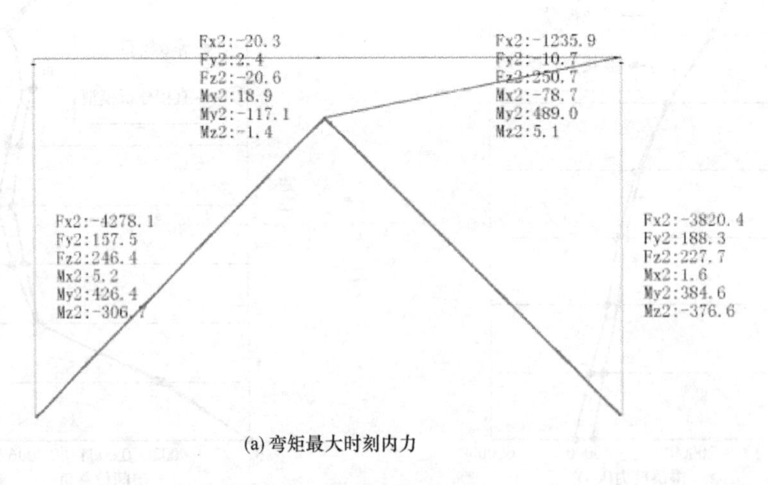

(a) 弯矩最大时刻内力

图 5.4-8 消能子结构内力（一）

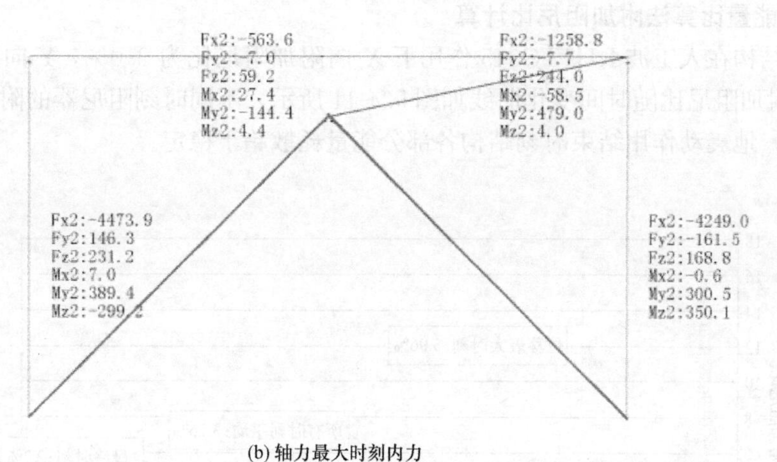

(b) 轴力最大时刻内力

图 5.4-8　消能子结构内力（二）

5.4.2　位移型减震结构

1. 项目简介

某位移型减震结构如图 5.4-9 所示，结构共 8 层，高度 31.2m，结构形式为框架结构体系，设防烈度为 8 度（0.30g），设计地震分组为第一组，场地类别为Ⅲ类。

图 5.4-9　某位移型减震结构

结构共设置阻尼器 22 个，阻尼器刚度为 466000 kN·m，屈服力为 700kN，屈服后刚度比为 0.02。

选取 1 条人工波 RH1TG045 进行分析，地震动时程曲线如图 5.4-10 所示。

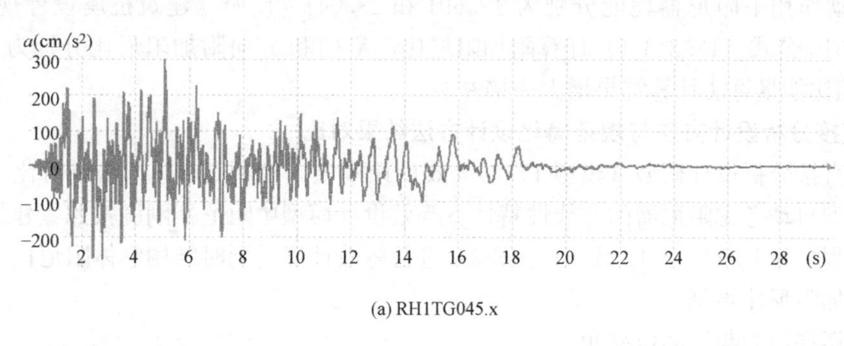

(a) RH1TG045.x

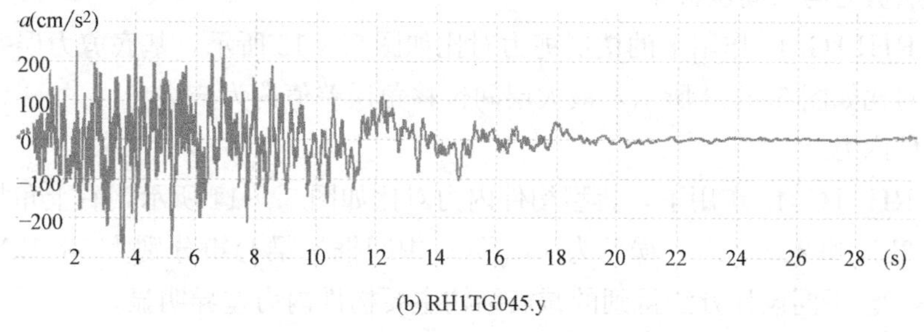

(b) RH1TG045.y

图 5.4-10　RH1TG045 地震动曲线

2. 累积能量比算法附加阻尼比计算

该减震结构在人工波 RH1TG045 作用下 X 向附加阻尼比为 2.0%，Y 向附加阻尼比为 2.7%。附加阻尼比随时间变化曲线如图 5.4-11 所示，不同时刻阻尼器的附加阻尼比存在较大差异，地震动作用结束时刻结构各部分能量耗散趋于稳定。

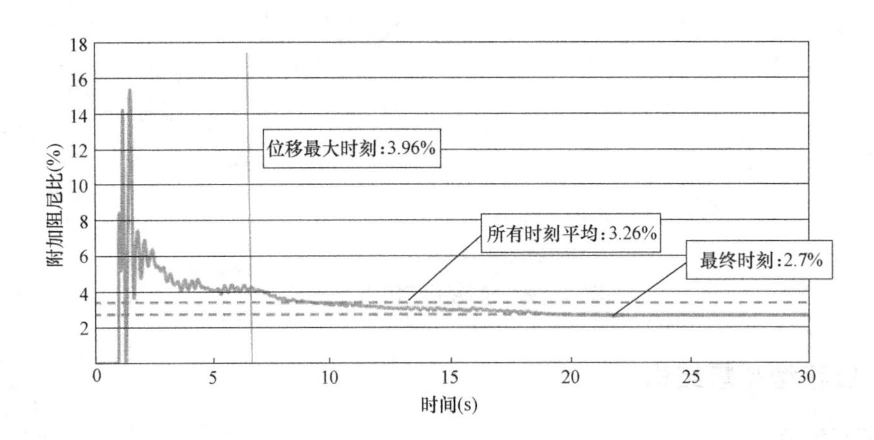

图 5.4-11　附加阻尼比时程变化曲线

3. 规范算法附加阻尼比计算

按照《建筑抗震设计规范》GB 50011—2010 公式（12.3.4-2）计算减震结构在地震作用下的总应变能，两个方向的总应变能分别为 38.88J 和 29.01J。阻尼器耗能按照《建筑消能减震技术规程》JGJ 297—2013 第 3.3.5 节条文说明公式（6）进行计算。X 向和 Y 向地震动作用下阻尼器耗能分别为 19.69J 和 23.04J。按照《建筑抗震设计规范》GB 50011—2010 公式（12.3.4-1）计算附加阻尼比，X 向和 Y 向附加阻尼比分别为 4.0%和 6.3%，相比能量算法计算结果增大一倍左右。

4. 直接分析设计方法与规范简化设计方法结果对比

采用直接分析设计模型（模型 1）与等效设计模型（模型 2）进行结果对比。直接分析设计模型自动考虑阻尼器的非线性特性。等效设计模型中阻尼器刚度按照《建筑消能减震技术规程》JGJ 297—2013 式（5.6.3-2）进行等效计算，同时结构整体阻尼比中考虑阻尼器的附加阻尼比贡献。

（1）楼层剪力与层间位移角

人工波 RH1TG045 作用下的楼层剪力对比如图 5.4-12 所示，基底剪力误差约为 8%；层间位移角对比如图 5.4-13 所示，最大层间位移角误差值约为 5%。

（2）构件内力

人工波 RH1TG045 作用下，典型构件内力对比如图 5.4-14 所示，右上角框架柱弯矩分别为 187.2kN 和 219.3kN，误差为 14.6%；中间框架梁弯矩分别为 58.7kN 和 67kN，误差为 12.3%。不同设计方法得到的减震结构主要构件内力差异明显。

（3）消能子结构内力

图 5.4-15 为主体结构分别按照弹性和非线性考虑时消能子结构弯矩和轴力的计算结

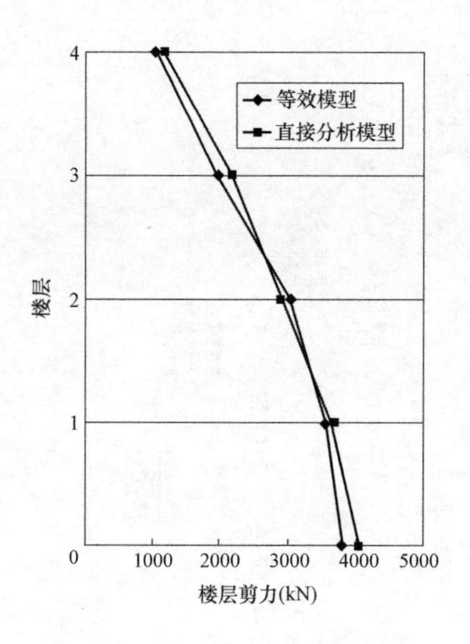

图 5.4-12　楼层剪力对比

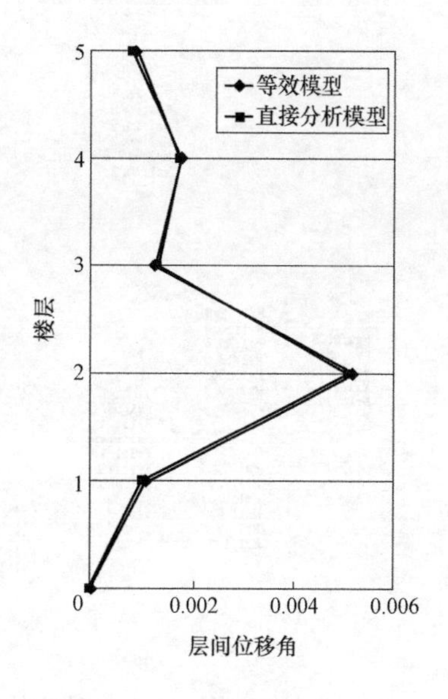

图 5.4-13　层间位移角对比

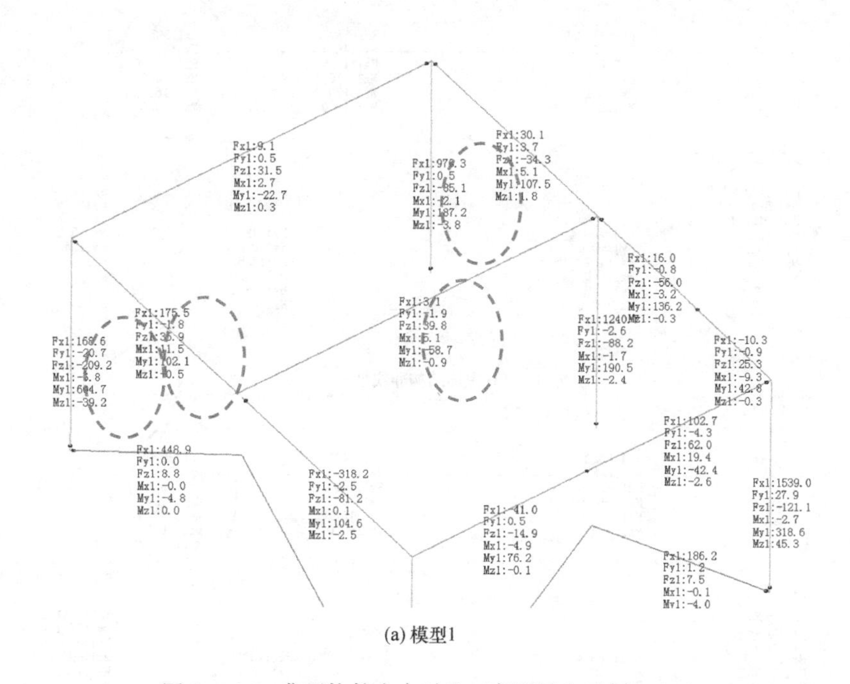

(a) 模型1

图 5.4-14　典型构件内力对比（弯矩最大时刻）（一）

果对比，典型框架梁端弯矩相差约为 34.2%，框架梁端轴力误差约为 38.2%；框架柱端弯矩误差为 81.4%，框架柱端轴力误差约为 18.4%。可以看出，考虑与不考虑主体结构的非线性对于消能子结构的内力影响很大。

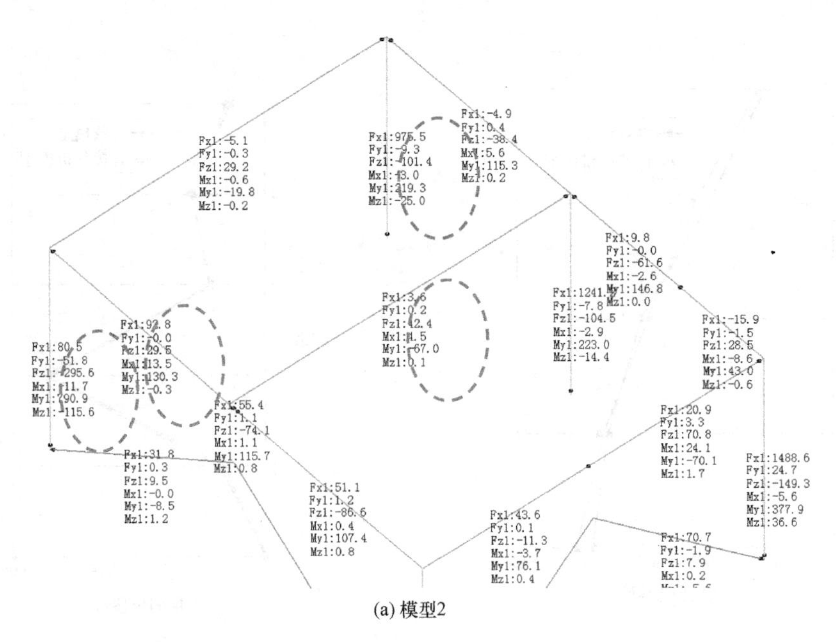

(a) 模型2

图 5.4-14　典型构件内力对比（弯矩最大时刻）（二）

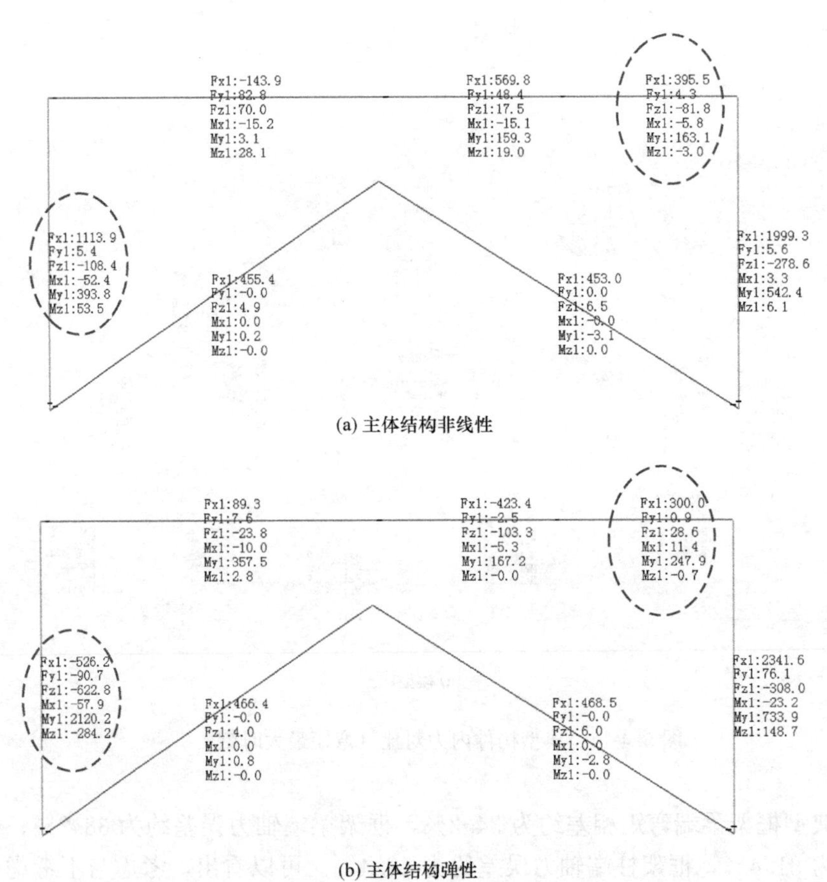

(a) 主体结构非线性

(b) 主体结构弹性

图 5.4-15　弯矩最大时刻子结构内力

5.5　小结

采用消能减震方案，通过阻尼器增加结构阻尼来减少结构在风作用下的位移是公认的事实，对减少建筑结构水平和竖向地震响应也是有效的。

减震设计一个重要难题就是如何对含有天然非线性性能的消能构件进行准确仿真模拟。现行标准中虽然给出了易于操作的等效线性计算方法，但是由前述讨论可以看到，采用线性等效方法受诸多不确定因素影响，存在较大缺陷。因此采用非线性分析进行减震设计可以得到更加合理的设计结果，可以起到较好的减震设计优化作用。减震结构直接分析设计软件 SAUSG-Zeta 已经开始尝试在减震设计中采用非线性分析方法进行优化设计或直接分析设计，取得了较好的效果。

参考文献

[1]　中华人民共和国住房和城乡建设部. 建筑消能减震技术规程：JGJ 297—2013 [S]. 北京：中国建筑工业出版社，2013.

[2]　中华人民共和国住房和城乡建设部. 建筑抗震设计规范：GB 50011—2010 [S]. 北京：中国建筑工业出版社，2010.

[3]　中华人民共和国住房和城乡建设部. 住房城乡建设部关于房屋建筑工程推广应用减隔震技术的若干意见（暂行）（建质 [2014] 25 号），2014.

[4]　中华人民共和国住房和城乡建设部. 住房城乡建设部关于《建设工程抗震管理条例（征求意见稿)》公开征求意见的通知，2018.

第6章 基于非线性分析的隔震结构设计

6.1 隔震结构设计的现状

隔震结构是指将建筑物楼层之间某一层设置隔震装置形成隔震层，通过延长结构自振周期及增大附加阻尼比的方式，达到阻隔水平地震、降低上部结构在地震作用下振动反应的结构。隔震结构中，隔震层的刚度远远小于其他结构层的刚度，从而使地震输入的总能量主要集中在隔震层耗散，达到保护主体结构的目的。国内外的大量试验和工程经验表明：隔震技术可使上部结构的水平地震加速度反应降低60%左右，从而消除或有效地减轻结构构件和非结构构件地震损坏，提高建筑物及其内部设施和人员的地震安全性，保持震后建筑物继续使用的功能[1]。

相对于传统的抗震结构，与减震结构一样，隔震结构的性能优势受到广泛关注[2~4]。近年来，我国相继推出了相关规范及国家政策[1,5~10]，采用隔震技术的建筑工程也越来越多。

6.1.1 隔震结构的基本原理

由于隔震结构中同样存在位移型阻尼器（铅芯橡胶隔震支座），所以关于减震结构在地震动下的动力学方程式（5.1-1）及式（5.1-7）同样适用于隔震结构。隔震结构的铅芯隔震支座及阻尼器可以提供较大的附加阻尼比，从而降低结构的损伤程度。与减震结构不同的是，隔震结构中由于隔震装置都集中布置在隔震层，隔震层以上结构在地震作用下一般是同时作用的，因而整个隔震结构更像一个有弹簧和阻尼器的单质点振子模型。在单质点振子模型中，如果弹簧的刚度较弱，则结构的周期就较长，所受的地震作用就越小，隔震结构正是根据这一原理来减轻或消除隔震层以上结构的震害。

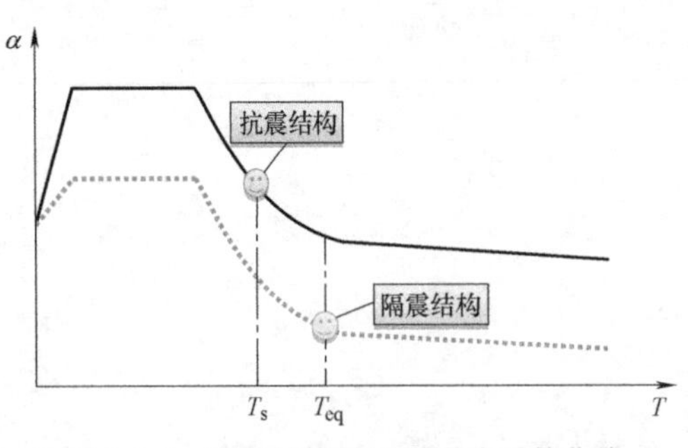

图 6.1-1 隔震结构的地震影响系数曲线

图 6.1-1 是隔震结构的地震影响系数曲线。隔震技术延长了整个结构体系的自振周期、增大了结构阻尼、减小了输入上部结构的地震作用，达到预期的设防要求。

图 6.1-2 是隔震结构的位移谱曲线。隔震结构由于隔震层刚度很小，结构周期延长的同时，位移反应也随着增加。由于隔震层

同时会附加较大的阻尼比，隔震后结构的变形会得到控制。可见，隔震结构可以降低结构的加速度反应，同时结构的位移反应会得到适当控制。

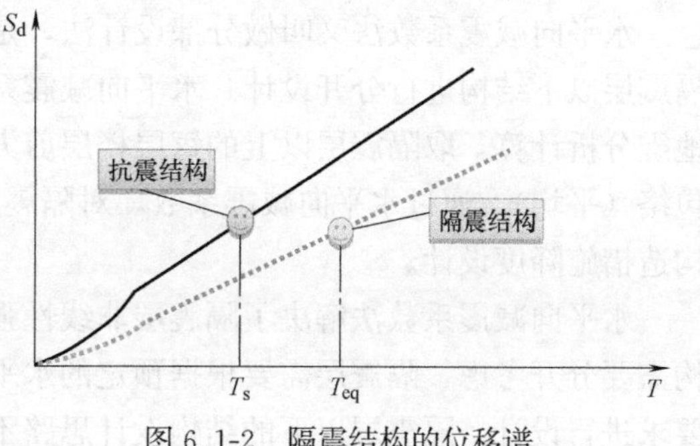

图 6.1-2　隔震结构的位移谱

6.1.2　隔震结构的设计流程

目前隔震结构设计有两种流程可以实现，一种是根据《建筑抗震设计规范》GB 50011—2010[1] 规定的“水平向减震系数法”实现，另一种是根据《建筑隔震设计标准》GB/T 51408—2021[10] 规定的“中震整体设计”方法实现，具体实现流程如下：

1. 基于水平向减震系数法的隔震结构设计（图 6.1-3）

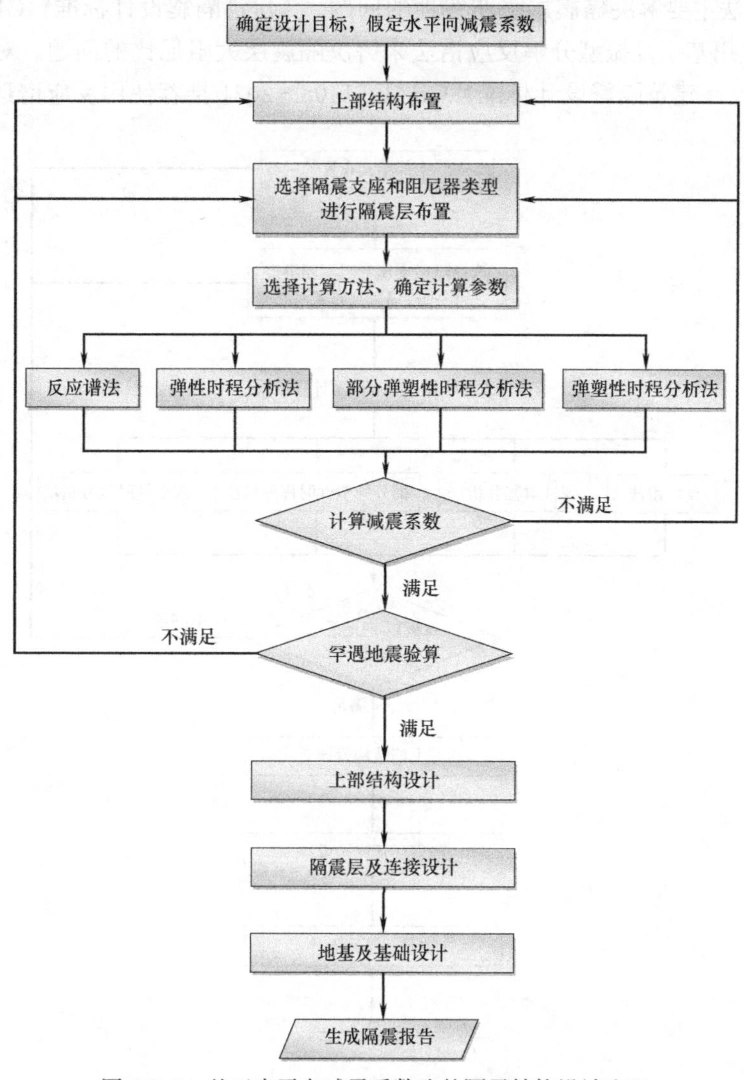

图 6.1-3　基于水平向减震系数法的隔震结构设计流程

水平向减震系数法又叫做分部设计法，是将隔震结构分为隔震层以上结构、隔震层及隔震层以下结构进行分开设计。水平向减震系数是分别对隔震模型和非隔震模型进行设防地震分析计算，取隔震层以上的每层楼层剪力（高层结构还需考虑倾覆力矩）的比值进行包络（平均）。通过水平向减震系数，对隔震层以上结构进行水平向地震影响系数折减及构造措施降度设计。

水平向减震系数法解决了隔震层非线性强、阻尼比大的整体计算困难。但是，隔震结构需要分开考虑，隔震层需要根据预定的水平向减震系数及罕遇地震作用下的内力及变形要求进行设计。隔震层以下的结构设计思路不明确，且无法考虑隔震层及上部结构的整体作用。

2. 基于整体设计法的隔震结构设计（图 6.1-4）

《建筑隔震设计标准》GB/T 51408—2021 意识到了水平向减震系数法对隔震结构分开处理的问题，已经取消了原有的水平向减震系数法，而采用更加准确的整体分析设计方法。整体设计法主要解决隔震层强非线性的问题。《建筑隔震设计标准》GB/T 51408—2021 中推荐使用基于复振型分解反应谱法来解决隔震层大阻尼比的问题。对于隔震支座的非线性刚度，《建筑隔震设计标准》GB/T 51408—2021 推荐使用反应谱迭代的方式来模拟。

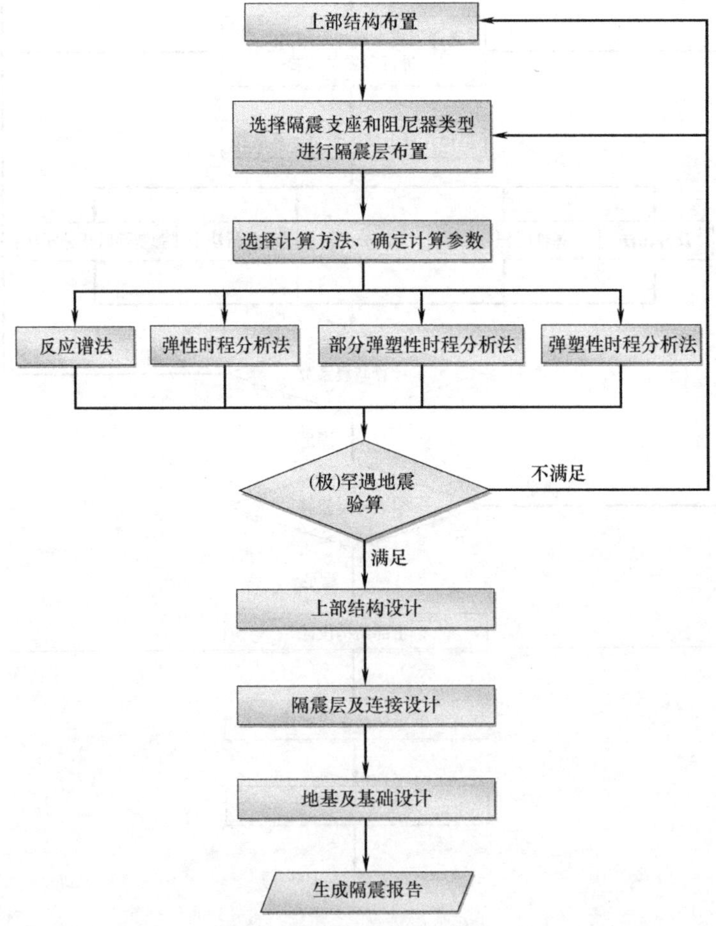

图 6.1-4　基于整体设计法的隔震结构设计流程

6.1.3　隔震结构传统设计方法的问题

按照现行国家标准对隔震结构进行设计，目前采用《建筑抗震设计规范》GB 50011—2010 中的水平向减震系数法。水平向减震系数法的核心是计算水平向减震系数，由于这是一个宏观指标，计算方法相对简单，也可以通过非线性时程分析来考虑隔震支座的非线性性质。这样，在计算水平向减震系数时，可考虑通过非线性时程分析提高分析的准确性，是分析方法的进步。但是，采用水平向减震系数法目前还存在如下几个问题：

（1）隔震结构分为隔震层以上结构、隔震层及隔震层以下三个部分分别计算分析，无法考虑结构整体的影响；

（2）计算水平向减震系数时，在采用设防地震作用下进行隔震及非隔震模型计算，隔震层以上结构设计采用小震分析，隔震结构没有按同一水准进行分析设计；

（3）计算水平向减震系数受非隔震模型的定义影响，可能存在计算结果不够严谨的情况。

《建筑隔震设计标准》GB/T 51408—2021 采用整体分析设计法，解决了水平向减震系数法无法考虑结构整体作用的问题，通过复振型分解反应谱考虑隔震层的大阻尼比，通过反应谱迭代考虑隔震支座的非线性。可见，目前《建筑隔震设计标准》GB/T 51408—2021 采用的整体分析设计法还是存在一些问题有待讨论：

（1）隔震结构在地震往复作用下的阻尼是实时变化的，即使复模态振型分析可以考虑隔震层的大阻尼比，但是可能和真实的阻尼比还会有一定的差距；

（2）反应谱迭代无法考虑地震的往复作用和地震持时对结构的影响，对隔震支座刚度的模拟还是基于线性等效，无法反映隔震层的真实刚度。

6.2　基于非线性分析的隔震结构等效线弹性设计

《建筑抗震设计规范》GB 50011—2010 第 12 章中的对水平向减震系数法给出了三种计算方法：简化计算、反应谱分析和时程分析法，即通过按隔震支座水平剪切应变 100% 时的性能参数进行简化计算、反应谱分析方法和考虑隔震支座非线性性质的时程分析方法。若采用简化计算和反应谱分析，无法考虑隔震支座的非线性性质，规范推荐按隔震支座的滞回模型，计算等效刚度和等效阻尼比。隔震支座的滞回模型如图 6.2-1 所示，等效刚度及等效阻尼比采用按隔震支座水平剪切应变为 100% 时的性能参数进行计算，其基本公式如式（6.2-1）和式（6.2-2）所示。

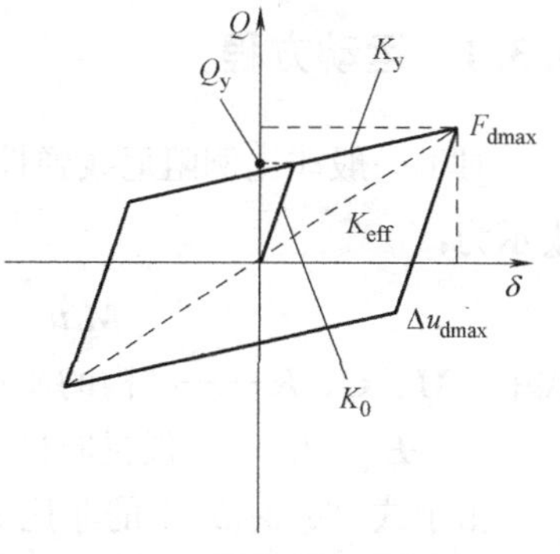

图 6.2-1　隔震支座等效刚度及等效阻尼比计算

$$K_{eq}=\frac{Q_y}{\gamma_h t_r}+K_y \tag{6.2-1}$$

式中　K_{eq}——铅芯橡胶隔震支座等效水平刚度；

Q_y——铅芯橡胶隔震支座水平屈服剪力设计值；

γ_h——叠层橡胶支座水平剪切应变，为叠层橡胶支座水平位移与橡胶层总厚度的比值；

t_r——橡胶层总厚度；

K_y——铅芯橡胶隔震支座屈服后水平刚度设计值。

$$\zeta_{eq}=\frac{2}{\pi}\frac{Q_y\left[\gamma_h t_r-\dfrac{Q_y}{K_y(\beta-1)}\right]}{K_{eq}(\gamma_h t_r)^2} \tag{6.2-2}$$

式中 ζ_{eq}——铅芯橡胶隔震支座等效阻尼比。

可见，按照等效刚度和等效阻尼比计算的隔震结构，隔震支座的非线性性质等效结果是以固定的100%水平剪切应变来计算的，无法考虑隔震支座在不同地震作用下的性质，具有较大的近似效果，计算结果相对粗糙。

规范同时提供了时程分析方法进行水平向减震系数的计算。时程分析可以考虑隔震支座的非线性性质，无疑相对等效计算结果更加准确。因此，目前计算水平向减震系数时，一般均采用时程分析方法。

6.3 隔震结构复振型分解反应谱分析

目前，隔震结构整体分析中较为常用的方法是无阻尼振型坐标下广义阻尼矩阵非对角线的强迫解耦实振型时程分析或反应谱方法[13]。对于隔震层布置耗能阻尼装置、非经典阻尼特性较强的隔震结构，该方法对隔震结构响应计算将造成一定误差，且这种误差随着隔震层阻尼比增大而增大[14]。Traill-Nash等[15] 基于状态空间理论，将复振型运动方程解耦，提出一种与实振型分解方法类似的复振型分解方法。随后，在此框架基础上，Igusa等[16]、Gupta等[17] 及Villaverde[18] 对复振型分解反应谱法进行了研究，主要包括振型组合规则、相关系数表达式、振型截断修正等问题。国内学者周锡元等[19~22] 利用白噪声假定与复变函数围道积分，给出了更为简洁的复振型相关系数解析表达式，称之为复振型完全平法组合（CCQC）方法。陈华霆[23] 等针对非经典阻尼体系提出类似的振型数量确定方法，即复振型质量参与系数方法，并分析其与实振型质量参与系数方法的统一性。

本节首先介绍复振型分解反应谱法的基本理论，主要包括复振型分解、复振型等效地震作用计算、复振型效应组合、复振型质量参与系数及基于迭代的反应谱方法等方面内容，并针对工程算例，进行复振型、实振型分解反应谱法的对比分析。

6.3.1 运动方程

对于一般非比例阻尼线弹性体系，在双向地震激励 $\ddot{x}_g$ 和 $\ddot{y}_g$ 作用下，其运动方程可表示为：

$$\boldsymbol{M}\ddot{\boldsymbol{u}}+\boldsymbol{C}\dot{\boldsymbol{u}}+\boldsymbol{K}\boldsymbol{u}=-\boldsymbol{M}\boldsymbol{E}_x\ddot{x}_g-\boldsymbol{M}\boldsymbol{E}_y\ddot{y}_g \tag{6.3-1}$$

式中 $\boldsymbol{M}$、$\boldsymbol{C}$、$\boldsymbol{K}$——结构的质量矩阵、非比例阻尼矩阵和刚度矩阵；

$\boldsymbol{E}_x$、$\boldsymbol{E}_y$——位置向量，与地震激励作用位置有关。

由于式（6.3-1）中的非比例阻尼矩阵不满足实振型正交性，实振型分析将不再适用。采用状态空间法表达结构的运动方程，则式（6.3-1）可改写为：

$$\boldsymbol{A}\dot{\boldsymbol{y}}+\boldsymbol{B}\boldsymbol{y}=\boldsymbol{\Gamma}_x\ddot{x}_g+\boldsymbol{\Gamma}_y\ddot{y}_g \tag{6.3-2}$$

其中：

$$\boldsymbol{A}=\begin{bmatrix}\boldsymbol{C} & \boldsymbol{M}\\ \boldsymbol{M} & \boldsymbol{O}\end{bmatrix},\boldsymbol{B}=\begin{bmatrix}\boldsymbol{K} & \boldsymbol{O}\\ \boldsymbol{O} & -\boldsymbol{M}\end{bmatrix}$$

$$\boldsymbol{\Gamma}_{\mathrm{x}}=\begin{bmatrix}-\boldsymbol{ME}_{\mathrm{x}}\\ \boldsymbol{0}\end{bmatrix},\boldsymbol{\Gamma}_{\mathrm{y}}=\begin{bmatrix}-\boldsymbol{ME}_{\mathrm{y}}\\ \boldsymbol{0}\end{bmatrix},\boldsymbol{y}=\begin{bmatrix}\boldsymbol{u}\\ \dot{\boldsymbol{u}}\end{bmatrix} \tag{6.3-3}$$

6.3.2 复特征值问题

与式（6.3-2）相对应的复特征值问题为：

$$(\lambda\boldsymbol{A}+\boldsymbol{B})\boldsymbol{\Phi}=\boldsymbol{0} \tag{6.3-4}$$

上式为实系数的 $2N$ 阶复特征值问题（N 为结构的自由度数），由于 $\boldsymbol{A}$ 为正定矩阵，故复特征根是共轭成对出现的（土木工程结构通常为小阻尼比情况，故不考虑重根）。复特征值、复振型向量可分别表示为：

$$\lambda_i=-\zeta\omega_{\mathrm{n}}+i\omega_{\mathrm{d}},\lambda_i^*=-\zeta\omega_{\mathrm{n}}-i\omega_{\mathrm{d}},\omega_{\mathrm{d}}=\omega_{\mathrm{n}}\sqrt{1-\zeta^2}$$

$$\boldsymbol{\Phi}_i=[\boldsymbol{U}_i\quad \lambda_i\boldsymbol{U}_i]^{\mathrm{T}},\boldsymbol{\Phi}_i^*=[\boldsymbol{U}_i^*\quad \lambda_i^*\boldsymbol{U}_i^*]^{\mathrm{T}} \tag{6.3-5}$$

式中　ζ、ω_{n}、ω_{d}——阻尼比、固有频率和有阻尼固有频率；

i——虚数单位；

上标 $*$——表示共轭运算。

由于任意的 λ_i 和 $\boldsymbol{\Phi}_i$ 均满足式（6.3-4），利用 $\boldsymbol{A}$、$\boldsymbol{B}$ 矩阵的对称性，进行类似于实振型的理论推导，则可得到复振型向量 $\boldsymbol{\Phi}_i$ 具有关于 $\boldsymbol{A}$、$\boldsymbol{B}$ 矩阵的正交特性的结论，即：

$$\boldsymbol{\Phi}_j^{\mathrm{T}}\boldsymbol{A}\boldsymbol{\Phi}_i=0,\boldsymbol{\Phi}_j^{\mathrm{T}}\boldsymbol{B}\boldsymbol{\Phi}_i=0,(i\neq j)$$

$$\boldsymbol{\Phi}_i^{\mathrm{T}}\boldsymbol{A}\boldsymbol{\Phi}_i=a_i,\boldsymbol{\Phi}_i^{\mathrm{T}}\boldsymbol{B}\boldsymbol{\Phi}_i=b_i,\lambda_i=-b_i/a_i \tag{6.3-6}$$

6.3.3 复振型响应方程

记 $\boldsymbol{\Lambda}$ 为复频率矩阵，

$$\boldsymbol{\Lambda}=\mathrm{diag}(\lambda_1,\lambda_2,\cdots,\lambda_N,\lambda_1^*,\lambda_2^*,\cdots,\lambda_N^*) \tag{6.3-7}$$

相应的复振型矩阵为：

$$\boldsymbol{\Psi}=[\boldsymbol{\Phi}_1,\boldsymbol{\Phi}_2,\cdots,\boldsymbol{\Phi}_N,\boldsymbol{\Phi}_1^*,\boldsymbol{\Phi}_2^*,\cdots,\boldsymbol{\Phi}_N^*]^{\mathrm{T}} \tag{6.3-8}$$

则式（6.3-2）中状态空间方程的响应 $\boldsymbol{y}$ 可表示为复振型向量的线性组合，即：

$$\boldsymbol{y}=\sum_{i=1}^{N}\boldsymbol{\Phi}_i\alpha_i+\sum_{i=1}^{N}\boldsymbol{\Phi}_i^*\alpha_i^*=\boldsymbol{\Psi\alpha} \tag{6.3-9}$$

式中　$\boldsymbol{\alpha}$——复模态坐标向量，$\boldsymbol{\alpha}=[\alpha_1,\alpha_2,\cdots,\alpha_N,\alpha_1^*,\alpha_2^*,\cdots,\alpha_N^*]^{\mathrm{T}}$，将其代入式（6.3-2），并利用复振型向量的正交性，可将运动方程进行解耦，进一步得到任意一阶复振型中的运动方程：

$$\dot{\alpha}_{\mathrm{x},i}-\lambda_i\alpha_{\mathrm{x},y}=\theta_{\mathrm{x},i}\ddot{\mathrm{x}}_{\mathrm{g}}+\theta_{\mathrm{y},i}\ddot{y}_{\mathrm{g}} \tag{6.3-10}$$

其中，复振型参与系数 $\theta_{x,j}$，$\theta_{y,j}$ 可表示为：

$$\theta_{x,j}=\frac{\boldsymbol{\Phi}_j^{\mathrm{T}}\boldsymbol{\Gamma}_x}{\boldsymbol{\Phi}_j^{\mathrm{T}}\boldsymbol{A}\boldsymbol{\Phi}_j},\theta_{y,j}=\frac{\boldsymbol{\Phi}_j^{\mathrm{T}}\boldsymbol{\Gamma}_y}{\boldsymbol{\Phi}_j^{\mathrm{T}}\boldsymbol{A}\boldsymbol{\Phi}_j} \tag{6.3-11}$$

其通解可表达为：

$$\alpha_i=\alpha_i(0)e^{\lambda_i t}+\theta_{x,i}\int_0^t e^{\lambda_i(t-\tau)}\ddot{x}_g(\tau)d\tau+\theta_{y,i}\int_0^t e^{\lambda_i(t-\tau)}\ddot{y}_g(\tau)d\tau \quad (6.3\text{-}12)$$

式中 $\alpha_i(0)$——初始条件。通过求解式（6.3-12），可得到每一阶振型的响应，再代入式（6.3-9），可获得结构的响应。

6.3.4 复振型等效地震作用

根据复振型叠加原理，可将结构位移响应 $\boldsymbol{u}$ 表示为复振型向量的线性组合，即：

$$\boldsymbol{u}=\sum_{j=1}^{N}\boldsymbol{U}_j\theta_{x,j}\alpha_{x,j}+\sum_{j=1}^{N}\boldsymbol{U}_j^*\theta_{x,j}^*\alpha_{x,j}^*+\sum_{j=1}^{N}\boldsymbol{U}_j\theta_{y,j}\alpha_{y,j}+\sum_{j=1}^{N}\boldsymbol{U}_j^*\theta_{y,j}^*\alpha_{y,j}^* \quad (6.3\text{-}13)$$

式中 $\alpha_{x,j}$、$\alpha_{y,j}$——x 向、y 向地震激励作用下复模态空间运动方程的解，其表达式分别为：

$$\alpha_{x,j}=\int_0^t e^{\lambda_j(1-\tau)}\ddot{x}_g(\tau)d\tau$$

$$\alpha_{y,j}=\int_0^t e^{\lambda_j(1-\tau)}\ddot{y}_g(\tau)d\tau \quad (6.3\text{-}14)$$

通过数学欧拉变换，可知 $\alpha_{i,j}(i=x,y)$ 与单自由度体系位移响应 $q_{i,j}$、速度响应 $\dot{q}_{i,j}$ 之间满足：

$$\alpha_{i,j}=-\dot{q}_{i,j}+\lambda_j^*q_{i,j}\quad(i=x,y) \quad (6.3\text{-}15)$$

因此，可将结构的位移响应表示为 $q_{i,j}$、$\dot{q}_{i,j}$ 的函数，即：

$$\boldsymbol{u}=2Re\left[\sum_{j=1}^{N}\boldsymbol{U}_j\theta_{x,j}(-\dot{q}_{x,j}+\lambda_j^*q_{x,j})\right]+2Re\left[\sum_{j=1}^{N}\boldsymbol{U}_j\theta_{y,j}(-\dot{q}_{y,j}+\lambda_j^*q_{y,j})\right] \quad (6.3\text{-}16)$$

将上式代入静力平衡方程，则可得到复振型水平地震作用，即：

$$\boldsymbol{F}=\boldsymbol{K}\boldsymbol{u}=\sum_{j=1}^{N}(\boldsymbol{F}_{x,j}^{q}+\boldsymbol{F}_{x,j}^{\dot{q}}+\boldsymbol{F}_{y,j}^{q}+\boldsymbol{F}_{y,j}^{\dot{q}}) \quad (6.3\text{-}17)$$

其中：

$$\begin{aligned}\boldsymbol{F}_{x,j}^{q}&=2Re(\boldsymbol{K}\boldsymbol{U}_j\theta_{x,j}\lambda_j^*q_{x,j})\\ \boldsymbol{F}_{x,j}^{\dot{q}}&=2Re(-\boldsymbol{K}\boldsymbol{U}_j\theta_{x,j}\dot{q}_{x,j})\\ \boldsymbol{F}_{y,j}^{q}&=2Re(\boldsymbol{K}\boldsymbol{U}_j\theta_{y,j}\lambda_j^*q_{y,j})\\ \boldsymbol{F}_{y,j}^{\dot{q}}&=2Re(-\boldsymbol{K}\boldsymbol{U}_j\theta_{y,j}\dot{q}_{y,j})\end{aligned} \quad (6.3\text{-}18)$$

式中 $\boldsymbol{F}_{i,j}^{q}$、$\boldsymbol{F}_{i,j}^{\dot{q}}(i=x,y)$——与传统的无阻尼单自由度体系位移、速度响应相关的复振型水平地震作用。

在复频域中，质量、刚度和阻尼矩阵满足动力平衡方程：

$$(\lambda_j^2\boldsymbol{M}+\lambda_j\boldsymbol{C}+\boldsymbol{K})\boldsymbol{U}_j=\boldsymbol{0} \quad (6.3\text{-}19)$$

代入式（6.3-19）中，消去刚度矩阵 $\boldsymbol{K}$，可得：

$$\begin{aligned}\boldsymbol{F}_{i,j}^{q}&=2Re(-\omega_{n,j}^2(\lambda_j\boldsymbol{M}+\boldsymbol{C})\boldsymbol{U}_j\theta_{i,j}\omega_{n,j}^2q_{i,j})\\ \boldsymbol{F}_{i,j}^{\dot{q}}&=2Re\left(\frac{\lambda_j}{w_{n,j}}(\lambda_j\boldsymbol{M}+\boldsymbol{C})\boldsymbol{U}_j\theta_{i,j}\omega_{n,j}\dot{q}_{i,j}\right)\end{aligned}\quad(i=x,y) \quad (6.3\text{-}20)$$

上式表明：复振型对应水平地震作用与无阻尼单自由度体系位移、速度响应均相关。由于位移、速度响应不同时达到最大值，因此，计算结构效应时，需将二者分开单独考虑，再进行效应组合。

根据位移谱 $S_{\mathrm{u}}(\zeta_n, \omega_n)$、速度谱 $S_{\mathrm{v}}(\zeta_n, \omega_n)$ 和伪加速度谱 $S_{\mathrm{a}}^{p}(\zeta_n, \omega_n)$ 之间的转换关系：

$$
\begin{aligned}
S_{\mathrm{a}}^{p}(\zeta_n,\omega_n) &= \omega_n^2 S_{\mathrm{u}}(\zeta_n,\omega_n) = \omega_n S_{\mathrm{v}}(\zeta_n,\omega_n) \\
S_{\mathrm{u}}(\zeta_n,\omega_n) &= \max_t |q(t)| \\
S_{\mathrm{v}}(\zeta_n,\omega_n) &= \max_t |\dot{q}(t)|
\end{aligned}
\tag{6.3-21}
$$

可得到位移、速度相关复振型水平地震作用最大值：

$$
\begin{aligned}
\boldsymbol{F}_{i,j\max}^{q} &= 2Re(-\omega_{n,j}^2(\lambda_j \boldsymbol{M}+\boldsymbol{C})\boldsymbol{U}_j\theta_{i,j})S_{\mathrm{a}}^{p}(\zeta_{n,j},\omega_{n,j}) \\
\boldsymbol{F}_{i,j\max}^{\dot{q}} &= 2Re\left(\frac{\lambda_j}{\omega_{n,j}}(\lambda_j \boldsymbol{M}+\boldsymbol{C})\boldsymbol{U}_j\theta_{i,j}\right)S_{\mathrm{a}}^{p}(\zeta_{n,j},\omega_{n,j})
\end{aligned}
\quad (i=x,y)
\tag{6.3-22}
$$

式（6.3-22）所示复振型等效地震作用计算公式适用于三维空间结构，且不受上部结构阻尼矩阵假定所限制。

6.3.5　复振型效应组合

结构的任意反应量 R 可表示为复振型向量的线性组合，即：

$$
\begin{aligned}
R &= \sum_{j=1}^{N}(a_j q_j + b_j \dot{q}_j) \\
a_j &= 2Re(\lambda_j^* \boldsymbol{v}^{\mathrm{T}}\boldsymbol{U}_j\theta_j) \\
b_j &= 2Re(-\boldsymbol{v}^{\mathrm{T}}\boldsymbol{U}_j\theta_j)
\end{aligned}
\tag{6.3-23}
$$

式中　$\boldsymbol{v}^{\mathrm{T}}$——响应转换向量，其描述了任意反应量 R 与位移向量 $\boldsymbol{u}$ 之间的转换关系，满足 $R=\boldsymbol{v}^{\mathrm{T}}\boldsymbol{u}$。

假设地面加速度时程为零均值高斯平稳过程，根据结构总响应峰值系数与各阶振型峰值响应系数相等，利用围道积分方法[2]，可将任意反应量 R 的最大值表达为各阶振型峰值响应的组合，即：

$$
R = \sqrt{\sum_{j=1}^{N}\sum_{k=1}^{N}(\rho_{jk}^{qq}S_j^q S_k^q + \rho_{jk}^{q\dot{q}}S_j^q S_k^{\dot{q}} + \rho_{jk}^{\dot{q}\dot{q}}S_j^{\dot{q}} S_k^{\dot{q}})}
\tag{6.3-24}
$$

其中：

$$
\begin{aligned}
\rho_{jk}^{qq} &= \frac{8\sqrt{\zeta_j\zeta_k}(\zeta_j+\lambda_{\mathrm{T}}\zeta_k)\lambda_{\mathrm{T}}^{1.5}}{(1-\lambda_{\mathrm{T}}^2)^2+4\zeta_j\zeta_k(1+\lambda_{\mathrm{T}}^2)\lambda_{\mathrm{T}}+4(\zeta_j^2+\zeta_k^2)\lambda_{\mathrm{T}}^2} \\
\rho_{jk}^{q\dot{q}} &= \frac{4\sqrt{\zeta_j\zeta_k}(1-\lambda_{\mathrm{T}}^2)\lambda_{\mathrm{T}}^{0.5}}{(1-\lambda_{\mathrm{T}}^2)^2+4\zeta_j\zeta_k(1+\lambda_{\mathrm{T}}^2)\lambda_{\mathrm{T}}+4(\zeta_j^2+\zeta_k^2)\lambda_{\mathrm{T}}^2} \\
\rho_{jk}^{\dot{q}\dot{q}} &= \frac{8\sqrt{\zeta_j\zeta_k}(\lambda_{\mathrm{T}}\zeta_j+\zeta_k)\lambda_{\mathrm{T}}^{1.5}}{(1-\lambda_{\mathrm{T}}^2)^2+4\zeta_j\zeta_k(1+\lambda_{\mathrm{T}}^2)\lambda_{\mathrm{T}}+4(\zeta_j^2+\zeta_k^2)\lambda_{\mathrm{T}}^2}
\end{aligned}
\tag{6.3-25}
$$

因此，单向水平地震作用下，隔震结构的地震效应可按下式确定：

$$S_{\mathrm{Ek}}=\sqrt{\sum_{j=1}^{N}\sum_{k=1}^{N}\rho_{jk}S_j^qS_k^q} \tag{6.3-26}$$

$$\rho_{jk}=\frac{8\sqrt{\zeta_j\zeta_k}(\zeta_j+\lambda_{\mathrm{T}}\zeta_k)\lambda_{\mathrm{T}}^{1.5}}{(1-\lambda_{\mathrm{T}}^2)^2+4\zeta_j\zeta_k(1+\lambda_{\mathrm{T}}^2)\lambda_{\mathrm{T}}+4(\zeta_j^2+\zeta_k^2)\lambda_{\mathrm{T}}^2}\left(1+\frac{1-\lambda_{\mathrm{T}}^2}{2(\zeta_j+\lambda_{\mathrm{T}}\zeta_k)\lambda_{\mathrm{T}}}l_j+\frac{\lambda_{\mathrm{T}}\zeta_j+\zeta_k}{\zeta_j+\lambda_{\mathrm{T}}\zeta_k}l_kl_j\right) \tag{6.3-27}$$

$$l_j=S_j^{\dot{q}}/S_j^q \tag{6.3-28}$$

当相邻振型的周期比小于0.85时，隔震结构的地震效应可按下式确定：

$$S_{\mathrm{Ek}}=\sqrt{\sum_{j=1}^{N}(1+l_j^2)(S_j^q)^2} \tag{6.3-29}$$

式中　λ_{T}——振型k与振型j的周期比；

S_j^q，$S_j^{\dot{q}}$——第j振型的位移、速度相关复振型地震作用下隔震结构效应。

6.3.6　复振型质量参与系数

类似于实振型反应谱分析，根据荷载分布近似确定振型贡献大小，即利用振型静力响应表达振型贡献程度。

结构的任意反应量$R(t)$可表示为：

$$R=\boldsymbol{v}^{\mathrm{T}}\sum_{j=1}^{N}\left(\frac{\boldsymbol{U}_j\theta_j}{\lambda_j}\lambda_j\alpha_j+\frac{\boldsymbol{U}_j^*\theta_j^*}{\lambda_j^*}\lambda_j^*\alpha_j^*\right) \tag{6.3-30}$$

因此，任意一阶复振型静力响应为：

$$R_j=2Re\left(\frac{\boldsymbol{v}^{\mathrm{T}}\boldsymbol{U}_j\theta_j}{\lambda_j}\right)=-2Re\left(\frac{\boldsymbol{v}^{\mathrm{T}}\boldsymbol{U}_j\boldsymbol{U}_j^{\mathrm{T}}}{\lambda_ja_j}\boldsymbol{ME}\right) \tag{6.3-31}$$

相应的，复振型贡献系数可表达为：

$$r_j=\frac{R_j}{R}=-\frac{2Re\left(\dfrac{\boldsymbol{v}^{\mathrm{T}}\boldsymbol{U}_j\boldsymbol{U}_j^{\mathrm{T}}}{\lambda_ja_j}\boldsymbol{ME}\right)}{\boldsymbol{v}^{\mathrm{T}}\boldsymbol{K}^{-1}\boldsymbol{ME}} \tag{6.3-32}$$

一般而言，振型质量参与系数所考察的响应量为结构的基底剪力，取$\boldsymbol{v}=\boldsymbol{KE}$，上式可进一步地简化为：

$$r_j=\frac{R_j}{R}=-\frac{2Re\left[\dfrac{(\boldsymbol{U}_j^{\mathrm{T}}\boldsymbol{KE})^{\mathrm{T}}(\boldsymbol{U}_j^{\mathrm{T}}\boldsymbol{ME})}{\lambda_ja_j}\right]}{\boldsymbol{E}^{\mathrm{T}}\boldsymbol{ME}} \tag{6.3-33}$$

上式即为复振型质量参与系数的计算表达式。采用复振型分解反应谱法进行隔震结构反应计算时，可根据上式计算累积复振型质量参与系数，从而确定所需的复振型数量。需要注意的是，与实振型质量参与系数不同，复振型质量参与系数不一定为正数，换而言之，随着振型个数的增加，累积复振型质量参与系数并非单调增加。因此，实际计算时，应逐步增加复振型个数直至累积复振型质量参与系数趋于平稳从而确定复振型个数。

6.3.7　基于迭代的复振型反应谱分析

复振型反应谱法理论上仅适用于非比例阻尼线弹性结构，而隔震支座具有天然的非线

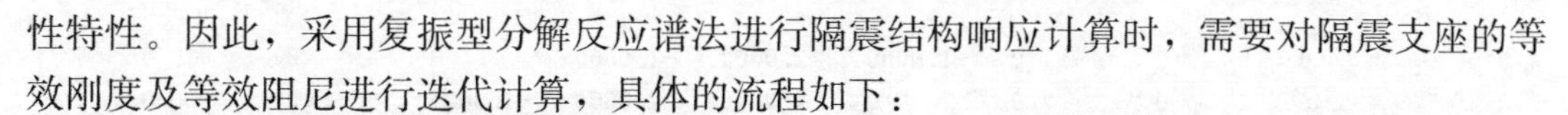

性特性。因此，采用复振型分解反应谱法进行隔震结构响应计算时，需要对隔震支座的等效刚度及等效阻尼进行迭代计算，具体的流程如下：

(1) 给定初始的等效刚度及等效阻尼，采用复振型分解反应谱法进行隔震结构响应计算。

(2) 根据计算所得隔震支座最大变形 D_m，按隔震支座滞回模型（假定为等向双线性模型）骨架曲线确定其最大非线性恢复力 F_m，从而得到割线刚度 $K=F_m/D_m$ 即为等效刚度。

(3) 计算隔震支座等效阻尼比 $\zeta_d=W_d/4\pi W_e$，其中 W_d 为隔震支座阻尼耗能，可按最大反应滞回环面积确定。W_e 为单个隔震支座在最大变形下的应变能。

(4) 按计算所得隔震支座等效刚度、等效阻尼比修正结构模型，重新进行反应谱分析，迭代计算，直至结构基本周期、层间位移角、总附加阻尼比或隔震支座等效刚度及等效阻尼比等参数小于容许误差。

基于迭代的复振型反应谱法避免了非经典阻尼矩阵强制解耦所引起的计算误差，通过迭代计算考虑隔震支座的非线性特性，能较为准确地计算隔震结构最大反应。然而，实际上地震作用下隔震支座的滞回曲线并非始终满足等向双线性模型假定，采用迭代计算所得等效刚度、等效阻尼比等参数进行复振型反应谱分析并不能得到隔震结构真实的最大反应。因此，为更准确地计算隔震结构最大反应，宜采用非线性时程分析所得隔震支座的滞回曲线计算其等效刚度和等效阻尼比，修正结构模型后再进行复振型反应谱分析计算隔震结构最大反应。

6.3.8　SSG 复特征根求解器

SAUSG 软件提供自主开发复特征值求解器 SSGCEigenSolver，支持 OpenMP 稀疏矩阵复特征值求解算法，为隔震结构复模态分析提供技术支持。以下通过 OCTAVE 软件验证 SSGCEigenSolver 求解器的正确性。

结构的质量、刚度及阻尼矩阵取值如下：

```
Ma =

   100000        0        0        0        0        0        0        0        0
        0   100000        0        0        0        0        0        0        0
        0        0   100000        0        0        0        0        0        0
        0        0        0   100000        0        0        0        0        0
        0        0        0        0   100000        0        0        0        0
        0        0        0        0        0   100000        0        0        0
        0        0        0        0        0        0   100000        0        0
        0        0        0        0        0        0        0   100000        0
        0        0        0        0        0        0        0        0   100000

 Ka =

   1.0e+08 *

    1.0395   -1.0000         0         0         0         0         0         0         0
   -1.0000    2.0000   -1.0000         0         0         0         0         0         0
         0   -1.0000    2.0000   -1.0000         0         0         0         0         0
         0         0   -1.0000    2.0000   -1.0000         0         0         0         0
```

```
     0         0         0   -1.0000    2.0000   -1.0000         0         0         0
     0         0         0         0   -1.0000    2.0000   -1.0000         0         0
     0         0         0         0         0   -1.0000    2.0000   -1.0000         0
     0         0         0         0         0         0   -1.0000    2.0000   -1.0000
     0         0         0         0         0         0         0   -1.0000    1.0000

Ca =

  1.0e+06 *

   1.0819   -0.1846         0         0         0         0         0         0         0
  -0.1846    0.3204   -0.1358         0         0         0         0         0         0
        0   -0.1358    0.3204   -0.1358         0         0         0         0         0
        0         0   -0.1358    0.3204   -0.1358         0         0         0         0
        0         0         0   -0.1358    0.3204   -0.1358         0         0         0
        0         0         0         0   -0.1358    0.3204   -0.1358         0         0
        0         0         0         0         0   -0.1358    0.3204   -0.1358         0
        0         0         0         0         0         0   -0.1358    0.3204   -0.1358
        0         0         0         0         0         0         0   -0.1358    0.1846
```

分别采用 SSGCEigenSolver 及 OCTAVE 软件 eigs 函数求解结构的前 3 阶复振型。

SSGCEigenSolver 求解结果输出如下：

```
Eigen Values (Real,Imag) and relative residuals
-----------------------------------------------
             Col   1        Col   2       Col   3
 Row    1:   -1.423D+00    2.173D+01    2.561D-09
 Row    2:   -1.423D+00   -2.173D+01    2.561D-09
 Row    3:   -1.208D+00    1.132D+01    2.486D-09
 Row    4:   -1.208D+00   -1.132D+01    2.486D-09
 Row    5:   -6.169D-01    1.914D+00    1.579D-08
 Row    6:   -6.169D-01   -1.914D+00    1.579D-08
normalized vectors
------------------
                    Col   1                          Col   2                          Col   3
 Row    1: (-9.73757D-01,-6.75634D-02)  ( 1.00000D+00, 0.00000D+00)  ( 8.73268D-01,-4.98161D-02)
 Row    2: (-5.36336D-01,-1.85392D-01)  ( 9.03282D-01, 7.65865D-02)  ( 9.00862D-01,-3.84719D-02)
 Row    3: ( 1.46775D-01,-1.85148D-01)  ( 6.93111D-01, 1.19865D-01)  ( 9.25382D-01,-2.90998D-02)
 Row    4: ( 7.53535D-01,-1.02808D-01)  ( 3.96713D-01, 1.34026D-01)  ( 9.46539D-01,-2.09368D-02)
 Row    5: ( 1.00000D+00, 0.00000D+00)  ( 5.22648D-02, 1.23156D-01)  ( 9.64269D-01,-1.40422D-02)
 Row    6: ( 7.73424D-01, 6.54314D-02)  (-2.96415D-01, 9.55007D-02)  ( 9.78518D-01,-8.46589D-03)
 Row    7: ( 1.83432D-01, 7.10030D-02)  (-6.05298D-01, 6.15353D-02)  ( 9.89243D-01,-4.24820D-03)
 Row    8: (-4.90676D-01, 3.61313D-02)  (-8.35571D-01, 3.17494D-02)  ( 9.96411D-01,-1.41946D-03)
 Row    9: (-9.31325D-01, 2.50778D-03)  (-9.58387D-01, 1.45338D-02)  ( 1.00000D+00, 0.00000D+00)
 Row   10: (-1.73858D-04, 4.48153D-02)  (-9.31732D-03,-8.73248D-02)  (-1.56826D-01,-4.05769D-01)
 Row   11: (-6.88455D-03, 2.51285D-02)  (-1.72827D-03,-7.95925D-02)  (-1.55666D-01,-4.20562D-01)
 Row   12: (-8.92292D-03,-6.16898D-03)  ( 4.00928D-03,-6.16426D-02)  (-1.54971D-01,-4.33599D-01)
 Row   13: (-6.97097D-03,-3.42147D-02)  ( 8.00745D-03,-3.58917D-02)  (-1.54335D-01,-4.44859D-01)
 Row   14: (-3.00029D-03,-4.58150D-02)  ( 1.02676D-02,-5.71149D-03)  (-1.53777D-01,-4.54304D-01)
 Row   15: ( 6.77236D-04,-3.56307D-02)  ( 1.11014D-02, 2.49945D-02)  (-1.53311D-01,-4.61900D-01)
 Row   16: ( 2.70265D-03,-8.61698D-03)  ( 1.10133D-02, 5.22842D-02)  (-1.52951D-01,-4.67620D-01)
 Row   17: ( 3.12752D-03, 2.23719D-02)  ( 1.05578D-02, 7.26702D-02)  (-1.52706D-01,-4.71445D-01)
 Row   18: ( 2.90914D-03, 4.26611D-02)  ( 1.01988D-02, 8.35555D-02)  (-1.52582D-01,-4.73360D-01)
```

OCTAVE 求解结果输出如下：

```
lamb =

  -1.4218 +21.7338i
  -1.2066 +11.3224i
  -0.6163 + 1.9132i
```

```
phi =

  -0.9738 - 0.0676i   1.0000 + 0.0000i   0.8733 - 0.0498i
  -0.5363 - 0.1854i   0.9033 + 0.0766i   0.9009 - 0.0385i
   0.1468 - 0.1851i   0.6931 + 0.1199i   0.9254 - 0.0291i
   0.7535 - 0.1028i   0.3967 + 0.1340i   0.9465 - 0.0209i
   1.0000 + 0.0000i   0.0523 + 0.1232i   0.9643 - 0.0140i
   0.7734 + 0.0654i  -0.2964 + 0.0955i   0.9785 - 0.0085i
   0.1834 + 0.0710i  -0.6053 + 0.0615i   0.9892 - 0.0042i
  -0.4907 + 0.0361i  -0.8356 + 0.0317i   0.9964 - 0.0014i
  -0.9313 + 0.0025i  -0.9584 + 0.0145i   1.0000 + 0.0000i
  -0.0002 + 0.0448i  -0.0093 - 0.0873i  -0.1568 - 0.4058i
  -0.0069 + 0.0251i  -0.0017 - 0.0796i  -0.1557 - 0.4206i
  -0.0089 - 0.0062i   0.0040 - 0.0616i  -0.1550 - 0.4336i
  -0.0070 - 0.0342i   0.0080 - 0.0359i  -0.1543 - 0.4449i
  -0.0030 - 0.0458i   0.0103 - 0.0057i  -0.1538 - 0.4543i
   0.0007 - 0.0356i   0.0111 + 0.0250i  -0.1533 - 0.4619i
   0.0027 - 0.0086i   0.0110 + 0.0523i  -0.1530 - 0.4676i
   0.0031 + 0.0224i   0.0106 + 0.0727i  -0.1527 - 0.4714i
   0.0029 + 0.0427i   0.0102 + 0.0836i  -0.1526 - 0.4734i
```

通过对比，可知 SSGCEigenSolver 计算结果与 OCTAVE 软件完全一致，验证了 SSGCEigenSolver 求解器的正确性。

6.3.9 算例分析

1. 算例参数

以某 8 层基础隔震层剪切模型为研究对象，分别采用强制解耦实振型、复振型分解反应谱法进行弹性分析，对比 CCQC、CSRSS、CQC 及 SRSS 四种振型组合计算结果，并采用 Newmark-β 法弹性时程分析的计算结果作为对比参照。算例的基本参数见表 6.3-1。时程分析采用人工波 RH2TG045，其时间步长为 0.02s，持时为 30s，峰值加速度为 0.2g，其不同阻尼比的伪加速度谱见图 6.3-1。此外，由于阻尼比对人工波反应谱及规范设计谱的影响程度不尽相同，为排除其干扰作用，反应谱分析时统一采用人工波 RH2TG045 的伪加速度谱进行等效地震作用计算。

等效弹性基础隔震结构的基本参数　　**表 6.3-1**

结构参数	取值
隔震层质量(10^2t)	1
隔震层等效刚度(10^3kN/m)	3.95
隔震层等效阻尼比	0.24
隔震层初始刚度(10^3kN/m)	30
隔震层屈服刚度比	0.08
隔震层层高(m)	1
上部结构层质量(10^2t)	1
上部结构层刚度(10^5kN/m)	1
上部结构阻尼比	0.05
层高(m)	3.6

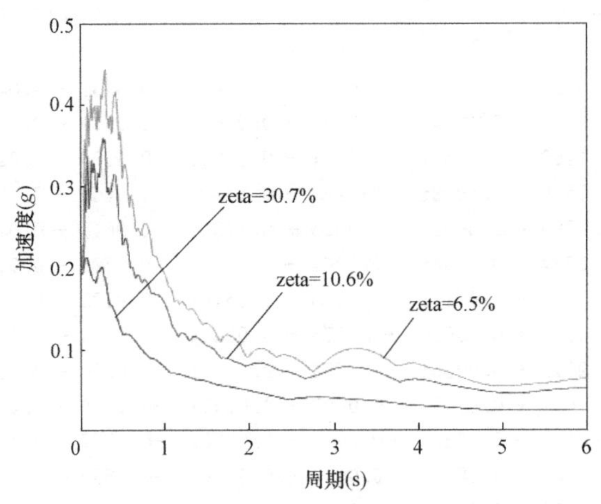

图 6.3-1　人工波 RH2TG045 伪加速度谱

2. 等效刚度、等效阻尼比迭代计算结果

表 6.3-2 给出等效刚度、等效阻尼的迭代计算结果。隔震层参数经过 5 次迭代计算后收敛，最大相对误差 1.58%，小于 5%，满足工程设计要求。

等效弹性基础隔震结构的基本参数　　表 6.3-2

次数	等效刚度 (10^3kN/m)	相对误差 (%)	等效阻尼系数 (10^2kN/m・s^{-1})	相对误差 (%)	等效阻尼比	相对误差 (%)
0	10	—	12	—	0.20	—
1	4.289	133.2	4.402	172.6	0.11	78.6
2	3.609	18.9	6.183	28.8	0.17	34.7
3	3.746	3.67	8.295	25.5	0.23	24.1
4	3.907	4.12	9.079	8.64	0.24	6.70
5	3.950	1.08	8.987	1.03	0.24	1.58

3. 复振型周期、阻尼比及累积复振型质量参与系数

表 6.3-3 给出了等效弹性隔震结构各阶振型周期、阻尼比及累积复振型质量参与系数。隔震结构的基本周期为 3.125s，第一阶振型阻尼比为 0.307，其复振型质量参与系数达 99.64%；与实振型质量参与系数不同，复振型质量参与系数有负有正，累积复振型质量参与系数并非单调递增，但本例中，由于复振型质量参与系数为负数的振型皆为振型响应贡献程度较小的高阶振型，因此，反应谱分析可仅取前 3 阶振型。

图 6.3-2 为隔震结构的前 3 阶复振型图。与实振型不同，对于复振型而言，结构各点之间存在相位差，并不同时通过振动的平衡位置，振动曲线无驻点，并且振动是衰减的。

等效弹性隔震结构各阶振型的频率、周期和阻尼比　　表 6.3-3

阶数	复特征值 λ	周期 T_d(s)	阻尼比 ζ	复振型质量参与系数 (%)	累积复振型质量参与系数 (%)
1	$-0.62+1.91i$	3.125	0.307	99.64	99.64
2	$-1.21+11.33i$	0.552	0.106	0.34	99.98

续表

阶数	复特征值 λ	周期 T_d(s)	阻尼比 ζ	复振型质量参与系数(%)	累积复振型质量参与系数(%)
3	$-1.42+21.73i$	0.289	0.065	1.81×10^{-2}	100
4	$-1.70+31.61i$	0.199	0.054	9.91×10^{-4}	100
5	$-2.01+40.58i$	0.155	0.050	-7.77×10^{-4}	100
6	$-2.32+48.34i$	0.130	0.049	-7.28×10^{-4}	100
7	$-2.58+54.66i$	0.115	0.048	-4.44×10^{-4}	100
8	$-2.78+59.34i$	0.106	0.047	-1.99×10^{-4}	100
9	$-2.92+62.21i$	0.101	0.047	-4.96×10^{-5}	100

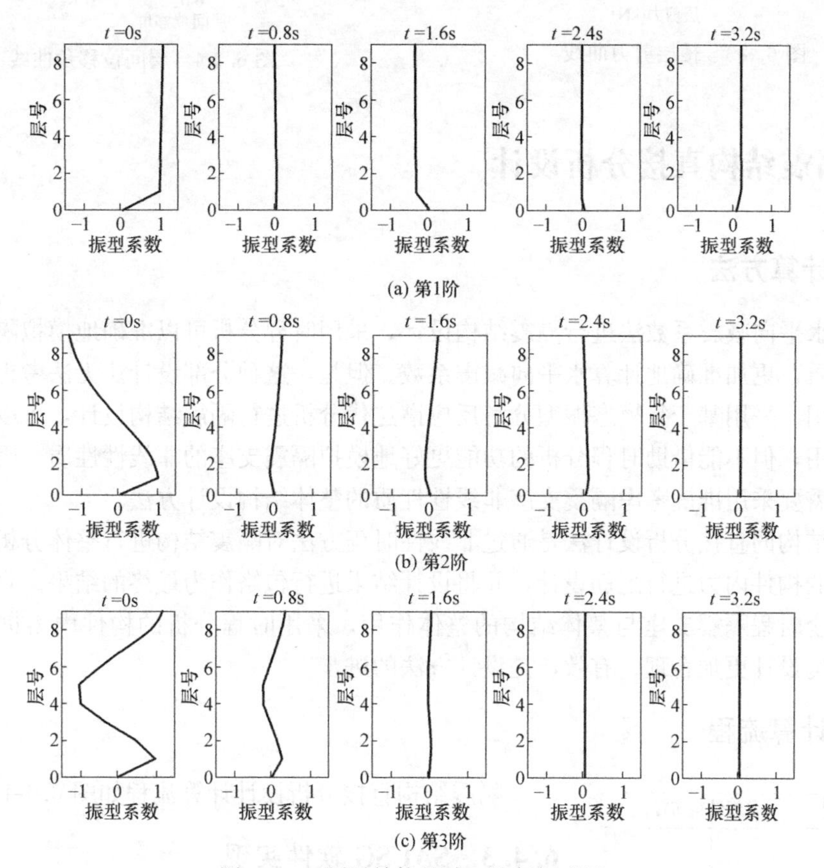

图 6.3-2　隔震结构的前 3 阶复振型图

4. 复振型反应谱响应分析

图 6.3-3 和图 6.3-4 分别为上部结构的楼层剪力和层间位移角曲线。结果显示，CCQC 及 CSRSS 组合的上部结构层剪力和层间位移角，总体上大于 CQC 和 SRSS 组合的计算结果；CCQC 及 CSRSS 组合的计算结果基本吻合；相比强制解耦实振型分解反应谱法，复振型分解反应谱法与 Newmark-β 直接积分法的计算结果更为接近；本例中，CCQC 及 CSRSS 组合底部楼层剪力大于人工波 RH2TG045 的计算结果。

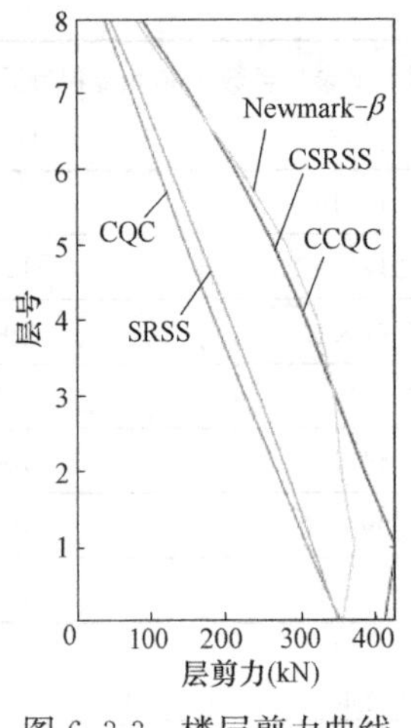

图 6.3-3　楼层剪力曲线

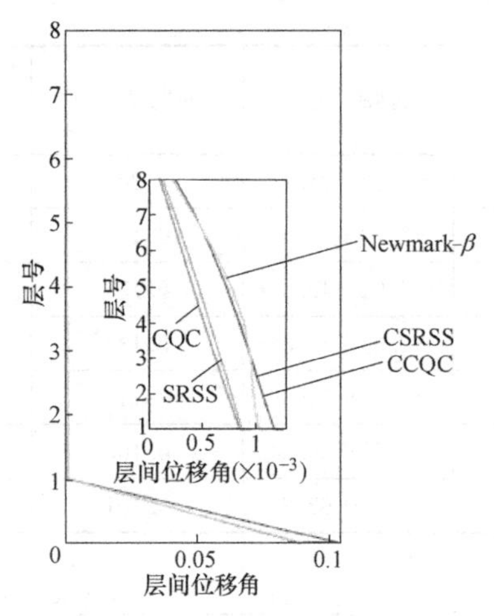

图 6.3-4　层间位移角曲线

6.4　隔震结构直接分析设计

6.4.1　计算方法

采用水平向减震系数法进行隔震结构设计，采用时程分析可以准确地模拟隔震支座的非线性性质，更加准确地计算水平向减震系数。但是，这种分部设计法无法考虑整体结构的共同作用。采用基于复模态振型分解反应谱迭代分析进行隔震结构设计，可以考虑结构的整体作用，但不能借助时程分析的功能更好地模拟隔震支座的非线性性质。因此，隔震结构设计需要采用准确考虑隔震支座非线性性质的整体结构设计方法。

隔震结构的直接分析设计法是通过非线性时程方法对隔震结构进行整体分析，将时程分析得到的构件内力进行配筋设计，并将设计结果进行包络作为最终的结果。直接分析设计考虑了全时程隔震支座与整体结构的整体作用，采用时程分析的构件内力进行配筋设计，使结构设计更加合理、有效，是设计方法的进步。

6.4.2　计算流程

隔震结构直接分析设计计算流程如图 6.4-1 所示。

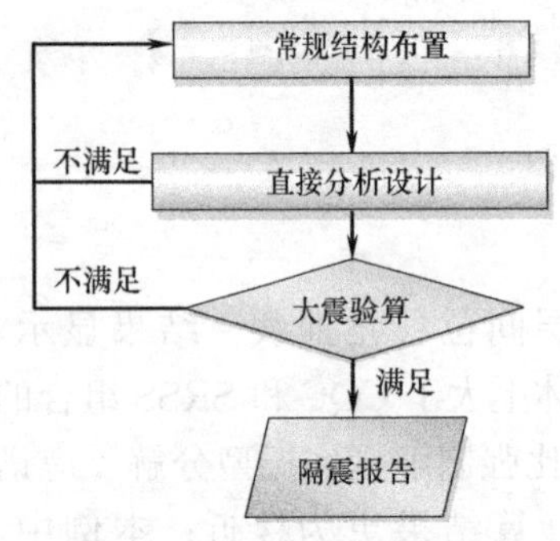

图 6.4-1　隔震结构直接分析设计计算流程

6.4.3　SAUSG 软件实现

基于 SAUSG 非线性计算内核，结合《建筑隔震设计标准》GB/T 51408—2021 等标准中的隔震结构设计流程及关键步骤，开发了隔震结构直接分析设计软件 SAUSG-PI。SAUSG-PI 软件是一款隔震结构设计的专业软件，软件包含了《建筑抗震设计规范》GB 50011—2010 水平向减震系数法和《建筑隔震设计标准》GB/T 51408—2021 的整体设计法，通过非线性时程分析，更加

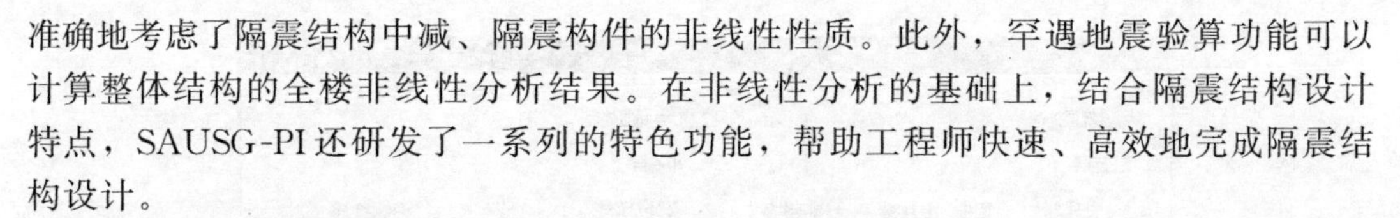

准确地考虑了隔震结构中减、隔震构件的非线性性质。此外，罕遇地震验算功能可以计算整体结构的全楼非线性分析结果。在非线性分析的基础上，结合隔震结构设计特点，SAUSG-PI还研发了一系列的特色功能，帮助工程师快速、高效地完成隔震结构设计。

1. 隔震层初步验算

初始分析的隔震结构进行隔震层及隔震支座的初步验算。

通过隔震层初步验算，快速得到隔震层各项指标是否满足规范要求，如图 6.4-2 所示。

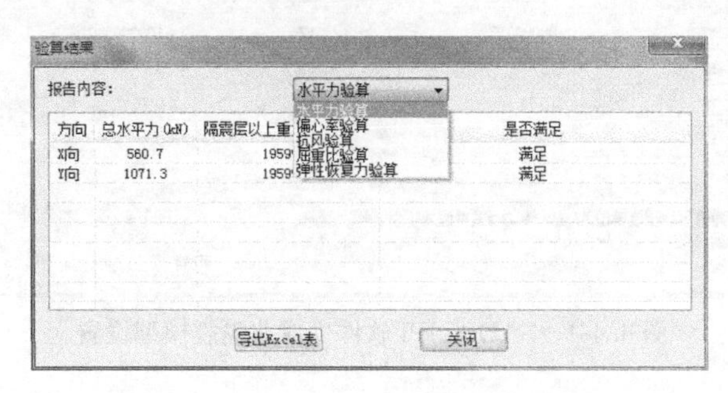

图 6.4-2　SAUSG-PI 软件隔震层初步验算

通过隔震支座初步验算，快速得到隔震支座在重力荷载代表值下的支座面受压情况，方便工程师进行隔震支座的快速初始布置，如图 6.4-3 所示。

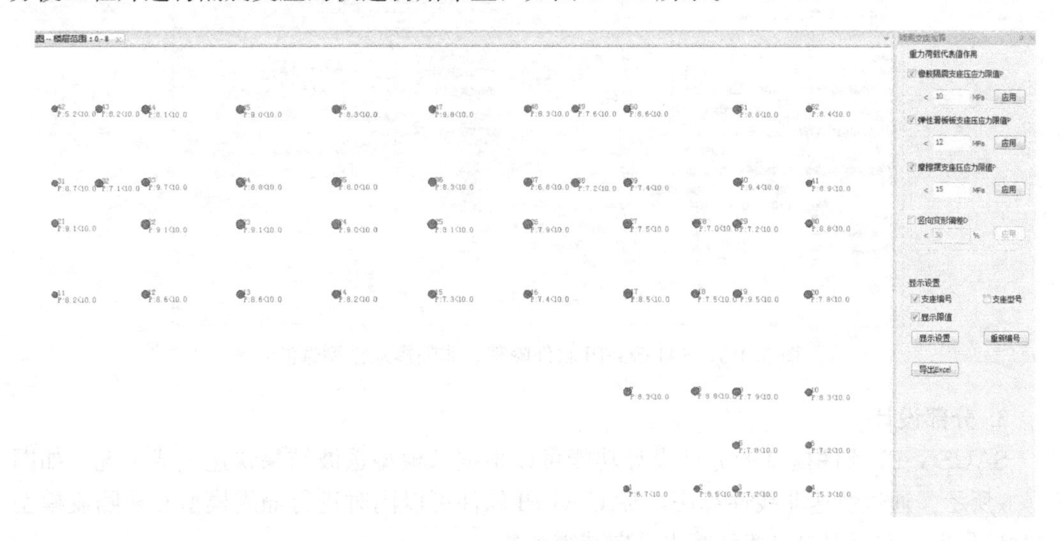

图 6.4-3　SAUSG-PI 软件重力荷载代表值下隔震支座验算

2. 隔震、非隔震双模型选波

SAUSG-PI 软件根据隔震模型，通过非隔震模型设置自动生成非隔震模型，如图 6.4-4 所示。软件通过初始分析，同时计算隔震模型和非隔震模型。

根据初始分析结果，SAUSG-PI 软件可以进行基于隔震模型和非隔震模型的双模型选波，用于计算水平向减震系数，如图 6.4-5 所示。

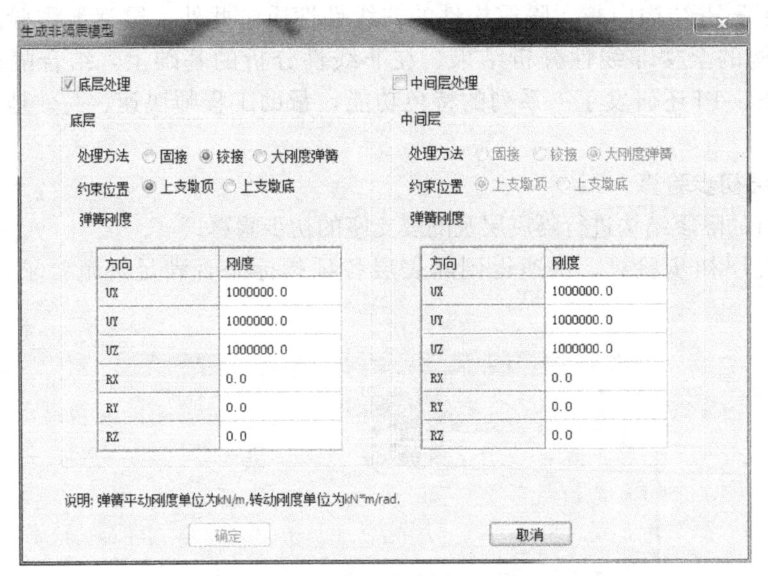

图 6.4-4　SAUSG-PI 软件生成非隔震模型设置

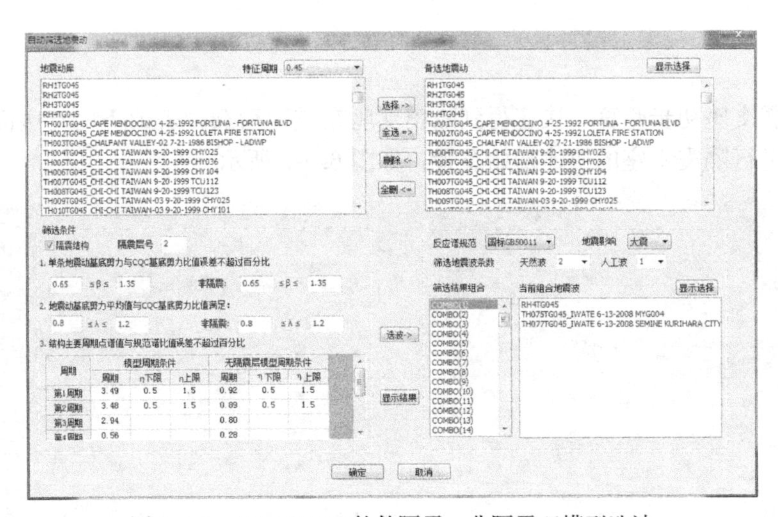

图 6.4-5　SAUSG-PI 软件隔震、非隔震双模型选波

3. 分部设计

SAUSG-PI 软件提供的分部设计功能可以根据双模型选波结果快速生成工况，如图 6.4-6 所示。通过快速非线性算法，SAUSG-PI 软件可以同时进行隔震模型和非隔震模型的时程分析，方便用户快速计算水平向减震系数。

4. 工况组合

同 5.3.3 中工况组合。

5. 直接分析

虽然在结构布置及减震原理上，隔震结构与减震结构有很大差别。但是从分析模型上，减隔震结构都是普通结构构件与消能器及隔震支座的相互作用。非线性时程分析能够很好地处理这一问题。因而，在直接分析设计过程中，减隔震结构的流程实际上是可以统

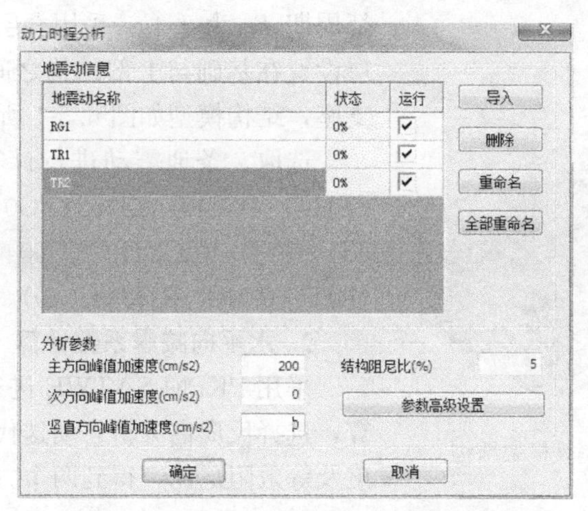

图 6.4-6　SAUSG-PI 软件分部设计参数设置

一的，都是在定义好工况组合的基础上进行非线性时程分析，具体流程及参数介绍见 5.3.3 节直接分析设计。

6. 罕遇地震验算

SAUSG-PI 软件提供的罕遇地震验算功能，可以快速验算隔震支座在罕遇地震作用下的支座最大变形及最大拉压应力（图 6.4-7）。

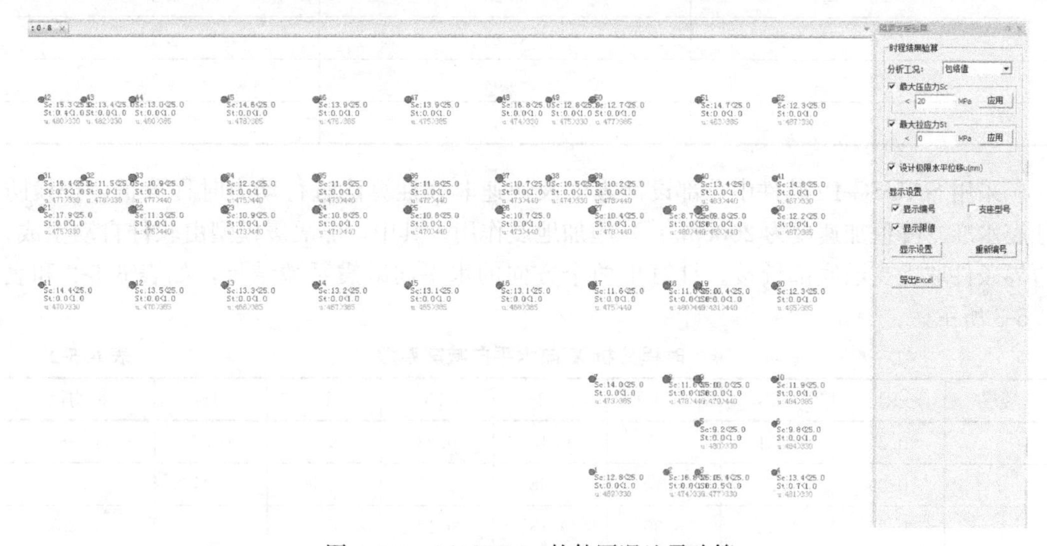

图 6.4-7　SAUSG-PI 软件罕遇地震验算

6.5　隔震结构直接分析设计算例分析与比较

6.5.1　框架结构算例分析

1. 项目简介

框架结构，乙类建筑，设防烈度为 8 度（0.2g），Ⅱ类场地，地震分组为第二组，特

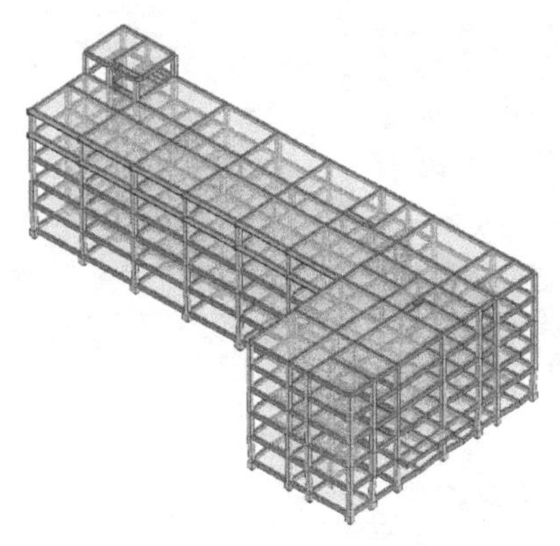
图 6.5-1　某基础隔震框架结构

征周期 T_g 为 0.4s。采用叠层橡胶支座隔震，隔震层设置在基础与上部结构之间，共布置 52 个隔震支座，结构模型如图 6.5-1 所示。

选取 7 条地震动进行计算，包括 5 条天然波（TH019TG040、TH024TG040、TH040TG040、TH067TG040、TH072TG040）以及 2 条人工波（RH1TG040、RH3TG040）。

2. 水平向减震系数计算

采用 PKPM-SATWE 进行水平向减震系数计算，选择反应谱分析自动迭代计算隔震支座等效刚度及等效阻尼比，得到两个方向的水平向减震系数如表 6.5-1 所示。

反应谱计算水平向减震系数　　表 6.5-1

楼层	X 向	Y 向
8	0.15	0.14
7	0.20	0.23
6	0.23	0.26
5	0.26	0.30
4	0.28	0.33
3	0.32	0.36
2	0.36	0.41

采用 SAUSG-PI 软件中分部设计方法及快速非线性算法进行动力时程分析，按设防地震水准（峰值加速度为 $200cm/s^2$）施加地震作用。其中，非隔震模型由软件自动生成，边界条件取上支墩底部铰接。计算出两个方向的水平向减震系数结果，如表 6.5-2 和表 6.5-3 所示。

时程分析 *X* 向水平向减震系数　　表 6.5-2

楼层	R1	R2	T1	T2	T3	T4	T5	平均值
8	0.29	0.31	0.41	0.40	0.24	0.49	0.37	0.36
7	0.29	0.35	0.40	0.38	0.20	0.56	0.41	0.37
6	0.25	0.42	0.36	0.28	0.19	0.51	0.43	0.35
5	0.25	0.42	0.31	0.21	0.19	0.42	0.43	0.32
4	0.25	0.38	0.29	0.20	0.20	0.37	0.35	0.29
3	0.23	0.40	0.29	0.23	0.22	0.32	0.37	0.29
2	0.15	0.10	0.19	0.16	0.19	0.16	0.19	0.16

时程分析 *Y* 向水平向减震系数　　表 6.5-3

楼层	R1	R2	T1	T2	T3	T4	T5	平均值
8	0.31	0.27	0.39	0.36	0.22	0.54	0.49	0.37

续表

楼层	R1	R2	T1	T2	T3	T4	T5	平均值
7	0.30	0.37	0.39	0.38	0.23	0.57	0.45	0.38
6	0.27	0.46	0.35	0.30	0.20	0.56	0.48	0.37
5	0.26	0.45	0.30	0.23	0.20	0.43	0.45	0.33
4	0.27	0.39	0.30	0.23	0.21	0.39	0.36	0.31
3	0.27	0.41	0.30	0.28	0.25	0.36	0.36	0.32
2	0.18	0.11	0.19	0.18	0.21	0.18	0.18	0.18

根据计算结果，反应谱迭代计算的水平向减震系数为 0.41。时程分析计算的结构 X 向水平向减震系数为 0.37，Y 向水平向减震系数为 0.38，结构的水平向减震系数取为 0.38。可见，充分考虑非线性后，更能体现隔震结构的效果。

根据《建筑抗震设计规范》GB 50011—2010 第 12.2.5 条的规定，此工程上部结构水平地震作用可以降低一度设计；根据第 12.2.7 条的规定，此工程上部结构抗震措施可以降低一度设计；隔震后的水平地震影响系数最大值 $\alpha_{\max1}$ 取为 0.08。

3. 分部设计方法

将隔震模型去除隔震支座，上支墩底部取铰接，作为非隔震结构，采用 PKPM-SATWE 进行反应谱分析，将水平地震影响系数最大值设为 0.08；为进行计算结果对比，在 SAUSG-PI 软件中采用上述 7 条地震动进行小震弹性时程分析，峰值加速度取 7 度（0.1g）对应的 35cm/s^2。各条地震动的楼层剪力如图 6.5-2 所示，其中为对比楼层结果，对应去除隔震支座后的楼层号不变，上支墩及隔震层顶板层仍为第 2 层。

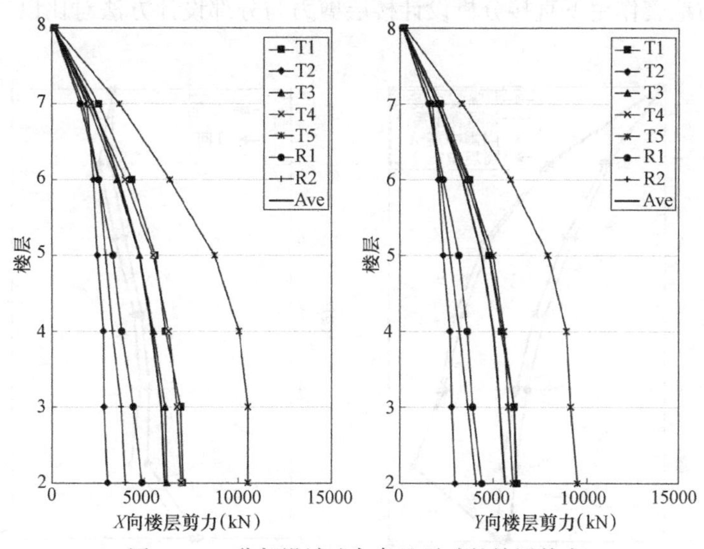

图 6.5-2 分部设计法各条地震动的楼层剪力

4. 直接分析设计方法

采用上述 7 条地震动在 SAUSG-PI 软件中进行设防地震动力时程分析，峰值加速度取 8 度（0.2g）对应的 200cm/s^2，考虑隔震支座的非线性特性。各地震动的楼层剪力如图 6.5-3 所示。

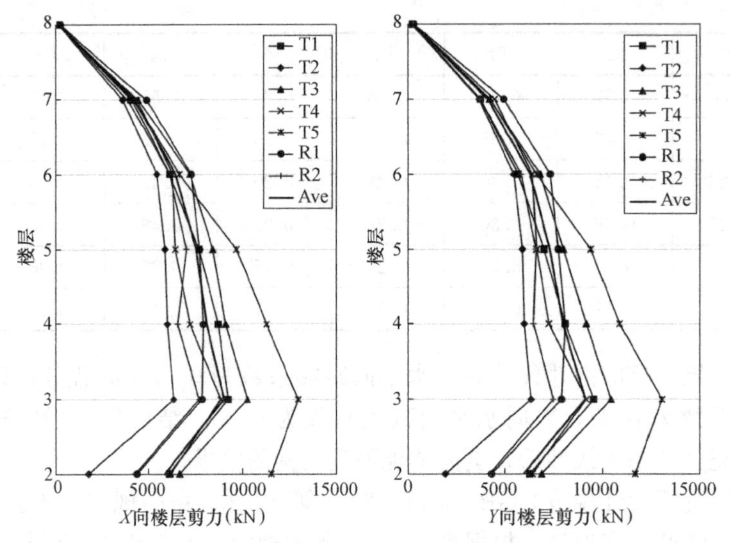

图 6.5-3　设防地震作用下直接分析设计的楼层剪力

5. 计算结果对比

直接分析设计方法与分部设计方法两个方向楼层剪力的平均值对比如图 6.5-4（a）所示，其中分部设计方法两个方向的楼层剪力以“非隔震小震-X”及“非隔震小震-Y”表示，直接分析设计方法在设防地震作用下两个方向的楼层剪力分别以“隔震中震-X”、“隔震中震-Y”表示。

直接分析设计方法与分部设计方法两个方向楼层剪力的平均值比值如图 6.5-4（b）所示，其中设防地震作用下直接分析设计楼层剪力与分部设计方法对比以“X 向”和“Y 向”表示。

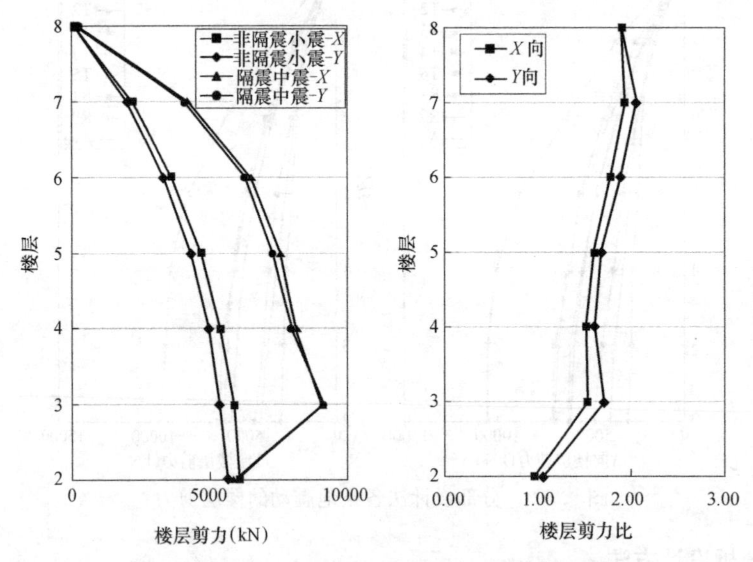

图 6.5-4　直接分析设计与分部设计楼层剪力比较

隔震结构直接分析设计方法得到的楼层剪力要大于分部设计方法的结果，各层剪力差异在 1.5～2.0 倍。

直接分析设计方法更加符合隔震结构真实的受力状态，虽然直接采用了设防地震作用，但由于考虑了隔震支座的真实非线性特性，地震作用虽然与分部设计比较增大了200/35=5.7倍，但楼层最大剪力比仅为2.06倍。

分部设计方法是在计算条件不具备的历史条件下采用的一种简化隔震结构计算方法，可能存在计算结果偏于不安全的情况。

SAUSG-PI软件可以方便地实现隔震结构直接分析设计，相关理论和方法也值得进一步深入研究。

6.5.2 剪力墙结构算例分析

1. 项目简介

框架结构，乙类建筑，设防烈度为8度(0.2g)，Ⅱ类场地，地震分组为第一组，特征周期T_g为0.35s。采用叠层橡胶支座隔震，隔震层设置在基础与上部结构之间，共布置26个隔震支座，结构模型如图6.5-5所示。

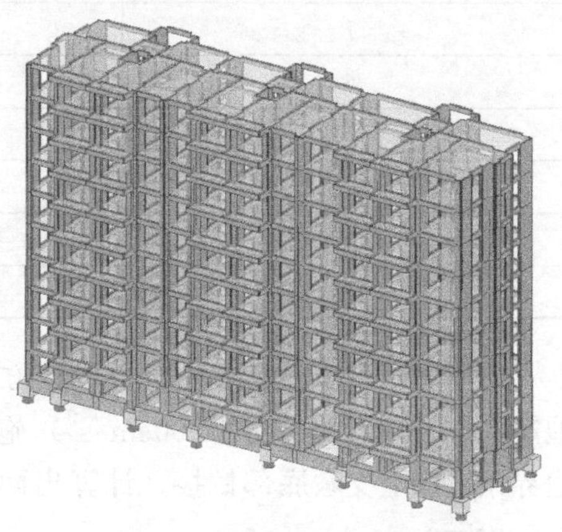

图6.5-5 某基础隔震剪力墙结构

选取7条地震动进行计算，包括5条天然波（TH023TG035、TH034TG035、TH067TG035、TH082TG035、TH097TG035）以及2条人工波（RH2TG035、RH4TG035)。

2. 水平向减震系数计算

采用PKPM-SATWE进行水平向减震系数计算，选择反应谱分析自动迭代计算隔震支座等效刚度及等效阻尼比，得到两个方向的水平向减震系数如表6.5-4和表6.5-5所示。

反应谱计算层间剪力水平向减震系数 表6.5-4

楼层	X向	Y向
12	0.17	0.15
11	0.21	0.17
10	0.24	0.20
9	0.27	0.22
8	0.30	0.24
7	0.32	0.26
6	0.34	0.27
5	0.36	0.29
4	0.38	0.31
3	0.41	0.33
2	0.48	0.38

反应谱计算倾覆力矩水平向减震系数　　表 6.5-5

楼层	X 向	Y 向
12	0.17	0.17
11	0.20	0.20
10	0.22	0.22
9	0.24	0.24
8	0.26	0.26
7	0.28	0.28
6	0.30	0.30
5	0.32	0.32
4	0.33	0.33
3	0.35	0.35
2	0.36	0.36

采用 SAUSG-PI 软件中分部设计方法及快速非线性算法进行动力时程分析，按设防地震水准（峰值加速度为 $200cm/s^2$）施加地震作用。其中，非隔震模型由软件自动生成，边界条件取上支墩底部铰接。计算出两个方向的水平向减震系数结果，如表 6.5-6～表 6.5-9 所示。

时程分析楼层剪力 ***X*** 向水平向减震系数　　表 6.5-6

楼层	R1	R2	T1	T2	T3	T4	T5	平均值
12	0.12	0.15	0.23	0.32	0.30	0.27	0.19	0.23
11	0.12	0.16	0.21	0.39	0.31	0.37	0.25	0.26
10	0.12	0.16	0.20	0.46	0.39	0.38	0.29	0.29
9	0.12	0.16	0.19	0.49	0.44	0.40	0.30	0.30
8	0.12	0.14	0.18	0.54	0.54	0.43	0.31	0.32
7	0.12	0.13	0.18	0.52	0.68	0.42	0.33	0.34
6	0.11	0.13	0.17	0.49	0.60	0.38	0.35	0.32
5	0.10	0.12	0.17	0.46	0.55	0.36	0.33	0.30
4	0.10	0.12	0.16	0.42	0.49	0.36	0.31	0.28
3	0.09	0.12	0.17	0.34	0.44	0.39	0.31	0.26
2	0.08	0.17	0.22	0.29	0.53	0.49	0.41	0.31

时程分析楼层剪力 ***Y*** 向水平向减震系数　　表 6.5-7

楼层	R1	R2	T1	T2	T3	T4	T5	平均值
12	0.20	0.21	0.24	0.23	0.23	0.29	0.24	0.24
11	0.18	0.20	0.22	0.22	0.25	0.31	0.29	0.24
10	0.17	0.19	0.19	0.21	0.26	0.29	0.35	0.24
9	0.15	0.19	0.17	0.21	0.27	0.29	0.35	0.23
8	0.15	0.18	0.17	0.21	0.26	0.30	0.32	0.23

续表

楼层	R1	R2	T1	T2	T3	T4	T5	平均值
7	0.15	0.18	0.17	0.21	0.25	0.33	0.32	0.23
6	0.15	0.17	0.17	0.22	0.25	0.37	0.32	0.23
5	0.15	0.17	0.16	0.21	0.26	0.33	0.29	0.22
4	0.14	0.16	0.14	0.19	0.26	0.28	0.26	0.20
3	0.12	0.15	0.14	0.14	0.24	0.27	0.23	0.18
2	0.14	0.20	0.19	0.12	0.27	0.35	0.26	0.22

时程分析楼层倾覆力矩 *Y* 向水平向减震系数 **表 6.5-8**

楼层	R1	R2	T1	T2	T3	T4	T5	平均值
12	0.12	0.15	0.23	0.32	0.30	0.27	0.19	0.23
11	0.12	0.15	0.22	0.36	0.31	0.33	0.23	0.25
10	0.12	0.16	0.21	0.41	0.32	0.38	0.27	0.27
9	0.12	0.16	0.20	0.45	0.37	0.39	0.28	0.28
8	0.12	0.16	0.19	0.48	0.43	0.40	0.29	0.30
7	0.12	0.15	0.18	0.50	0.46	0.42	0.30	0.31
6	0.12	0.15	0.17	0.52	0.53	0.43	0.31	0.32
5	0.12	0.14	0.17	0.54	0.61	0.44	0.33	0.34
4	0.11	0.14	0.17	0.55	0.68	0.44	0.35	0.35
3	0.11	0.13	0.17	0.52	0.71	0.44	0.35	0.35
2	0.11	0.13	0.17	0.49	0.72	0.45	0.34	0.34

时程分析楼层倾覆力矩 *X* 向水平向减震系数 **表 6.5-9**

楼层	R1	R2	T1	T2	T3	T4	T5	平均值
12	0.20	0.21	0.24	0.23	0.23	0.29	0.24	0.24
11	0.19	0.20	0.22	0.23	0.24	0.30	0.27	0.24
10	0.18	0.20	0.21	0.22	0.25	0.30	0.31	0.24
9	0.17	0.19	0.19	0.21	0.26	0.29	0.36	0.24
8	0.16	0.19	0.19	0.21	0.27	0.29	0.36	0.24
7	0.16	0.19	0.18	0.21	0.28	0.30	0.35	0.24
6	0.16	0.18	0.18	0.21	0.29	0.32	0.34	0.24
5	0.15	0.18	0.18	0.21	0.28	0.33	0.34	0.24
4	0.15	0.18	0.17	0.21	0.28	0.34	0.33	0.24
3	0.14	0.17	0.15	0.20	0.27	0.34	0.31	0.23
2	0.14	0.17	0.14	0.19	0.26	0.33	0.30	0.22

根据计算结果，反应谱迭代计算的水平向减震系数为0.48。时程分析计算的结构 X 向水平向减震系数为0.35，Y 向水平向减震系数为0.24，结构的水平向减震系数取为0.35。可见，充分考虑非线性后，更能体现隔震结构的效果。

根据《建筑抗震设计规范》GB 50011—2010 第 12.2.5 条的规定，此工程上部结构水平地震作用可以降低一度设计；根据第 12.2.7 条的规定，此工程上部结构抗震措施可以降低一度设计；隔震后的水平地震影响系数最大值 α_{max1} 取为 0.08。

3. 分部设计方法

将隔震模型去除隔震支座，上支墩底部取铰接，作为非隔震结构，采用 PKPM-SATWE 进行反应谱分析，将水平地震影响系数最大值设为 0.08；为进行计算结果对比，在 SAUSG-PI 软件中采用上述 7 条地震动进行小震弹性时程分析，峰值加速度取 7 度（0.1g）对应的 35cm/s^2。各条地震动的楼层剪力如图 6.5-6 所示，其中为对比楼层结果，对应去除隔震支座后的楼层号不变，上支墩及隔震层顶板层仍为第 2 层。

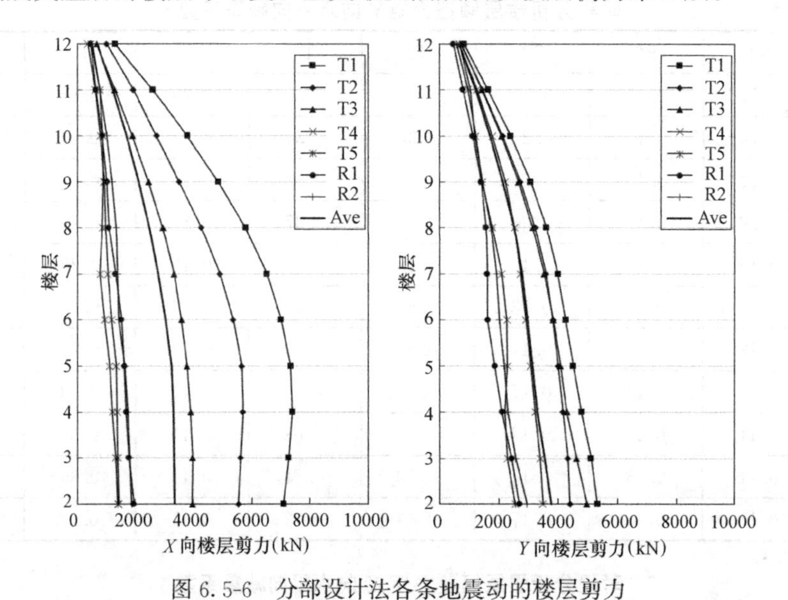

图 6.5-6 分部设计法各条地震动的楼层剪力

4. 直接分析设计方法

采用上述 7 条地震动在 SAUSG-PI 软件中进行设防地震动力时程分析，峰值加速度取 8 度（0.2g）对应的 200cm/s^2，考虑隔震支座的非线性特性。各地震动的楼层剪力如图 6.5-7 所示。

5. 计算结果对比

直接分析设计方法与分部设计方法两个方向楼层剪力的平均值对比如图 6.5-8（a）所示，其中分部设计方法两个方向的楼层剪力以“非隔震小震-X”及“非隔震小震-Y”表示，直接分析设计方法在设防地震作用下两个方向的楼层剪力分别以“隔震中震-X”及“隔震中震-Y”表示。

直接分析设计方法与分部设计方法两个方向楼层剪力的平均值比值如图 6.5-8（b）所示，其中设防地震作用下直接分析设计楼层剪力与分部设计方法对比以“X 向”和“Y 向”表示。

隔震结构直接分析设计方法得到的楼层剪力总体要大于分部设计方法的结果，各层剪力差异在 0.97～1.32 倍。

直接分析设计方法更加符合隔震结构真实的受力状态，虽然直接采用了设防地震作

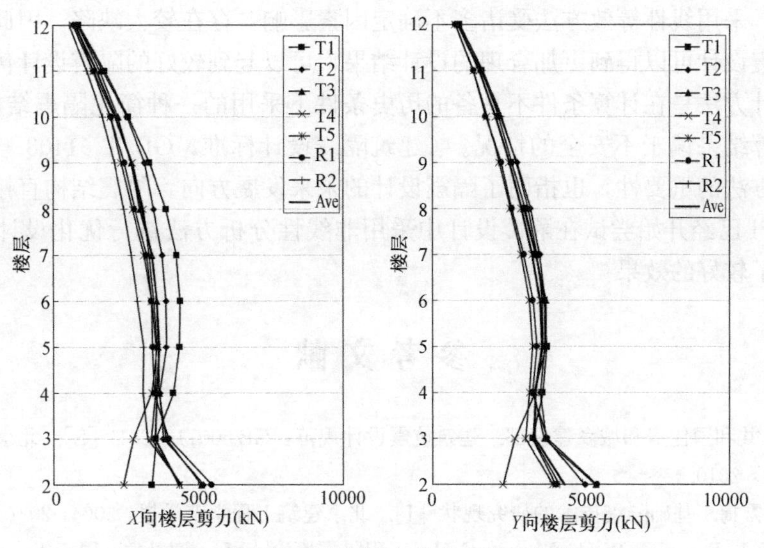

图 6.5-7　设防地震作用下直接分析设计的楼层剪力

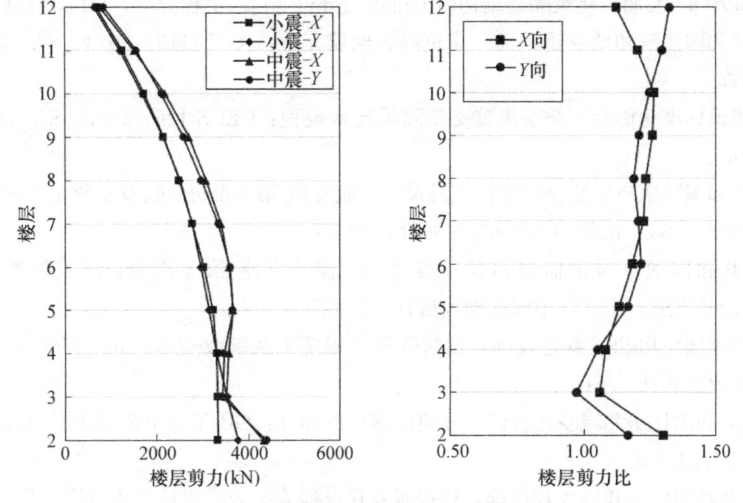

图 6.5-8　直接分析设计与分部设计楼层剪力比较

用，但由于考虑了隔震支座的真实非线性特性，地震作用与分部设计比较增大了 200/35＝5.7 倍，楼层最大剪力比仅为 1.32 倍，甚至个别楼层出现楼层剪力接近小震剪力水平（隔震层上支墩顶板层 Y 向层剪力比为 0.97）的情况。

6.6　小结

隔震体系通过延长结构的自振周期能够减少结构的水平地震作用，一般可使结构的水平地震加速度响应降低 60％左右，从而有效减轻结构和非结构构件地震作用下的损坏，提高建筑物及其内部设施和人员的地震安全性。

同减震设计一样，隔震设计的难题也是对含有天然非线性性能的消能构件及隔震支座进行准确仿真模拟。现行标准中虽然给出了易于操作的等效线性计算方法，但是由前述讨论可以看到，采用线性等效方法受诸多不确定因素影响，存在较大缺陷。因此采用非线性分析进行隔震设计可以得到更加合理的设计结果，可以起到较好的隔震设计优化作用。

分部设计方法是在计算条件不具备的历史条件下采用的一种简化隔震结构计算方法，可能存在计算结果偏于不安全的情况。《建筑隔震设计标准》GB/T 51408—2021 强调了非线性分析方法的重要性，也指明了隔震设计的未来发展方向。隔震结构直接分析设计软件 SAUSG-PI 已经开始尝试在隔震设计中采用非线性分析方法进行优化设计或直接分析设计，取得了较好的效果。

参考文献

[1] 中华人民共和国住房和城乡建设部. 建筑抗震设计规范：GB 50011—2010 [S]. 北京：中国建筑工业出版社，2010.

[2] 韩淼，王秀梅. 基础隔震技术的研究现状 [J]. 北京建筑工程学院学报，2004，20 (2)：11-14.

[3] Skinner R I，Robinson W H，Mcvery G H. 工程隔震概论 [M]. 谢礼立，周雍年，赵兴权，译. 北京：地震出版社，1996.

[4] 朱宏平，周方圆，袁涌. 建筑隔震结构研究进展与分析 [J]. 工程力学，2014，31 (3)：1-10.

[5] 中华人民共和国住房和城乡建设部. 建筑隔震橡胶支座：JG/T 118—2018 [S]. 北京：中国标准出版社，2000.

[6] 中国工程建设标准化协会. 叠层橡胶支座隔震技术规程：CECS 126：2001 [S]. 北京：中国计划出版社，2001.

[7] 中华人民共和国国家质量监督检验检疫总局. 橡胶支座 第 1 部分：隔震橡胶支座试验方法：GB/T 20688.1—2007 [S]. 北京：中国标准出版社，2007.

[8] 中华人民共和国国家质量监督检验检疫总局. 橡胶支座 第 3 部分：建筑隔震橡胶支座：GB 20688.3—2006 [S]. 北京：中国标准出版社，2006.

[9] 中华人民共和国住房和城乡建设部. 建筑隔震工程施工及验收规范：JGJ 360—2015 [S]. 北京：中国建筑工业出版社，2015.

[10] 中华人民共和国住房和城乡建设部. 建筑隔震设计标准：GB/T 51408—2021 [S]. 北京：中国计划出版社，2021.

[11] 中华人民共和国住房和城乡建设部. 住房城乡建设部关于房屋建筑工程推广应用减隔震技术的若干意见（暂行）(建质 [2014] 25 号)，2014.

[12] 中华人民共和国住房和城乡建设部. 住房城乡建设部关于《建设工程抗震管理条例（征求意见稿)》公开征求意见的通知，2018.

[13] Cronin D L. Approximation for determining harmonically excited response of non-classically damped system [J]. Journal of Engineering for Industry，1976，98：43-47.

[14] Warburton G B，Soni S R. Errors in response calculations for non-classically damped structures [J]. Earthquake Engineering and Structural Dynamics，1977，5 (4)：365-377.

[15] Traill-nash R W. An analysis of the response of a damped dynamical system subjected to impress forces [R]. Aust. Dept. Supply，Aero. Res. Lab.，Rpt. SM. 151，1950.

[16] Igusa T，Der Kiureghian A. Response spectrum method for systems with non-classical damping [C]. Proceeding ASCE-EMD specialty conference. Indiana，USA：American Society of Civil Engineers，1983：380-384.

[17] Guptaak，J. Response spectrum method for nonclassically damped systems [J]. Nuclear Engineer-

ing and Design，1986，91：161-169.

[18] Villaverde R. Rosenblueth's modal combination rule for systems with non-classical damping [J]. Earthquake Engineering&Structural Dynamics，1988，16：315-328.

[19] 周锡元，董娣，苏幼坡. 非正交阻尼线性振动系统的复振型地震响应叠加分析方法 [J]. 土木工程学报，2003，36 (5)：30-36.

[20] Zhou X，Yu R，Dong D. Complex mode superposition algorithm for seismic responses of nonclassically damped linear MDOF system [J]. Journal of Earthquake Engineering，2004，8 (4)：597-641.

[21] 周锡元，马东辉，俞瑞芳. 工程结构中的阻尼与复振型地震响应的完全平方组合 [J]. 土木工程学报，2005，38 (1)：31-39.

[22] 周锡元，俞瑞芳. 非比例阻尼线性体系基于规范反应谱的 CCQC 法 [J]. 工程力学，2006，23 (2)：10-17.

[23] 陈华霆，谭平，彭凌云. 复振型叠加方法合理振型数量的确定 [J]. 建筑结构学报，2020，41 (2)：157-165.

第7章 基于非线性分析的建筑结构抗震性能设计

7.1 基于非线性分析的抗震性能设计

对于结构抗震设计，目前各国的设计规范大多采用基于弹性分析的反应谱设计方法。一般根据50年不同超越概率条件下的地震烈度确定设防目标，通过反应谱分析确定地震作用，再根据结构体系和构件类型调整，并根据弹性分析方法确定结构响应和构件内力，用构造措施保证抗震构造等级。反应谱分析方法应用起来比较简单，经过多年的实践检验，对于结构设计基本有效。随着结构设计理论和计算方法的发展以及性能化设计理论的逐渐应用，工程师对更精细化的结构设计提出了更高的要求。尤其是在罕遇地震或极罕遇地震作用下，与多遇地震有不同的性能要求，用弹性分析方法难以准确进行结构设计。近年来，基于非线性分析的结构设计方法得到工程师较多关注。《建筑隔震设计标准》GB/T 51408—2021、《钢结构设计标准》GB 50017—2017中均明确提出了直接分析设计的概念。本节将介绍基于非线性分析的抗震性能设计方法及SAUSG软件对此的初步探索，为实现更好的结构设计提供思路和引导。

7.1.1 抗震性能设计现状

我国现有的抗震设计规范体系，根据“小震不坏、中震可修、大震不倒”的设防目标进行两阶段的抗震设计。

第一阶段设计采用多遇地震作用。对多数结构可只进行第一阶段设计，通过概念设计和抗震构造措施来满足第三水准的设计要求。对地震时易倒塌的结构、有明显薄弱层的不规则结构以及有专门要求的建筑，除进行第一阶段设计外，还要进行结构在罕遇地震作用下薄弱部位的非线性层间变形验算并采取相应的抗震构造措施，实现第三水准的设防要求。抗震性能设计一般针对中震和大震进行，包括中震或大震不屈服设计，中震或大震弹性设计；在极罕遇地震作用下采用防倒塌设计。

我国及其他国家的结构设计规范都强调结构体系对设计的影响，但在具体实施上略有不同。我国是针对不同的结构体系进行整体控制，比如二道防线调整，同时通过抗震构造等方法进行加强。国外在结构体系上划分更细，按承重体系、框架体系、抗弯框架体系以及双抗侧力体系等进行分类，对构件使用不同的抗震调整系数、超强系数以及位移放大系数。这两种方法都能体现结构延性设计的思想。而且对于钢筋混凝土结构而言，在用钢量以及抗震安全性等方面，依据国内外规范的结构设计结果也具有一定的可比性。当经济发展到一定阶段，结构形式会逐步向混合结构、钢结构、装配式结构等方向发展，如何进行更加精细化的结构设计，是一个非常重要的探索方向。

常用的结构分析方法包括等效静力分析、反应谱分析、线性动力分析、非线性静力分析及非线性动力分析等。对应不同的结构体系，性能设计也可采用不同的分析方法。目前国内外规范所采用的性能设计方法仍然普遍基于弹性理论，但实际结构在罕遇地震作用下会进入较强烈的非线性状态，形成内力重分布，采用弹性分析会造成很大的结果失真，非线性分析更能准确反映结构的受力状态。

我国的抗震性能化设计针对不同地震作用采用不同的性能控制指标。多遇地震作用下，验证建筑结构的关键构件、普通构件和耗能构件基本处于弹性受力状态；设防地震作用下，验证关键构件基本处于弹性受力状态，普通构件、耗能构件的非线性发展处于可修复范围，且非线性发展次序符合结构设计预期；罕遇地震或极罕遇地震作用下，验证普通构件、耗能构件和部分关键构件的非线性发展处于不致引发结构倒塌或发生危及生命的严重破坏状态。

国外的性能设计思路主要是根据延性设计要求进行设计，如美国的 ASCE-7、ACI-318、AISC-361 等规范，FEMA-356、ASCE-41 等性能化设计标准以及 TBI、LATBSDC 等地区指南和标准，使用弹性分析结果并进行延性设计来考虑非线性的影响。美国规范通过结构反应调整系数 R 以及超强系数 Ω_0 进行结构性能设计。结构反应调整系数 R（Response Modification Coefficient）是对结构延性性能和其超过设计强度后性能的定量体现，主要根据类似结构在以往地震中表现并结合经验确定。R 较高意味着结构延性要求较高，相应的设计地震作用的折减也较多。规范中设计地震动下按弹性分析得到的内力除以反应修正系数 R，得到设计内力。根据以往抗震设计经验，规则、连续且具有适当延性的结构体系可以抵抗地震作用。结构体系具有的延性和冗余度越高，结构耗能能作用越好，R 值越大，设计地震作用越小，见图 7.1-1。ASCE-7 还对同一结构类型设定了几个不同的延性等级：“普通（Ordinary）”“中等（Intermediate）”及“特殊（Special）”。由不同的设计参数和抗震措施保证此三个等级结构的延性性能依次递增，三者的结构反应调整系数 R 依次增大，设计地震作用依次降低。抗震设计时，设计者可以选用不同的延性等级，对于强震区只能使用“特殊”等级，对中震区可以选用“特殊”或“中等”等级，对低震区可以在三者中任选。超强系数 Ω_0 用于放大对结构稳定起控制作用的关键构件的设计荷载。超强系数是实际建筑能力与设计值之比，是构件设计和构件超强的内在结果。结构中最弱的构件屈服时，结构能继续承受荷载直到更多的构件失效形成倒塌机制，这种非弹性作用对结构抵抗实际地震提供富余强度。结构超强来自于合理设计具有冗余度的结构的塑性铰发展，其他一些原因也可以进一步增大超强作用，比如材料强度超强，构件设计中的强度折减系数（抗力系数），增大配筋等。国外性能化设计中构件受力状态分为力控制和变形控制，见图 7.1-2。图中，类型 1 包含弹性和弹塑性区以及部分承载力段，是力控制构件；类型 2 包含弹性和弹塑性段及延性段，是位移控制构件。位移控制作用延性较好，并且在保持一定承载力下具有非弹性变形能力。力控制作用属脆性破坏，不能保证具有非弹性变形能力。常见的力控制作用包括柱轴力，约束不足时剪力墙受弯、受压、压弯作用下压应变，剪力墙轴力较大时受弯、受压、压弯作用下压应变，钢筋混凝土梁（不包括配交叉斜筋的连梁）、柱、墙、楼板、基础的剪力，无配筋板和基础的冲切作用，楼板传递水平力到竖向抗震体系中的传递力。考虑到不同控制作用的特点，构件受力状态属于力控制时常用承载力来进行设计，受力状态属于变形控制时可以考虑使用构件的延性进行性能化设计。

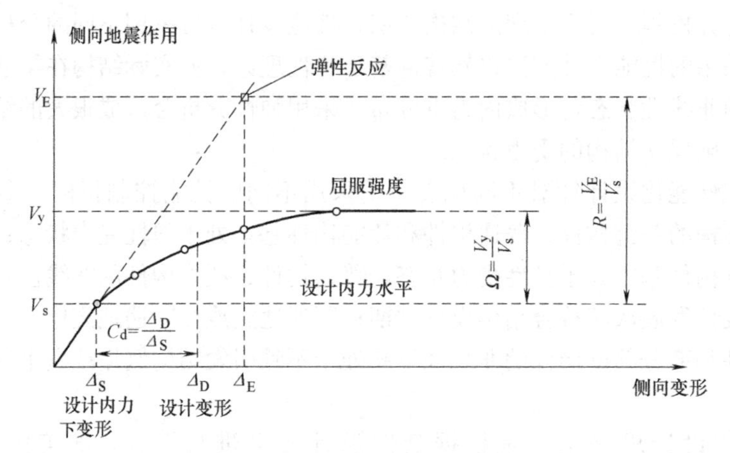

图 7.1-1　美国规范侧向力系数

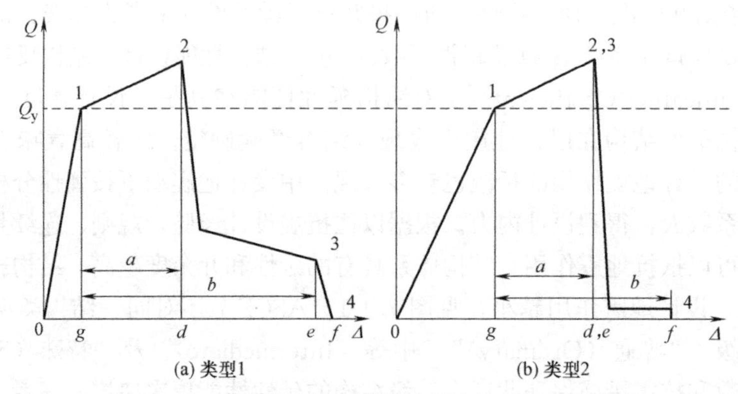

图 7.1-2　力控制构件和位移控制构件力与变形关系

目前国内外性能设计方法都存在如下一些问题：

(1) 分析方法预测结构响应的准确性和可靠性缺乏充分的评估；

(2) 结构性能准则的保障概率未能直接体现。

上述两点导致采用现行性能设计方法达到性能目标的可靠性并不明确，需要对性能化设计方法进行更加深入的研究。

7.1.2　非线性直接分析设计方法

非线性分析包含静力非线性分析和动力非线性分析。静力非线性分析采用逐步静力加载，其结果具有唯一性，分析结果容易应用于设计。通常根据推覆分析得到的性能点来确定结构的反应，适用于比较规则和高度较低的结构。但是推覆分析不能反映往复加载下的滞回和刚度退化特性，不能准确体现阻尼及能量耗散等大震作用下的动力反应特性，限制了静力非线性分析方法的应用范围。动力非线性分析可以比较准确地计算结构在地震动下的反应，但是地震动的随机性对计算结果影响较大，同时计算工作量也相对较大。

钢结构较早采用了非线性直接分析设计。钢结构设计的特点体现在稳定性验算中，对复杂高层和空间结构，按梁柱线刚度比方法确定计算长度不准确，同时在计算钢结构的极限承载力时，非线性影响也较大，因此通过考虑 P-Δ、P-δ 效应和材料非线性、几何非线性，进行钢结构直接分析设计从理论上更加符合工程实际。钢结构直接分析设计还可较好地体现偏心支撑耗能梁段的非线性状态。目前偏心支撑结构在我国应用较少，但从结构体系看，偏心支撑具有良好的抗震延性和耗能功能。在钢结构非线性直接分析设计中，对于半刚性节点的处理目前还处于研究阶段，如何采用合理的模型和假定模拟钢结构节点，还需要更多的理论研究及工程实践。

消能减震结构和隔震结构均具有较强的非线性状态，因此减震、隔震结构直接分析设计也较早获得了结构工程师的认可。

非线性分析的工况组合与弹性分析工况组合存在很大区别。在弹性分析工况中，内力组合符合叠加原理，计算结果与加载先后顺序无关，内力和变形可以线性叠加，例如先施加竖向荷载与先施加侧向力荷载对组合结果并无影响。但在非线性直接分析设计中，加载路径对计算结果有较大影响，特别是当结构某些部位进入明显非线性状态时差别更大。考虑施工过程影响时，对于常见的重力荷载工况和水平地震荷载工况组合，应先施加重力荷载，然后再施加水平荷载，同时每种荷载还要乘以组合系数。对于不同的组合系数，例如1.3DL＋1.5LL 和 1.0DL＋1.5LL，要形成两个直接分析工况进行计算，而不能计算 DL 和 LL 工况后进行效应组合。因此非线性直接分析设计的计算工作量会大幅增加。以空间钢结构为例，若结构中定义了单拉或单压构件，采用相同的荷载但是不同的加载路径，该构件可能处于不同的受力状态。

非线性直接分析设计中另外一个要考虑的问题是工况中的极值处理。结构构件弯矩、剪力和轴力极值出现的时刻不同，完全的包络设计会造成计算工作量巨大，一般采用弯矩、剪力和轴力分别达到极值时所对应的内力分量进行设计校核，相当于将空间曲面投影到坐标轴上进行近似的包络设计。

非线性直接分析设计方法是否需要考虑抗震内力调整是需要继续研究和探讨的。原则上放大构件内力，例如放大柱端弯矩或梁端剪力可以实现更高的抗震延性以及强剪弱弯和强柱弱梁等概念设计。但是通常放大剪力的同时也放大弯矩以保持受力平衡，构件配筋也将随之增大。非线性分析的目的是为了更加准确地体现结构受力状态，人为的内力与配筋调整是否存在不利影响有待进一步深入研究。

非线性直接分析设计需要确定构件配筋才能进行非线性分析，配筋初值会影响最终分析和设计结果，因此需要一个迭代的过程。目前，SAUSG 软件采用 PKPM 小震设计配筋作为初值，也可以将设计结果重新回代到非线性分析模型中再次迭代设计。

对于设计需要的关键构件承载力极限状态验算，工程中常见的方式是形成 PMM 曲面并与结构受力状态进行对比判断。SAUSG 软件提供了竖向构件的屈服面计算功能，自动计算截面的 PMM 曲面，以验算构件的极限承载力状态。

7.1.3　非线性直接分析设计方法的进一步发展

如下一些非线性直接分析设计问题需要工程师在实际工程中探索与总结，以推动非线性直接分析设计方法的不断进步。

（1）地震动的不确定性影响。反应谱包含了结构反应统计意义上最大值的概念，且对于给定的反应谱结构反应是确定的。但非线性动力时程分析的地震动具有不确定性，使用单条或少量地震动的结果可能造成结构反应有很大的离散性。使用较多地震动并对反应取均值的方式，因非线性分析计算时间较长，计算代价会很高，这也是增量动力分析 IDA 方法无法得到普遍应用的原因。采用拟合规范反应谱的人工地震动进行非线性直接分析设计的代表性和合理性值得继续研究。

（2）非线性动力分析计算效率问题。要使得非线性直接分析设计实用化，需要大幅度提高非线性分析效率。对于一般高层建筑结构，动力非线性分析计算一个工况大概耗时需要几个小时，由于叠加原理不成立，目前的结构设计组合有几十甚至上百种，计算工作量是巨大的。解决办法是可以通过使用更多的并行计算资源，研究部分构件非线性以及多尺度模型的快速非线性分析算法等。

（3）极限状态承载力设计方法的完善与丰富。主要问题是中大震设计如何体现延性和能量耗散的特点，目前的性能设计方法更多的是对中大震通过不同的设计组合系数以及内力调整来实现。进行更准确的非线性直接分析设计需要从承载力校核方法过渡到更丰富的基于概率统计意义上的性能指标，例如耗能指标、延性指标、安全度指标等，而非简单套用小震作用下的构件极限承载力设计方法。目前，国内外学者对非线性直接分析设计做了很多探索和实践，为非线性直接分析设计的发展提供了基础。

总体来说，结构非线性直接分析设计方法可以更准确地模拟结构反应，并据此做更精准的结构设计。目前，结构非线性直接分析设计主要应用于复杂结构的构件校核以及结构方案的概念设计阶段，随着理论研究的进展和实践经验的增加，将会有更多的结构会应用非线性直接分析设计方法。

7.2 建筑结构抗震三水准设防、三阶段设计展望

我国建筑结构抗震设计自“89 规范”开始采用“三水准设防，两阶段设计”的基本思路[1]：当遭受低于本地区抗震设防烈度的多遇地震影响时，主体结构不受损坏或不需修理可继续使用；当遭受相当于本地区抗震设防烈度的设防地震影响时，可能发生损坏，但经一般性修理仍可继续使用；当遭受高于本地区抗震设防烈度的罕遇地震影响时，不致倒塌或发生危及生命的严重破坏。

与建筑结构“小震不坏、中震可修、大震不倒”的三水准设防目标相对应，《建筑抗震设计规范》GB 50011—2010 规定了二阶段设计方法：第一阶段设计是承载力验算，取第一水准的地震动参数计算结构的弹性地震作用标准值和相应的地震作用效应，继续采用规定的分项系数设计表达式进行结构构件的截面承载力抗震验算[2]，既满足了在第一水准下具有必要的承载力可靠度，又满足第二水准的损坏可修的目标。对于大多数的结构，可只进行第一阶段设计，而通过概念设计和抗震构造措施来满足第三水准的设计要求。

可以看出，虽然对某些有专门要求的建筑结构，可以进行设防地震、罕遇地震的定量抗震性能设计或罕遇地震作用下的第二阶段非线性变形验算，但是对于多数建筑结构只采用承载力验算的“一阶段设计”方法结合概念设计和构造措施来满足“三水准设防”目标。

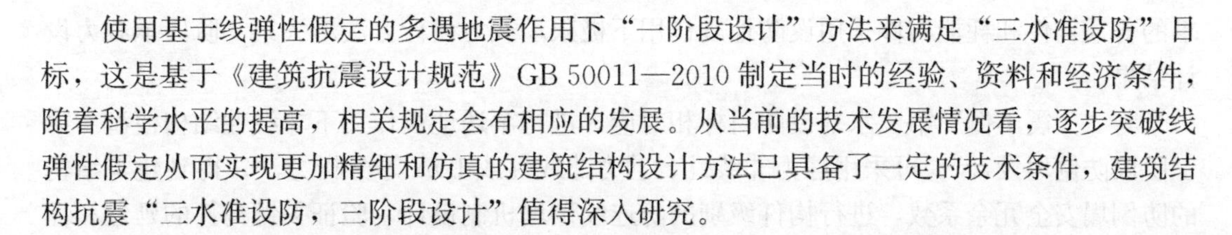

使用基于线弹性假定的多遇地震作用下“一阶段设计”方法来满足“三水准设防”目标，这是基于《建筑抗震设计规范》GB 50011—2010 制定当时的经验、资料和经济条件，随着科学水平的提高，相关规定会有相应的发展。从当前的技术发展情况看，逐步突破线弹性假定从而实现更加精细和仿真的建筑结构设计方法已具备了一定的技术条件，建筑结构抗震“三水准设防，三阶段设计”值得深入研究。

7.2.1　基于非线性分析的建筑结构设计优化

虽然可以实现明确的技术进步，但是直接过渡到基于非线性分析的建筑结构直接分析设计是困难的，从优化现有建筑结构线弹性设计结果逐步过渡是可取的技术进步方式。无论是混凝土结构、钢结构、组合结构，还是减、隔震结构，在设防地震和罕遇地震作用下均具有明确的非线性特性，采用线弹性假定会产生较大误差，在有些情况下这种误差是不可接受的。

前述章节探讨了利用非线性分析进行建筑结构设计结果优化的方法，基本思路是通过非线性分析得到线弹性假定对建筑结的刚度、阻尼误差影响程度，通过修正原有线弹性假定下建筑结构计算结果的方式实现优化设计的目的。这种方法不突破现行“规范”体系和基本规定，采用非线性分析对“一阶段设计”结果进行修正，可以起到一定的优化设计效果，但是从建筑结构专业的长期发展来看，实现“三水准设防，三阶段设计”应是更具前景的技术进步方向[3]。

7.2.2　实现“三水准设防、三阶段设计”

所谓“三水准设防，三阶段设计”，是指与“小震不坏、中震可修、大震不倒”的抗震设防目标相对应，采取对应分阶段的设计方法达到满足“三个水准”的抗震设防目标要求。

1. 实现步骤

与“小震不坏”第一水准设防目标相对应，进行多遇地震作用下线弹性结构模型“第一阶段承载力设计”。此时不考虑设防地震和罕遇地震作用需求，不做附加的内力调整。不采用极限承载力设计方法，采用正常使用状态承载力设计方法，即认为混凝土构件在多遇地震作用下全截面保持弹性，不发展非线性，以计算截面边缘达到受压屈服强度作为构件配筋设计的依据。由于试验和仿真分析都明确表明，建筑结构在多遇地震作用下基本保持弹性，所以在“第一阶段承载力设计”时通过采用正常使用阶段承载力设计方法可以有效避免被长期质疑的现行极限状态承载力设计方法与结构正常使用阶段线弹性内力计算结果的相悖。另外，由于只考虑多遇地震作用，不必考虑其他水准地震作用需求，让第一阶段设计结果明确而概念清晰。

与“中震可修”第二水准设防目标相对应，进行设防地震作用下等效弹性结构模型“第二阶段延性设计”。此时采用非线性分析方法得到设防地震作用下普通构件和耗能构件的刚度折减系数或构件阻尼系数，进一步确定设防地震作用下的等效弹性模型。在等效弹性结构模型的基础上，验证关键构件是否保持弹性状态或达到预定性能目标，对不满足者采用设防地震作用下正常使用状态承载力设计方法增大第一阶段承载力设计结果；判定普通构件和耗能构件的延性和耗能能力，满足预设屈服机制和性能目标要求，对于不满足要求的普通构件和耗能构件采用设防地震作用下极限承载力设计方法增大第一阶段承载力设计结果。

与“大震不倒”第三水准设防目标相对应，进行罕遇地震作用下非线性结构模型“第三阶段防倒塌设计”。可采用静力非线性、动力非线性或 IDA 等分析方法，得到建筑结构的防倒塌安全冗余系数，进行构件级别的防连续倒塌机制设计，验证关键构件的延性和耗能能力，判断关键构件是否满足罕遇地震性能目标，确定整体结构的抗震构造措施，并可在此基础上确定整体建筑在可能地震灾害下倒塌的人员损失、财产损失概率。

2. 方法优势

传统抗震设计方法源于《建筑抗震设计规范》GB 50011 制定当时的经验、资料和经济条件。基于线弹性假定，对多数建筑结构可以比较容易地得到多遇地震作用下的结构内力，通过分项系数和内力调整得到组合设计内力，再进一步实现构件极限承载力验算，这种“一阶段设计”方法简单易用，计算工作量小，设计结果明确，有利于快速完成量大面广的建筑结构设计。

但是这种“一阶段设计”方法的缺点也是明显的。对于多数建筑结构，并不会直接进行罕遇地震作用下的“第二阶段设计”，存在很大的结构安全隐患。同时建筑结构在设防地震和罕遇地震作用下，具有明确的非线性特性，线弹性假定前提下的内力调整无法充分体现结构的实际受力状态，存在不安全或者材料浪费的情况不可避免。即使对于复杂结构进行抗震性能设计，由于目前的工程实现方法仍然基于线弹性假定，能否真正达到预期性能目标仍然存疑。

“三水准设防、三阶段设计”方法可有效改善传统“一阶段设计”过于粗糙的现状。“三水准设防、三阶段设计”方法是对应“小震不坏、中震可修、大震不倒”三个水准设防目标直接进行对应的分阶段设计，不同设计阶段充分考虑建筑结构可能的受力状态，概念清晰、逻辑明确。同时“三水准设防、三阶段设计”也可以让结构工程师更加真实和准确地了解建筑结构可能的受力性能，有利于促进建筑结构专业的整体技术进步和发展，进一步保证建筑结构的安全和优化设计，提高建筑结构专业的行业话语权。

3. 技术基础

近年来，建筑结构的非线性分析技术取得了长足的进步，前述章节对于非线性分析方法与软件技术进展做了较为详细的论述，展示了如何利用非线性分析方法优化抗震和减、隔震弹性设计结果，也初步探索了建筑结构非线性直接分析设计方法。可以看出，利用非线性分析方法，更加准确地体现建筑结构真实受力状态，进而实现建筑结构多遇地震作用下线弹性模型正常使用阶段承载力设计、设防地震作用下等效弹性模型延性设计以及罕遇地震作用下非线性模型防倒塌设计已经具备了一定的技术基础。

4. 继续研究内容

为推动“三水准设防、三阶段设计”的科学实现，相关基本理论、分析方法、设计方法以及软件实现需要进一步深入研究并通过大量工程实践积累经验。

如下的一些技术问题值得进一步深入研究：

（1）多遇地震作用下建筑结构线弹性正常使用状态承载力设计方法；

（2）设防地震作用下建筑结构等效弹性模型确定与延性设计方法；

（3）罕遇地震与极罕遇地震作用下，建筑结构防倒塌设计方法；

（4）建筑结构非线性静动力分析的显式、隐式积分方法；

（5）基于概率的建筑结构不同受力阶段性能评估方法；

（6）典型工程案例分析与不同设计方法比对研究。

参考文献

[1] 中华人民共和国住房和城乡建设部. 建筑抗震设计规范：GB 50011—2010 [S]. 北京：中国建筑工业出版社，2010.

[2] 中华人民共和国住房和城乡建设部. 建筑结构可靠性设计统一标准：GB 50068—2018 [S]. 北京：中国建筑工业出版社，2018.

[3] 杨志勇，肖从真，等. 基于非线性分析的结构设计优化方法与实现 [R]. 中国建筑科学研究院应用技术研究课题报告，2017.